新版
固体の電子論

斯波弘行 著

森北出版株式会社

● 本書の補足情報・正誤表を公開する場合があります．当社 Web サイト（下記）で本書を検索し，書籍ページをご確認ください．

https://www.morikita.co.jp/

● 本書の内容に関するご質問は下記のメールアドレスまでお願いします．なお，電話でのご質問には応じかねますので，あらかじめご了承ください．

editor@morikita.co.jp

● 本書により得られた情報の使用から生じるいかなる損害についても，当社および本書の著者は責任を負わないものとします．

|JCOPY| 〈(一社)出版者著作権管理機構 委託出版物〉
本書の無断複製は，著作権法上での例外を除き禁じられています．複製される場合は，そのつど事前に上記機構（電話 03-5244-5088, FAX 03-5244-5089, e-mail: info@jcopy.or.jp）の許諾を得てください．

「新版 固体の電子論」へのまえがき

　1996 年に丸善出版から出版された「固体の電子論」は、固体電子論の中級レベルのテキスト、参考書として受け入れられてきたが、2000 年代半ばに絶版になってしまった。大学で固体物理を教えている先生方から再刊についての問い合わせがあり、それに応えて、それまでに読者から頂いたコメント、著者として気になっていた箇所について修正、加筆を行い、2010 年に和光システム研究所（WSL）から「新版 固体の電子論」として、世に送った。この本は注文に応じて WSL のみから直接販売する方式であったため、販売の継続で困難に直面した。

　このたび、森北出版から「新版 固体の電子論」を復活して刊行するというご提案をいただき、通常の本としての販売が可能になり、たいへん嬉しく思っている。本の内容は、ミスプリントの修正を除き、WSL 版をそのまま受け継いでいる。基礎的な教科書という本書の性格を考慮し、最近の発展を取り入れた大幅な改訂はしていない。

　この本では式の導出をかなり丁寧に記述しているが、それでも一部の式の途中で出てくる長い積分計算では苦労する読者もいるであろうと考え、それを森北出版の Web ページ

https://www.morikita.co.jp/books/mid/015661

に示すことにした。

　本書の出版に当たっては、森北出版出版部の藤原祐介氏に多くのご助言とご援助を頂いた。また、本書の基になっている WSL 版の出版は和光システム研究所の和光信也、和光哲也両氏のご助力によるところが大きい。本書の出版はこれらの方々に負っている。心よりお礼申し上げる。

　　2019 年 8 月

　　　　　　　　　　　　　　　　　　　　　　　　　　　　斯波弘行

まえがき

「固体の電子論」は量子力学の成立（1925～26年）によりその基礎が与えられ、その後急速に発展した。すでに3分の2世紀の歴史をもつ物理学の分野である。

　この分野の真の展開は第二次大戦後に起こった。実験的研究にさまざまなミクロスコピックな実験手段が戦後導入されるようになり、理論的研究との協力によって固体電子についての精密な知見が得られるようになった。特に、絶縁体を中心とする磁性体や半導体、金属に関する研究の発展はめざましく、定量的理解が可能になった。1960年代、1970年代、1980年代と10年を単位に見てみると、研究対象が著しく広がり、固体電子についての理解は、研究の最先端では急速に進展している。例えば、1970年以降、有機物質が仲間入りし、また、コンピューターの制御により自然界にない新しい物質を作る技術が確実に進歩し、そのような人工物質も含めて、新しい物質の合成から固体電子の新側面が次々と明らかになっている。いまや、一人でそれらの全体をカバーするのは困難な、広大な分野になっている。一方、このように知識が増えてくると、それを整理して次の世代へ伝える教科書の役割がきわめて重要になってくる。このような需要に応えるため新しい成果を踏まえた教科書が国内外で次々と出版されている。この本の目的もそこにある。

　本書の読者としては大学の理工系学科の4年生、大学院修士1年生を想定している。有名な Kittel の教科書 "Introduction to Solid State Physics"、あるいは、ていねいな記述で定評のある Ashcroft と Mermin の教科書 "Solid State Physics" と若干の重なりをもちつつ、それより少し上のレベルになるようにした。初歩の量子力学と統計力学は既知のものとしているが、それ以上の予備知識は無しで済むようにし、大部分の式は読者が導出できるように議論の飛躍を少なくした。すぐにお気付きになると思うが、本書では摂動論やフェルミの黄金律などを頻繁に用いている。固体電子の問題がすべて摂動論で済むわけではないが、摂動論

にはその各項に物理的意味があるという優れた特徴があるので物理学においてきわめて重要だと筆者は考えている。グリーン関数の方法などは使わない方針で書いたので、内容に少し制約があるが、足りないところは他の本で補っていただくことを期待している。「固体の電子論」と言っても、筆者にはとてもすべてをカバーできないし、ページ数の制約もある。そこで、内容としては、金属電子を中心にし、現時点で見て概念的に重要なことがらに限り、一部の内容は思い切って落した。全体に式が多いと感じられるであろうが、繰り返し使っていただくにはその方がよいと判断した。しかし、最初に読むときには、式の細部よりはむしろその背後の考え方に注目してほしい。

電子は、いうまでもなく、素粒子の一つであるが、それが固体中の電子となると驚くほど多様な振舞いを見せる。これは次の三つの事実に由来する。

(1) 電子が量子力学に従う。即ち、粒子性と波動性を兼ね備えている。
(2) 電子はスピン 1/2 のフェルミ粒子であり、多電子系はフェルミ粒子の集団である。
(3) 電子は負の電荷をもち、電子間にクーロン相互作用が働いている。

特に、(3) は多体問題といわれ、これこそが 3 分の 2 世紀経っても汲み尽くすことのできない深さ、面白さ、難しさを「固体の電子論」に与えている。この理由から、本書で取りあげたテーマの大部分は多体問題に関係している。

以下に各章の内容と相互関係について簡単に述べておこう。

1 章では、自由電子モデルと固体電子へのイオンの作る周期ポテンシャルの効果について述べる。これは電子間の相互作用を無視した（あるいは、その平均的効果だけを取り入れた）描像であるが、いままでに大きな成功を収めてきたものである。その主な特徴を述べ、以後の章でその成功の理由やそれがうまくいかない場合について順次述べてゆく。

2 章では、バンド理論が破綻する典型的なケースである「モット絶縁体」について述べる。いわば、1 章と反対の極限であって、電子間相互作用こそが本質的な場合である。

3 章では、「自由電子モデル」がなぜ金属電子に対して有効なのか、相

互作用の効果はいったいどこに入っているか、について考え、その基礎となる「フェルミ流体」という概念について説明する。また、「フェルミ流体」を理解するには、フェルミ流体でないもの、すなわち、典型的な「非フェルミ流体」と比較してみるとよい。その典型例の1次元電子系についてやや詳しく述べる。

金属の重要な特徴の一つは、どのような低いエネルギーの励起も存在することであるが、それが重要な役割を果たす現象の一つである近藤効果とそれに関連する問題について4章で述べる。

「フェルミ流体」は、低いエネルギーの素励起が存在し、その素励起間の相互作用のため、低温で秩序相へ相転移する可能性がある。その中で固体中の電子の量子効果として最も劇的なものは超伝導現象である。この「低温物理学」の重要なテーマを少ないページ数で書くことは困難だが、固体電子の示す現象として落すことはできない。そこで、BCS理論を中心に超伝導の基礎的部分について5章で述べる。

電子はスピンと電荷をもっているため、それに関係した揺らぎ、秩序が重要な問題になる。例えば、金属の示す磁性がそれである。その基礎的問題を6章で取り上げる。Feの強磁性はよく知られていて、長い間研究されている問題でありながら、超伝導のBCS理論のような誰でも受け入れている理論はまだない。金属磁性は固体電子の最も難しい問題の一つと言える。

本文を補う意味で各章の終わりに問題を付けた。これら問題の多くは、読者が理解できたかどうかのチェックを目的にするよりは、派生して出てくる疑問と考えていただいた方がよい。したがって、問題が解けるかどうかにあまりこだわる必要はない。

以上述べた著者の意図の妥当性については読者に判断していただくほかないが、それとは別に、この本の中の記述に誤りがあることを恐れている。お気付きの読者の御教示をいただければ幸いである。

本書の刊行にあたって、特に、京都大学基礎物理学研究所長の長岡洋介先生は、執筆を薦めて下さったばかりでなく、原稿について多くの貴重なコメントを下さった。また、東北大学の酒井治先生からも原稿の不備な点を御指摘いただき、改善策を教えていただいたり、相談にのってい

ただいた。また、松本正茂氏には原稿の一部についての検討を、二国徹郎氏には一部の図の作成をお願いした。さらに、丸善出版事業部の佐久間弘子氏には原稿の段階から出版までご苦労をおかけした。本書が現在の姿にまでなったのはこれらの方々のご厚意とご支援によるものである。

1995 年 12 月

斯波弘行

目 次

第 1 章 相互作用のない電子系   1
   1.1 自由電子モデル 1
   1.2 自由電子モデルの基本的性質 2
      1.2.1 シュレーディンガー方程式 2
      1.2.2 状態密度と低温の性質 3
      1.2.3 アルカリ金属や貴金属は自由電子モデルにどれくらい近いか? 6
   1.3 周期ポテンシャル中の電子 – ブロッホ関数 8
      1.3.1 弱い周期ポテンシャルの効果 14
      1.3.2 フェルミ面への弱い周期ポテンシャルの影響 16
   1.4 擬ポテンシャル 19
   1.5 強く束縛された電子の近似 23
   1.6 バンド理論と金属・絶縁体の区別 25

第 2 章 モット絶縁体とその磁性   29
   2.1 バンド理論の破綻とモット絶縁体 29
   2.2 モット絶縁体の最も簡単なモデル – ハバード・モデル 32
   2.3 モット絶縁体における有効ハミルトニアン 35
   2.4 モット・ハバード型絶縁体と電荷移動型絶縁体 39

第 3 章 フェルミ流体と非フェルミ流体   43
   3.1 フェルミ粒子同士の散乱による寿命と系の次元 43
   3.2 ランダウのフェルミ流体理論 48
      3.2.1 準粒子—相互作用の着物を着た粒子 48
      3.2.2 準粒子の性質 50

3.2.3　微視的に見たフェルミ流体 58
　3.3　1次元電子系—典型的非フェルミ流体 64
　　　3.3.1　摂動展開の発散 64
　　　3.3.2　朝永・ラッティンジャー液体 66

第4章　近藤効果および関連する問題　　81
　4.1　金属中の鉄族不純物 82
　4.2　抵抗極小の近藤理論 87
　4.3　近藤効果のスケーリング理論 93
　4.4　弱い相互作用の極限から見たアンダーソン・モデル 100
　　　4.4.1　相互作用のないアンダーソン・モデル 100
　　　4.4.2　相互作用の効果—局所フェルミ流体 104
　4.5　金属によるX線の吸収、放出のフェルミ端異常 111

第5章　超伝導　　123
　5.1　超伝導：実験が示す基本的性質と現象論 123
　5.2　電子と格子振動との相互作用 131
　5.3　BCS理論 135
　　　5.3.1　擬スピン表示 136
　　　5.3.2　ギャップ方程式とその解 140
　　　5.3.3　エントロピー、自由エネルギー、比熱 144
　　　5.3.4　基底状態、励起状態の波動関数 147
　5.4　電子対のボース凝縮とクーパー対 150
　5.5　等方的超伝導体におけるクーロン斥力の効果 151
　5.6　異方的超伝導 154
　5.7　ミクロな干渉現象 155
　5.8　マイスナー効果 160
　5.9　ジョセフソン効果、磁束の量子化、量子干渉効果 166
　　　5.9.1　ジョセフソン効果 166
　　　5.9.2　磁束の量子化 169
　　　5.9.3　量子干渉効果 171

第6章　遍歴する電子のスピンの秩序と揺らぎ　　177

- 6.1　スピン秩序を示す金属の例 ... 178
- 6.2　遷移金属の電子状態 ... 179
- 6.3　相互作用の弱い電子系：金属磁性の分子場理論 ... 182
  - 6.3.1　強磁性状態 ... 185
  - 6.3.2　一般の磁気秩序 ... 190
- 6.4　ストーナー励起とスピン波 ... 194
- 6.5　強磁性寸前の金属のスピンの揺らぎ ... 200
- 6.6　量子臨界点 ... 203
- 6.7　強い電子相関と金属強磁性 ... 206
  - 6.7.1　2電子問題 ... 207
  - 6.7.2　ニッケルの強磁性の金森理論 ... 210

付録A　線形応答と動的帯磁率　　215

- A.1　線形応答の一般論 ... 215
- A.2　動的帯磁率 ... 217

付録B　参考書　　221

問題の略解　　223

索引　　231

第1章 相互作用のない電子系

この章では、まず、金属の「自由電子モデル」について説明し、そのあと、イオンの作る周期ポテンシャルの影響について考える。

1.1 自由電子モデル

金属が電気をよく伝えるのは、金属の端から端まで動き回る伝導電子が存在するからである。その伝導電子の最も簡単な描像は**自由電子モデル**（電子間に相互作用のない、真空中の電子と同じ仮想的な電子系）である。現実の伝導電子では電子間相互作用や周期的に並んだイオンからの影響が必ずあるから、これは一つの理想化である。しかし、後に見るように、単純金属のよいモデルになっている。

単純金属の典型的なものとしては、アルカリ金属 (Li, Na, K, Rb, Cs)、貴金属 (Cu, Ag, Au) がある。これらは1価金属である。原子での電子配置は、例えば、NaとCuでは

$$\text{Na} : (1s)^2(2s)^2(2p)^6(3s)^1$$
$$\text{Cu} : (1s)^2(2s)^2(2p)^6(3s)^2(3p)^6(3d)^{10}(4s)^1$$

である。この中で最外殻の s 電子が金属中を動き回る伝導電子となる。自由電子モデルはこの動き回る電子を記述するモデルである。

1価金属ばかりでなく、多価金属の伝導電子もまた自由電子モデルによってかなりよく記述できる。典型的な例として金属のAlを例にとると、原子での電子配置は $(1s)^2(2s)^2(2p)^6(3s)^2(3p)^1$ であるが、このうち $3s$ 電子と $3p$ 電子が伝導電子となる。

1.2 自由電子モデルの基本的性質

1.2.1 シュレーディンガー方程式

自由電子のシュレーディンガー方程式は、よく知られているように、

$$-\frac{\hbar^2}{2m}\nabla^2\psi(\bm{r}) = \varepsilon\psi(\bm{r}) \tag{1.1}$$

で与えられる。ここで、$\nabla^2 \equiv \partial^2/\partial x^2 + \partial^2/\partial y^2 + \partial^2/\partial z^2$ であり、m は電子の質量、$\hbar$ はプランク定数を 2π で割った量、ε はエネルギー固有値である。式 (1.1) の解は、いうまでもなく、平面波

$$\psi(\bm{r}) = \frac{1}{\sqrt{\Omega}}\exp(i\bm{k}\cdot\bm{r}), \qquad \varepsilon = \frac{\hbar^2 k^2}{2m} \tag{1.2}$$

である。Ω は系の体積で、便利のため系が一辺 L の立方体であると仮定すると $\Omega = L^3$ である。波数ベクトル $\bm{k}$ の値は境界条件から決まる。われわれが興味をもっているのは $L \to \infty$ での金属の内部の状態であるので、境界条件をどうとるかは本質的でない。そこで、境界条件としては最も便利な周期的境界条件

$$\begin{aligned}\psi(x,y,z) &= \psi(x+L,y,z) \\ &= \psi(x,y+L,z) \\ &= \psi(x,y,z+L)\end{aligned} \tag{1.3}$$

を課すことにしよう。式 (1.2) を式 (1.3) に代入すると、$\bm{k} = (k_x, k_y, k_z)$ は

$$k_i = \frac{2\pi}{L}n_i \qquad (i = x, y, z) \tag{1.4}$$

と決まる。n_i は整数である。$L \to \infty$ の極限では $\bm{k}$ の値は k 空間に一様に分布する。

基底状態を得るには、電子をパウリの原理に従って低い準位から順に、スピンの上向き (↑)、下向き (↓) の状態に詰めて

1.2. 自由電子モデルの基本的性質

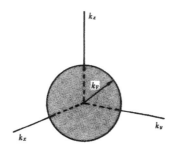

図 1.1: 自由電子系のフェルミ面

ゆく。その結果、$T = 0$ K では $\varepsilon_F = \hbar^2 k_F^2/2m$ (k_F はフェルミ波数、ε_F はフェルミ・エネルギー) 以下の状態のみが詰る。$\varepsilon = \varepsilon_F$ が k 空間につくる「面」を**フェルミ面** (Fermi surface) という。フェルミ面の存在は低温のフェルミ粒子系の最も重要な特徴である。自由電子の場合には、図1.1のように、フェルミ面は球面である (後に述べるように、周期ポテンシャルの影響下にある固体電子のフェルミ面は一般に球面からずれている)。k_F は電子数 N とフェルミ球内に収容しうる電子数の関係

$$2 \cdot \frac{4\pi}{3} k_F^3 \frac{\Omega}{(2\pi)^3} = N \tag{1.5}$$

によって決まる。ここで、2 はスピンの 2 方向、$\Omega/(2\pi)^3$ は式 (1.4) で与えられる k 空間の点の密度に対応する因子である。

1.2.2 状態密度と低温の性質

状態密度とは、エネルギーが ε と $\varepsilon + d\varepsilon$ の間にある (1 方向のスピンの) 単位体積あたりの状態総数を $N(\varepsilon)d\varepsilon$ と定義し、$d\varepsilon \to 0$ の極限をとって得られる量である。$N(\varepsilon)$ は、エネルギー ε の近くにどれくらい状態があるか、を示す量で、固体の電子論ではしばしば登場する (スピンの 2 方向を含めて定義する本もある)。$\varepsilon + d\varepsilon$ に対応する波数の大きさを $k + dk$ と書くと、

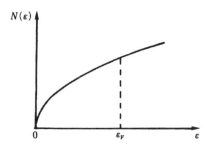

図 1.2: 状態密度 $N(\varepsilon)$ の ε 依存性

$d\varepsilon = (\hbar^2 k/m)dk$ であることを利用し、

$$N(\varepsilon)d\varepsilon = \frac{4\pi k^2 dk}{(2\pi)^3} \tag{1.6}$$

に代入して、

$$N(\varepsilon) = \frac{\sqrt{2m^3 \varepsilon}}{2\pi^2 \hbar^3} \tag{1.7}$$

(図1.2) を得る。$N(\varepsilon)$ はフェルミ・エネルギー ε_F で有限の値を持つ。

自由電子モデルの有限温度での性質は、相互作用のないフェルミ粒子系の統計力学を適用すればよい。例えば、内部エネルギーを U、電子総数を N とすると、それらは

$$U = 2\Omega \int d\varepsilon N(\varepsilon)\varepsilon f(\varepsilon - \mu), \tag{1.8}$$

$$N = 2\Omega \int d\varepsilon N(\varepsilon) f(\varepsilon - \mu) \tag{1.9}$$

で与えられる。ここで、f はフェルミ分布関数

$$f(\varepsilon - \mu) = \frac{1}{e^{\beta(\varepsilon - \mu)} + 1} \tag{1.10}$$

である。化学ポテンシャル μ の温度依存性は電子数一定の条件 (1.9) から決まり、$T = 0\,\mathrm{K}$ では ε_F に等しい。

1.2. 自由電子モデルの基本的性質

フェルミ縮退温度 $T_{\mathrm{F}} = \varepsilon_{\mathrm{F}}/k_{\mathrm{B}}$ は通常の金属では $10^4 \sim 10^5$ K になるので、室温ですら T_{F} と比べて十分低温である。そのような温度領域では、統計力学で習った、低温におけるフェルミ粒子系の取扱いをそのまま応用すればよい。その結果、内部エネルギー (1.8) は

$$U(T) = U(T=0, \mu = \varepsilon_{\mathrm{F}}) + 2\Omega N(\varepsilon_{\mathrm{F}})\frac{\pi^2}{6}(k_{\mathrm{B}}T)^2 + \cdots \tag{1.11}$$

となる (導出はフェルミ粒子系の統計力学の教科書に必ず出てくる)。したがって、低温での単位体積あたりの比熱は

$$\frac{C(T)}{\Omega} = \frac{1}{\Omega}\frac{\partial U}{\partial T} = \frac{2\pi^2}{3}N(\varepsilon_{\mathrm{F}})k_{\mathrm{B}}^2 T \equiv \gamma T \tag{1.12}$$

で温度に比例し、その比例係数 γ の値から状態密度 $N(\varepsilon_{\mathrm{F}})$ が求まる。

自由電子モデルの低温での重要な性質としてスピン帯磁率がある。磁場 H の下での電子のゼーマン・エネルギーは $2\mu_{\mathrm{B}}s_z H$ ($s_z = \pm 1/2$ は電子のスピンの磁場方向の成分) であるので、↑スピン、↓スピンの電子総数 $N_\uparrow, N_\downarrow$ は状態密度 $N(\varepsilon)$ を使って

$$N_\uparrow = \Omega \int d\varepsilon N(\varepsilon - \mu_{\mathrm{B}}H) f(\varepsilon - \mu), \tag{1.13}$$

$$N_\downarrow = \Omega \int d\varepsilon N(\varepsilon + \mu_{\mathrm{B}}H) f(\varepsilon - \mu) \tag{1.14}$$

と表せる。よって、磁化 $M = -\mu_{\mathrm{B}}(N_\uparrow - N_\downarrow)$ を磁場 H の一次まで展開すると、

$$\begin{aligned}M &= -\mu_{\mathrm{B}}\Omega \int d\varepsilon \left[N(\varepsilon - \mu_{\mathrm{B}}H) - N(\varepsilon + \mu_{\mathrm{B}}H)\right] f(\varepsilon - \mu) \\ &= 2\mu_{\mathrm{B}}^2 H\Omega \int d\varepsilon N(\varepsilon)\left[-\frac{\partial f(\varepsilon - \mu)}{\partial \varepsilon}\right]\end{aligned} \tag{1.15}$$

で与えられる。したがって、単位体積あたりのスピン帯磁率 $\chi = M/H\Omega$ は、十分低温では

$$\chi = 2\mu_{\mathrm{B}}^2 N(\varepsilon_{\mathrm{F}}) \tag{1.16}$$

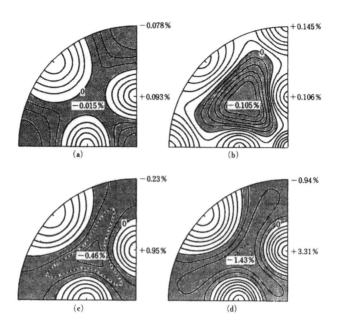

図 1.3: アルカリ金属のフェルミ面（文献 [3] より転載）。(a) Na、(b) K、(c) Rb、(d) Cs である。フェルミ面の 1/8 が示されている。図の中の数字は原点から測ったフェルミ面までの距離 k_F が自由電子の値からどれだけずれているか（すなわち、球からのずれ）を示している。

のように状態密度に比例する一定値となる。この温度によらないスピン帯磁率をパウリ常磁性といい、フェルミ縮退を特徴づける一つの関係である。

1.2.3 アルカリ金属や貴金属は自由電子モデルにどれくらい近いか?

(1) フェルミ面の形

フェルミ面の形は**ド・ハース―ファン・アルフェン効果**[1]などの

---

[1] ド・ハース―ファン・アルフェン効果は十分低温、強磁場の下で、電子の軌道運動の量子化によって磁化が磁場の変化とともに振動する現象で、その振動数からフェルミ面の磁場に垂直な断面

1.2. 自由電子モデルの基本的性質

実験で調べることができる。アルカリ金属 Na, K, Rb, Cs について詳細な実験で得られたフェルミ面を図 1.3 に示す。これは図 1.1 に対応するものであるが、いずれも球に非常に近いことに驚かされる。なぜこのように球に近いのであろうか? 次節でこの問題を取り上げる。ここに示さないが、貴金属の場合のフェルミ面は球からかなりずれている [3]。これはフェルミ・エネルギーより少し下に位置する d 準位の影響と考えられている。

(2) 比熱の γ

図 1.4 に示すように、アルカリ金属 の比熱の γ は $1\,\mathrm{mJ/mol\cdot K^2}$ の程度で、これは自由電子モデルから期待される値に近い(問題 1.1 を見よ)。

寄り道になるが、稀土類元素 Ce やアクチノイドの U を含む化合物で、$1\,\mathrm{J/mol\cdot K^2}$ 程度の低温比熱係数をもつ物質が数多く見いだされている [5]。これらは**重い電子系**(あるいは、**重いフェルミオン系**)とよばれている。自由電子モデルでは γ は m に比例するので、大ざっぱにいえば、質量が真空中の電子の値の 1000 倍くらい重い電子が動き回っていることになる。これには電子間の相互作用が重要な働きをしていると考えられている。

(3) クーロン相互作用の大きさ

電子 1 個あたりの金属の体積を球で表したときの半径 d は電子密度 n と $n^{-1} = 4\pi d^3/3$ の関係にある。この d は平均電子間距離の目安を与える。この d を使うと、平均のクーロン相互作用の大きさは e^2/d、電子の平均運動エネルギーは $\hbar^2/md^2$(自由電子とみなしたときのフェルミ波数 k_F は式 (1.5) より $k_\mathrm{F} \sim 1/d$)によって特徴づけられる。そこで、両者の比を

$$r_s \equiv \frac{e^2/d}{\hbar^2/md^2} = \frac{d}{a_\mathrm{B}} \tag{1.17}$$

で定義すると、r_s はクーロン相互作用の大きさを記述する無次元のパラメーターである。ここで $a_\mathrm{B} \equiv \hbar^2/me^2$ はボーア半径で

積の極値が求められる。したがって、磁場の方向をいろいろ変えて、そのときの振動周期の変化からフェルミ面を推定できる。例えば、文献 [1,2] を参照。

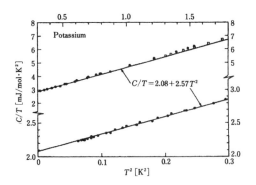

図 1.4: 金属カリウムの低温比熱 [4]。比熱の T^3 項は格子振動からの寄与として期待されるものである。2 本の線は上、下の軸の温度領域に対応している。

ある。すなわち、r_s は d をボーア半径で測った長さに等しい。

アルカリ金属の r_s の値は、3.22 (Li)、3.96 (Na)、4.87 (K)、5.18 (Rb)、5.57 (Cs) である。したがって、アルカリ金属でも、r_s は決して小さくない。むしろ電子間相互作用の効果はかなり大きいのに[2]、なぜアルカリ金属の一部の性質は自由電子モデルによってよく近似できるのだろうか、という疑問が生ずる。これに答えるのが第 3 章の「フェルミ流体理論」である。

1.3 周期ポテンシャル中の電子 – ブロッホ関数

固体中の電子は原子核からの引力ポテンシャルと他の電子からのクーロン斥力ポテンシャルを感じている。したがって、複雑な多体系である。これを簡単化して、一つの電子に着目して他の電子の作るポテンシャルについては平均し、その結果、原子核の作っている格子と同じ周期をもつポテンシャル $V(r)$ の中を各電子が独立に動いている、と見なす。このような近似は多体系に対する**一体近似**といわれるものである（他の電子の影響

---
[2]実際、アルカリ金属のいろいろな性質、特に高いエネルギー領域の現象（プラズマ振動など）にはクーロン相互作用が本質的に重要である。

1.3. 周期ポテンシャル中の電子 – ブロッホ関数

には電子同士がお互いに避け合う効果があり、それは一体近似で記述できない部分である。そのような多体効果は**電子相関**あるいは**相関効果**とよばれる）。このとき、電子の状態を決めるシュレーディンガー方程式は

$$\left[-\frac{\hbar^2}{2m}\nabla^2 + V(\bm{r})\right]\psi(\bm{r}) = E\psi(\bm{r}) \tag{1.18}$$

で与えられる。$V(\bm{r})$ は上に述べた電子の感ずる一体ポテンシャルである。仮定により、格子の周期と同じ周期関数であるので

$$V(\bm{r} + \bm{a}_i) = V(\bm{r}) \tag{1.19}$$

を満たす。ここで、$\bm{a}_i$ ($i=1,2,3$) は格子の基本並進ベクトルである。

式 (1.19) の関係から、周期関数 $V(\bm{r})$ をフーリエ分解すると、フーリエ成分は

$$\begin{aligned}
V_{\bm{k}} &= \frac{1}{\Omega}\int d\bm{r}\, e^{-i\bm{k}\cdot\bm{r}} V(\bm{r}) \\
&= \frac{1}{\Omega}\int_{\text{unit cell}} d\bm{r}\, e^{-i\bm{k}\cdot\bm{r}} V(\bm{r}) \\
&\quad \times \sum_{\ell_1,\ell_2,\ell_3} e^{-i\bm{k}\cdot(\ell_1\bm{a}_1+\ell_2\bm{a}_2+\ell_3\bm{a}_3)}
\end{aligned} \tag{1.20}$$

で与えられる。ここで、Ω は結晶の体積、ℓ_1,ℓ_2,ℓ_3 は整数である。最初の積分は結晶全体についてのもので、2番目の積分では単位胞内部での積分と単位胞についての和に書き直している。

式 (1.20) の最後の因子

$$S(\bm{k}) = \sum_{\ell_1,\ell_2,\ell_3} e^{-i\bm{k}\cdot(\ell_1\bm{a}_1+\ell_2\bm{a}_2+\ell_3\bm{a}_3)} \tag{1.21}$$

は**構造因子**とよばれ、結晶の構造を反映する量である。結晶の大きさは $N_1\bm{a}_1\cdot(N_2\bm{a}_2\times N_3\bm{a}_3)$ (N_i は大きい整数) であると仮定しよう。すると、$\ell_i = 1,2,\cdots,N_i$ について和をとることになる。このとき、式 (1.21) で ℓ_1,ℓ_2,ℓ_3 について和をとると、一般

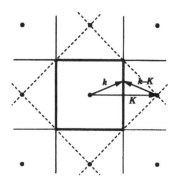

図 1.5: 2次元正方格子の逆格子点（黒丸）とブリルアン・ゾーン（太い実線で囲まれた正方形）。細い実線と点線は原点と各逆格子点を結ぶベクトルの垂直二等分線である。

の k では指数関数が激しく振動して、和はゼロになる。$S(k)$ がゼロでないのは、k が

$$k \cdot a_i = 2\pi n_i \quad (i=1,2,3;\ n_i は整数)$$

を満たすときだけである。次の式で**逆格子の基本ベクトル** K_i $(i=1,2,3)$

$$K_i \cdot a_j = 2\pi \delta_{ij} \quad (i,j=1,2,3) \tag{1.22}$$

を定義しよう。すると、k が K_i $(i=1,2,3)$ によって張られる逆格子点 $n_1 K_1 + n_2 K_2 + n_3 K_3$ $(n_1, n_2, n_3$ は整数) に一致するときだけ、式 (1.21) はゼロでない。よって、$V(r)$ は

$$V(r) = \sum_K V_K e^{iK \cdot r} \tag{1.23}$$

と表すことができる。ここで、K についての和は、逆格子点 $K = n_1 K_1 + n_2 K_2 + n_3 K_3$ を指定する整数 n_1, n_2, n_3 についての和を意味している。

k 空間内に作られる逆格子の単位胞としては、原点と任意の逆格子点を結ぶベクトルの垂直二等分面（すなわち、図 1.5 の

1.3. 周期ポテンシャル中の電子 – ブロッホ関数

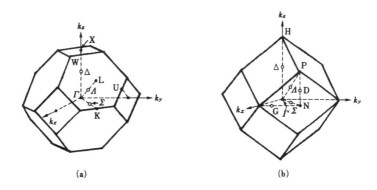

図 1.6: ブリルアン・ゾーンの例。(a) fcc 格子、(b) bcc 格子。Γ は原点である。その他の対称性のよい点や線上の点には図の記号のような名称がついている。

例のように、$k^2 = (k-K)^2$ を満たす面）で囲まれる領域のうち、原点を含む最小の領域を取るのが便利で広く用いられている。この領域を**ブリルアン・ゾーン**（あるいは、ブリルアン域）という。ブリルアン・ゾーンの表面では、定義により、少なくとも一つの逆格子ベクトルと $k^2 = (k-K)^2$（ブラッグ反射の条件）という関係を満たすので、以下に見るように、ブラッグ反射との関連で重要である。図 1.6 に面心立方（face-centered cubic、略して fcc）格子と体心立方（body-centered cubic、略して bcc）格子のブリルアン・ゾーンを示す。金属では fcc 構造や bcc 構造のものが多い。

$V(r)$ の表式 (1.23) を式 (1.18) へ代入する。$V(r) = 0$ であれば、式 (1.18) の解は平面波

$$\phi_{\boldsymbol{k}}(\boldsymbol{r}) = \frac{1}{\sqrt{\Omega}} e^{i\boldsymbol{k}\cdot\boldsymbol{r}} \tag{1.24}$$

である。$V(r)$ が有限の大きさを持つときには、波数ベクトル $\boldsymbol{k}$ の平面波 $\phi_{\boldsymbol{k}}$ は、逆格子ベクトルだけ異なる波数ベクトルをもつ平面波 $\phi_{\boldsymbol{k}+\boldsymbol{K}}$ などと混じる。したがって、$\psi(r)$ は、一般に、

それらの波の一次結合として

$$\psi(\boldsymbol{r}) = \sum_{\boldsymbol{K}} a_{\boldsymbol{k}+\boldsymbol{K}} \phi_{\boldsymbol{k}+\boldsymbol{K}}(\boldsymbol{r}) \tag{1.25}$$

と書ける。$a_{\boldsymbol{k}+\boldsymbol{K}}$ は係数である。ここで、$\boldsymbol{K}$ についての和は、式 (1.23) と同様に、逆格子点についての和を意味する。式 (1.25) を式 (1.18) に代入し、$\phi_{\boldsymbol{k}}^{*}(\boldsymbol{r})$ を掛けて、結晶全体について $\boldsymbol{r}$ で積分すると、

$$\varepsilon_{\boldsymbol{k}} a_{\boldsymbol{k}} + \sum_{\boldsymbol{K}} V_{\boldsymbol{K}} a_{\boldsymbol{k}-\boldsymbol{K}} = E a_{\boldsymbol{k}} \tag{1.26}$$

を得る。ここで、$\varepsilon_{\boldsymbol{k}} = \hbar^2 \boldsymbol{k}^2/2m$ である。式 (1.26) の連立方程式で 係数のセット $\{a_{\boldsymbol{k}+\boldsymbol{K}}\}$ がゼロでないためには、行列式がゼロでなければならない。したがって、

$$\begin{vmatrix} \cdot & \cdot & \cdot & \cdot & \cdot \\ \cdot & \varepsilon_{\boldsymbol{k}+\boldsymbol{K}} - E & V_{\boldsymbol{K}} & V_{\boldsymbol{K}'+\boldsymbol{K}} & \cdot \\ \cdot & V_{-\boldsymbol{K}} & \varepsilon_{\boldsymbol{k}} - E & V_{\boldsymbol{K}'} & \cdot \\ \cdot & V_{-\boldsymbol{K}'-\boldsymbol{K}} & V_{-\boldsymbol{K}'} & \varepsilon_{\boldsymbol{k}-\boldsymbol{K}'} - E & \cdot \\ \cdot & \cdot & \cdot & \cdot & \cdot \end{vmatrix} = 0 \tag{1.27}$$

が得られる。これによってエネルギー固有値 E が求まる。なお、$\boldsymbol{K}=0$ に対応する $V_{\boldsymbol{K}}$ は E の原点をずらすだけなので落している。

式 (1.27) の解を検討する前に、波動関数 (1.25) の一般的性質を見てみよう。任意の並進ベクトル $\boldsymbol{R} = \ell_1 \boldsymbol{a}_1 + \ell_2 \boldsymbol{a}_2 + \ell_3 \boldsymbol{a}_3$ に対して、式 (1.25) の $\psi(\boldsymbol{r})$ は

$$\psi(\boldsymbol{r}+\boldsymbol{R}) = e^{i\boldsymbol{k}\cdot\boldsymbol{R}} \psi(\boldsymbol{r}) \tag{1.28}$$

を満すことはすぐわかる。すなわち、周期ポテンシャル中の電子のシュレーディンガー方程式の解は、格子の並進ベクトル $\boldsymbol{R}$ だけずらすと位相因子 $e^{i\boldsymbol{k}\cdot\boldsymbol{R}}$ が掛かる。式 (1.28) を**ブロッホの定理**といい、これを満す関数を**ブロッホ関数**という。式 (1.24)

1.3. 周期ポテンシャル中の電子 – ブロッホ関数

と式 (1.25) より、ブロッホ関数 $\psi(\boldsymbol{r})$ は

$$\psi(\boldsymbol{r}) = e^{i\boldsymbol{k}\cdot\boldsymbol{r}} \sum_{\boldsymbol{K}} a_{\boldsymbol{k}+\boldsymbol{K}} \frac{1}{\sqrt{\Omega}} e^{i\boldsymbol{K}\cdot\boldsymbol{r}} = e^{i\boldsymbol{k}\cdot\boldsymbol{r}} u(\boldsymbol{r}) \qquad (1.29)$$

とも書ける。$u(\boldsymbol{r})$ は格子の並進ベクトルの周期関数で

$$u(\boldsymbol{r} + \boldsymbol{R}) = u(\boldsymbol{r}) \qquad (1.30)$$

を満たす。すなわち、ブロッホ関数は平面波 $e^{i\boldsymbol{k}\cdot\boldsymbol{r}}$ と結晶の周期と同じ周期を持つ周期関数 $u(\boldsymbol{r})$ の積で与えられる。

式 (1.28) の関係は $\boldsymbol{k}$ が固有状態を指定するパラメーター (すなわち、量子数) であることを示している。$\boldsymbol{k}$ の値はブリルアン・ゾーン内にとるのが普通である。というのは、式 (1.25) から分かるように、$\boldsymbol{k}$ に逆格子ベクトルを加えても新しい状態にはならないからである。したがって、ブロッホ関数はブリルアン・ゾーン内の $\boldsymbol{k}$ と、$\boldsymbol{k}$ を与えたときのエネルギー固有値の順番を指定する整数 n によって分類され、

$$\psi_{n\boldsymbol{k}}(\boldsymbol{r}) = e^{i\boldsymbol{k}\cdot\boldsymbol{r}} u_{n\boldsymbol{k}}(\boldsymbol{r})$$

と書くことができる。

$\boldsymbol{k}$ のとりうる値は境界条件によって決まる。結晶の大きさが $N_1\boldsymbol{a}_1 \cdot (N_2\boldsymbol{a}_2 \times N_3\boldsymbol{a}_3)$ (N_i は大きな整数) であるとして、周期的境界条件

$$\psi(\boldsymbol{r} + N_i\boldsymbol{a}_i) = \psi(\boldsymbol{r}) \qquad (i=1,2,3) \qquad (1.31)$$

を課すことにしよう。このとき許される $\boldsymbol{k}$ の値は、式 (1.28) より、

$$e^{iN_i\boldsymbol{k}\cdot\boldsymbol{a}_i} = 1 \qquad (i=1,2,3) \qquad (1.32)$$

から決まることになるので、$\boldsymbol{k}$ の値は

$$\boldsymbol{k} = \frac{m_1}{N_1}\boldsymbol{K}_1 + \frac{m_2}{N_2}\boldsymbol{K}_2 + \frac{m_3}{N_3}\boldsymbol{K}_3 \qquad (m_i は整数) \qquad (1.33)$$

となる。ブリルアン・ゾーン内の $\boldsymbol{k}$ 点の数は、m_i が N_i 個の整数をとるので、$N_1 \times N_2 \times N_3$ になる。この数は結晶の単位胞の総数に等しい。

1.3.1 弱い周期ポテンシャルの効果

式 (1.27) は一般の場合には数値的に解くほかはない。しかし、すべての K について V_K が小さいときには事情は簡単になって次のように解ける。

まず、V_K で結ばれる ε_{k+K} が ε_k から十分離れているときを考えよう。このときは、a_k に対する a_{k+K} の混合は少なく、

$$a_k \simeq 1, \qquad a_{k+K} = O(V_K) \ll 1 \tag{1.34}$$

の程度の大きさと考えられる。このとき、式 (1.26) より、

$$(E - \varepsilon_{k+K})a_{k+K} \simeq V_K$$

から、

$$a_{k+K} \simeq \frac{V_K}{E - \varepsilon_{k+K}} \tag{1.35}$$

が得られ、これを式 (1.26) に代入して

$$E \simeq \varepsilon_k + \sum_K \frac{|V_K|^2}{E - \varepsilon_{k+K}} \simeq \varepsilon_k + \sum_K \frac{|V_K|^2}{\varepsilon_k - \varepsilon_{k+K}} \tag{1.36}$$

となる。最後の結果は、周期ポテンシャルの 2 次摂動の式であって、高い準位 ($\varepsilon_{k+K} > \varepsilon_k$ を満たす) は ε_k を押し下げ、低い準位 ($\varepsilon_{k+K} < \varepsilon_k$ を満たす) は ε_k を押し上げることを表している。

次に、ある K について $\varepsilon_{k-K} \simeq \varepsilon_k$ が成り立ち、その他の逆格子ベクトル K' については $\varepsilon_{k-K'}$ が ε_k から十分離れている場合を考える (これは k がブリルアン・ゾーンの表面近くにある場合に相当する)。このときは、a_k と a_{k-K} を対等に取り扱わねばならない。他の係数は $O(V)$ で小さいから無視してよい。そのとき固有値は

$$\begin{vmatrix} \varepsilon_k - E & V_K \\ V_K^* & \varepsilon_{k-K} - E \end{vmatrix} = 0$$

1.3. 周期ポテンシャル中の電子 – ブロッホ関数

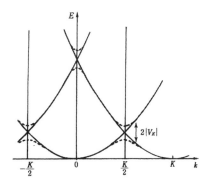

図 1.7: 弱い周期ポテンシャルによる電子のスペクトルの変化。実線は $V=0$ の場合、破線が V の効果を示す。破線は $k=K/2$ で傾きが 0 になっていることに注意。

で近似的に与えられる。これから

$$E = \frac{\varepsilon_{\bm{k}} + \varepsilon_{\bm{k}-\bm{K}}}{2} \pm \sqrt{\frac{1}{4}(\varepsilon_{\bm{k}} - \varepsilon_{\bm{k}-\bm{K}})^2 + |V_{\bm{K}}|^2} \quad (1.37)$$

となる。この結果を図 1.7 に示す。$\varepsilon_{\bm{k}} \simeq \varepsilon_{\bm{k}-\bm{K}}$ では V の効果によって電子のエネルギー・スペクトルが大きく変化し、$2|V_{\bm{K}}|$ だけ分裂する。$\varepsilon_{\bm{k}} = \varepsilon_{\bm{k}-\bm{K}}$ という条件は、$\bm{k}^2 = (\bm{k}-\bm{K})^2$ と同じで、これはブラッグ反射の起こる条件と同一であり、また、ブリルアン・ゾーン (図 1.5) を与える多面体の表面の定義式でもある。

さらに、$\varepsilon_{\bm{k}-\bm{K}} \simeq \varepsilon_{\bm{k}-\bm{K}'} \simeq \varepsilon_{\bm{k}}$ が成り立つとき、すなわち、$\bm{k}$ がブリルアン・ゾーンの表面と表面のぶつかる辺の近くの場合 (図 1.6(a) の例で言えば、U 点、K 点など) には、$\bm{k}$、$\bm{k}-\bm{K}$、$\bm{k}-\bm{K}'$ の三つの平面波を対等に扱う必要がある。また、$\bm{k}$ がブリルアン・ゾーンの辺と辺のぶつかる角 (図 1.6(a) の例では、W 点がそれに対応する) に近いときは四つの平面波を対等に扱わねばならない。

以上をまとめると、V が弱いときには、V の効果はブリルアン・ゾーンの表面近くで重要であり、表面から遠い所では 2 次

の効果となるので小さい。式 (1.27) を実際に解くには有限次元の行列式で近似しなければならない。V が小さくない限り、この近似はよくないことは明かである。$V(\boldsymbol{r})$ そのものは各原子の中心部では強い引力を持つと期待される。したがって、ブロッホ関数は各原子の中心部では原子の波動関数のごとくふるまうはずだから、波動関数を平面波で展開してコア近くで原子の波動関数に近い関数形をうるには非常に多数の平面波を重ね合わせねばならない。この問題については、1.4 節と 1.5 節で、二つの異なる見方によって再び議論する。

1.3.2　フェルミ面への弱い周期ポテンシャルの影響

前項で、周期ポテンシャルが十分弱いときには、電子のスペクトルはブリルアン・ゾーンの表面近くだけでブラッグ反射によって修正され、それ以外のところではその影響は無視できることを示した。図 1.7 に示したように、$V \to 0$ とすると、ブリルアン・ゾーン内のバンドは、自由電子のスペクトル $\varepsilon_{\boldsymbol{k}} = \hbar^2 \boldsymbol{k}^2/2m$ でブリルアン・ゾーンの外へはみ出した部分を逆格子ベクトルだけの並進移動でブリルアン・ゾーン内へ移したものからなっている。別の言い方をすると、すべての逆格子点 $\boldsymbol{K}$ を中心に $\varepsilon_{\boldsymbol{k}-\boldsymbol{K}} = \hbar^2(\boldsymbol{k}-\boldsymbol{K})^2/2m$ という自由電子のスペクトルを作り、ブリルアン・ゾーン内に入る部分を集めると $V \to 0$ でのスペクトルが得られることになる。

　同じ問題をフェルミ面に注目して考える。まず、図 1.5 に逆格子点を示した 2 次元正方格子を例にとる。伝導電子数が単位胞あたり 4 個とする。このとき自由電子近似でのフェルミ波数 k_{F} は $\pi k_{\mathrm{F}}^2 = 2(2\pi/a)^2$ で与えられる。自由電子近似での円形のフェルミ面を逆格子空間に描き、さらに、各逆格子点を中心にして同じ半径の円を描くと図 1.8(a) のようになる。すると、$n = 1 \sim 4$ と番号をつけたブリルアン・ゾーンの各領域は n 枚の円が重なっていることがわかる。フェルミ・エネルギーまで

1.3. 周期ポテンシャル中の電子 – ブロッホ関数

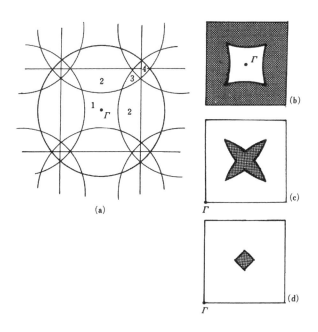

図 1.8: 空格子近似によるフェルミ面の構成方法。二次元正方格子で、伝導電子数が単位胞当り 4 個の場合である。(a) 原点および各逆格子点から半径 k_F の円を描く。数字 1〜4 は円の重なりの枚数を示す。(b)〜(d) 第 2〜4 枚目のフェルミ面。網目の部分は電子の占有しているところである。(c) と (d) では Γ 点の位置がずらしてあることに注意。

に $n = 1$〜4 の 4 枚のバンドがあるわけである。第 1 枚目のバンドは完全に電子が詰まっていてフェルミ面はないが、第 2〜第 4 枚目のバンドは部分的に詰まっているので、図 1.8(b)〜(d) の合計 3 種のフェルミ面が得られることになる。これらのフェルミ面はもとの円形のフェルミ面とはまったく形状が違っている。このように $V \to 0$ の極限をとって周期ポテンシャルを無視し、結晶格子の存在をブリルアン・ゾーンでだけ考慮したものを**空格子近似**（empty lattice approximation）という。

次に弱い周期ポテンシャルがフェルミ面をどう変えるかを見

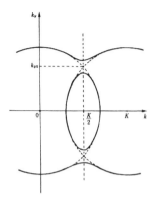

図 1.9: 周期ポテンシャルによる電子のブラッグ反射のために起こるフェルミ面の変化

るため、式 (1.37) においてフェルミ面への $V_{\boldsymbol{K}}$ の影響を考えてみる。$\boldsymbol{K}$ が x 方向を向いているとして xy 面内でのフェルミ面を考えよう。フェルミ・エネルギーを $\hbar^2[(K/2)^2 + k_{y0}^2]/2m$ とすると、$(K/2, k_{y0})$ の近傍では、式 (1.37) は

$$\left(\frac{\hbar^2 k_{y0}}{m}\right)^2 (k_y - k_{y0})^2 - \left(\frac{\hbar^2 K}{2m}\right)^2 \left(k_x - \frac{K}{2}\right)^2 = |V_{\boldsymbol{K}}|^2 \quad (1.38)$$

となり、双曲線を表している。すなわち、周期ポテンシャルの効果によって、フェルミ面はブラッグ反射面に垂直に入り（図 1.9）、空格子近似で得られる角ばったフェルミ面は、弱い周期ポテンシャルの効果によって角が円くなる。

ここに説明したようなフェルミ面の構成法は、折り紙遊びをしているようで、現実の金属のフェルミ面とは関係がないように見えるかもしれないが、実はそうではない。上の方法を fcc 格子の金属の場合に適用し、金属が1価、2価、3価、4価のときのフェルミ面がどうなるか、を示したのが図 1.10 である。3価の場合は金属 Al に、4価の場合は金属 Pb に適用できる。前と同様に、どがった形状は周期ポテンシャルの効果によって丸く

1.4. 擬ポテンシャル

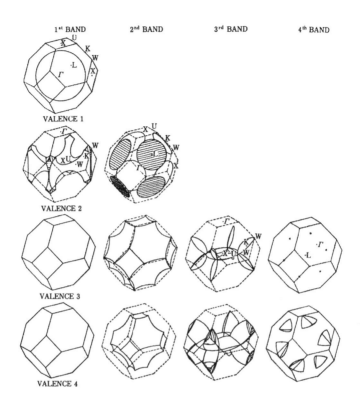

図 1.10: 空格子近似によってえられるフェルミ面 [6]。fcc 構造の 1 価 〜 4 価の金属のフェルミ面が示してある。fcc 格子のブリルアン・ゾーンは図 1.6 を見よ。

なる。こうして構成されたフェルミ面はド・ハース—ファン・アルフェン効果の実験をよく説明する。

1.4 擬ポテンシャル

前節に登場した周期ポテンシャル $V(r)$ は、原子と原子の間では小さいが、各原子の中心部でのその (絶対) 値は大きいと想像される。したがって、$V(r)$ の効果を最低次の摂動論で扱う 1.3.1 項の後半の議論は現実的でないように見える。一方、アルカリ

金属や多価金属 Al などでは、$V(\boldsymbol{r})$ を無視する「自由電子モデル」が伝導電子をかなりよく記述することが実験との比較からわかっている。この矛盾はどう理解したらよいだろうか。

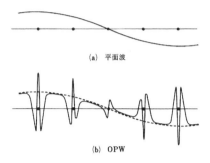

図 1.11: 平面波と直交化された平面波（OPW）

金属 Al を例にとると、その伝導電子は $3s, 3p$ 軌道の電子に由来するから、各原子の中心部では $3s$、あるいは $3p$ 軌道のようにふるまうはずである。原子の中心部で $V(\boldsymbol{r})$ の (絶対) 値が大きいのは、まさに、この $3s, 3p$ 的性格を作るのに寄与している。ところで、$3s, 3p$ 軌道はコアの $1s, 2s, 2p$ 軌道と直交するはずである。そこで、単純な平面波 (1.24) の代わりに、各サイトの原子のコアに**直交化された平面波** orthogonalized plane wave （略して **OPW** という）

$$\psi_{\boldsymbol{k}}(\boldsymbol{r}) = \frac{1}{\sqrt{\Omega}} e^{i\boldsymbol{k}\cdot\boldsymbol{r}} - \sum_{\mathrm{c}} \left(\phi_{\mathrm{c}}, \frac{1}{\sqrt{\Omega}} e^{i\boldsymbol{k}\cdot\boldsymbol{r}} \right) \phi_{\mathrm{c}}(\boldsymbol{r}) \tag{1.39}$$

を考えてみよう (物理的な描像を図 1.11 に示す)。ここで、ϕ_{c} は各サイトの原子の (規格化された) コア状態であり、$\sum_c$ は結晶中のすべての原子のコア状態について和をとることを意味している。(,) は内積

$$(\phi, \psi) \equiv \int \mathrm{d}\boldsymbol{r} \phi^*(\boldsymbol{r}) \psi(\boldsymbol{r}) \tag{1.40}$$

を表す。$\psi_{\boldsymbol{k}}(\boldsymbol{r})$ がコアと直交することは、式 (1.39) から、

$$(\phi_{\mathrm{c}}, \psi_{\boldsymbol{k}}) = 0 \tag{1.41}$$

1.4. 擬ポテンシャル

が成り立つことにより確認できる。

平面波でなく、式 (1.39) の直交化された平面波を使って、式 (1.18) の解 $\psi(\bm{r})$ を、

$$\psi(\bm{r}) = \sum_{\bm{K}} \tilde{a}_{\bm{k}+\bm{K}} \psi_{\bm{k}+\bm{K}}(\bm{r}) \tag{1.42}$$

のように展開したとしよう。また、その同じ係数 $\tilde{a}_{\bm{k}+\bm{K}}$ を用いて、関数

$$\phi(\bm{r}) \equiv \sum_{\bm{K}} \tilde{a}_{\bm{k}+\bm{K}} \frac{1}{\sqrt{\Omega}} e^{i(\bm{k}+\bm{K}) \cdot \bm{r}} \tag{1.43}$$

を定義しよう。すると、式 (1.18) は

$$\left[-\frac{\hbar^2}{2m} \nabla^2 + V(\bm{r}) \right] \left[\phi(\bm{r}) - \sum_{\mathrm{c}} (\phi_{\mathrm{c}}, \phi) \phi_{\mathrm{c}}(\bm{r}) \right]$$
$$= E \left[\phi(\bm{r}) - \sum_{\mathrm{c}} (\phi_{\mathrm{c}}, \phi) \phi_{\mathrm{c}}(\bm{r}) \right] \tag{1.44}$$

となる。コア状態 $\phi_{\mathrm{c}}(\bm{r})$ のエネルギーを E_{c} とすると、

$$\left[-\frac{\hbar^2}{2m} \nabla^2 + V(\bm{r}) \right] \phi_{\mathrm{c}}(\bm{r}) = E_{\mathrm{c}} \phi_{\mathrm{c}}(\bm{r}) \tag{1.45}$$

であるので、式 (1.44) は

$$\left[-\frac{\hbar^2}{2m} \nabla^2 + V(\bm{r}) \right] \phi(\bm{r}) + \sum_{\mathrm{c}} (E - E_{\mathrm{c}})(\phi_{\mathrm{c}}, \phi) \phi_{\mathrm{c}}(\bm{r})$$
$$= E \phi(\bm{r}) \tag{1.46}$$

となる。そこで、

$$V_{\mathrm{R}} \phi(\bm{r}) = \sum_{\mathrm{c}} (E - E_{\mathrm{c}})(\phi_{\mathrm{c}}, \phi) \phi_{\mathrm{c}}(\bm{r})$$
$$= \int d\bm{r}' \sum_{\mathrm{c}} (E - E_{\mathrm{c}}) \phi_{\mathrm{c}}{}^*(\bm{r}') \phi_{\mathrm{c}}(\bm{r}) \phi(\bm{r}') \tag{1.47}$$

で定義される V_{R} を導入すると、

$$\left[-\frac{\hbar^2}{2m} \nabla^2 + V_{\mathrm{p}} \right] \phi(\bm{r}) = E \phi(\bm{r}) \, , \tag{1.48}$$
$$V_{\mathrm{p}} = V(\bm{r}) + V_{\mathrm{R}} \tag{1.49}$$

となる。V_p は**擬ポテンシャル**（pseudo-potential）、$\phi(\bm{r})$ は**擬波動関数**（pseudo-wave function）とよばれる。V_R はコアとの直交化によって生ずる項で、いま考えているエネルギー E はコアよりは高い（$E > E_\mathrm{c}$）から、V_R はコアの波動関数の振幅の大きい所で斥力的で、大きい。したがって、擬ポテンシャル V_p は $V(\bm{r})$ よりも弱くなっていると期待される。V_p が弱ければ V_p についての摂動論で扱うことが許されるはずである。このようにして、1.3.1 項と 1.3.2 項の議論は V でなく、V_p に対するものと見直せばその正当性が理解できる。

ここで擬ポテンシャル V_p の重要な性質をまとめておこう[3]。
(1) $V(\bm{r})$ の各原子の中心付近の負の大きい寄与を打ち消す V_R は、コアの状態が多いほど寄与が大きくなる。逆に、コアの状態の少ない元素、例えば、アルカリ金属の中で Li（$(1s)^2(2s)^1$）はコアが $1s$ 軌道だけなので、p 軌道に関しては V_R がゼロになり、結果として、V_p は余り弱くない。このため、Li はアルカリ金属の中では自由電子モデルからのずれが一番大きい [7]。
(2) 擬ポテンシャルが意味を持つためには、コア状態と伝導電子状態がよく分離していなければならない。
(3) 擬波動関数には任意性があることに注意を要する。実際、$\phi(\bm{r})$ を $\phi(\bm{r}) + \delta\phi(\bm{r})$（$\delta\phi(\bm{r}) = \sum_\mathrm{c} \alpha_\mathrm{c} \phi_\mathrm{c}(\bm{r})$、$\alpha_\mathrm{c}$ は任意）とおき換えると、

$$\begin{aligned}
\left(-\frac{\hbar^2}{2m}\nabla^2 + V_\mathrm{p}\right)&\delta\phi(\bm{r}) \\
&= \sum_\mathrm{c} \alpha_\mathrm{c} \Big[E_\mathrm{c} \phi_\mathrm{c} + \sum_{\mathrm{c}'} (E - E_{\mathrm{c}'})(\phi_{\mathrm{c}'}, \phi_\mathrm{c})\phi_{\mathrm{c}'} \Big] \\
&= E \sum_\mathrm{c} \alpha_\mathrm{c} \phi_\mathrm{c} = E\delta\phi(\bm{r}) \quad (1.50)
\end{aligned}$$

が成り立つからである。
(4) 擬ポテンシャルにもまた任意性がある。式 (1.47) の代わりに、

$$V_\mathrm{R} \phi(\bm{r}) = \sum_\mathrm{c} (F_\mathrm{c}, \phi) \phi_\mathrm{c}(\bm{r}) \quad (1.51)$$

---
[3]擬ポテンシャルについてさらに詳しく知りたい読者は文献 [8~11] を見ていただきたい。

を使うこともできる [9]。ここで、F_c は任意の関数、$\phi_c(\boldsymbol{r})$ はもとのハミルトニアン (1.18) のコア状態の波動関数である。式 (1.47) は式 (1.51) において $F_c = (E - E_c)\phi_c(\boldsymbol{r})$ を選んだ場合に対応している。

1.5 強く束縛された電子の近似

固体中の電子の波動関数は、各原子の近くでは孤立原子中の電子の波動関数に近く、原子と原子の間の領域ではその波動関数がつながったものになっているはずである。前節で述べた「直交化された平面波」は、図 1.11 に示されているように、そのような波動関数を念頭において、平面波をもとに原子の近傍での原子の波動関数の性格を取り入れるものであった。

ここでは、これとは相補的な見方によって、各原子のまわりに強く束縛された原子軌道に由来する電子状態を考えよう。このときには、原子の状態を出発点にして固体中での電子の波動関数を記述するのがよいと期待される。そのような記述を**強く束縛された電子の近似** (tight-binding approximation) という。

$\boldsymbol{R}_j$ に位置する原子の原子軌道を $\varphi(\boldsymbol{r} - \boldsymbol{R}_j)$ とする。簡単のため s 軌道を考えることにする[4]。 この原子軌道の一次結合

$$\psi_{\boldsymbol{k}}(\boldsymbol{r}) = \frac{1}{\sqrt{N_A}} \sum_j e^{i\boldsymbol{k}\cdot\boldsymbol{R}_j} \varphi(\boldsymbol{r} - \boldsymbol{R}_j) \tag{1.52}$$

によってブロッホ関数を作る。単位胞内には一種類の原子しかなく、結晶の原子総数が N_A であると仮定している。異なる原子の原子軌道は互いに直交し、

$$\int d\boldsymbol{r} \varphi^*(\boldsymbol{r} - \boldsymbol{R}_j) \varphi(\boldsymbol{r} - \boldsymbol{R}_\ell) = \delta_{j\ell} \tag{1.53}$$

を満たすとする。$\psi_{\boldsymbol{k}}(\boldsymbol{r})$ はハミルトニアン $\mathcal{H} = (-\hbar^2 \nabla^2 / 2m) + V(\boldsymbol{r})$ ($V(\boldsymbol{r})$ は固体での周期ポテンシャル) の固有関数ではな

---

[4] より複雑な、複数の軌道がある場合 (p 軌道、d 軌道) の取扱いについては、文献 [12] を参照のこと。

いが、そのよい近似になっていると期待される。$\mathcal{H}$ の期待値は

$$\varepsilon_{\boldsymbol{k}} = \int d\boldsymbol{r}\, \psi_{\boldsymbol{k}}^*(\boldsymbol{r})\mathcal{H}\psi_{\boldsymbol{k}}(\boldsymbol{r})$$
$$= \frac{1}{N_{\mathrm{A}}} \sum_{j,\ell} e^{-\mathrm{i}\boldsymbol{k}\cdot(\boldsymbol{R}_j-\boldsymbol{R}_\ell)} \int d\boldsymbol{r}\, \varphi^*(\boldsymbol{r}-\boldsymbol{R}_j)\mathcal{H}\varphi(\boldsymbol{r}-\boldsymbol{R}_\ell) \tag{1.54}$$

である。ここで、

$$t_{j\ell} = \int d\boldsymbol{r}\, \varphi^*(\boldsymbol{r}-\boldsymbol{R}_j)\mathcal{H}\varphi(\boldsymbol{r}-\boldsymbol{R}_\ell) \tag{1.55}$$

は、$j=\ell$ のときは原子のエネルギーレベル（固体における、まわりの原子からの影響によるレベルのずれも含む）を表し、$\boldsymbol{R}_j \neq \boldsymbol{R}_\ell$ のときは電子の $\boldsymbol{R}_\ell$ から $\boldsymbol{R}_j$ への**とび移り積分** (hopping integral あるいは transfer integral) とよばれる。式 (1.54) は

$$\varepsilon_{\boldsymbol{k}} = \frac{1}{N_{\mathrm{A}}} \sum_{j,\ell} e^{-\mathrm{i}\boldsymbol{k}\cdot(\boldsymbol{R}_j-\boldsymbol{R}_\ell)} t_{j\ell} \tag{1.56}$$

となり、バンドエネルギーの $\boldsymbol{k}$ 依存性はとび移り積分によって決まる。

原点にある孤立した原子のポテンシャルを $V_{\mathrm{a}}(\boldsymbol{r})$ とすると、式 (1.52) の $\varphi(\boldsymbol{r})$ は原子軌道なので、

$$\left[-\frac{\hbar^2}{2m}\nabla^2 + V_{\mathrm{a}}(\boldsymbol{r})\right]\varphi(\boldsymbol{r}) = \varepsilon_{\mathrm{a}}^{(0)}\varphi(\boldsymbol{r}) \tag{1.57}$$

を満たす。$\varepsilon_{\mathrm{a}}^{(0)}$ は原子のエネルギーレベルである。式 (1.55) より、$t_{j\ell}$ は $j \neq \ell$ のとき

$$t_{j\ell} = \int d\boldsymbol{r}\, \varphi^*(\boldsymbol{r}-\boldsymbol{R}_j)\Big[V(\boldsymbol{r})-V_{\mathrm{a}}(\boldsymbol{r}-\boldsymbol{R}_\ell)\Big]\varphi(\boldsymbol{r}-\boldsymbol{R}_\ell) \tag{1.58}$$

また、$j=\ell$ のときは

$$\varepsilon_{\mathrm{a}} = \varepsilon_{\mathrm{a}}^{(0)} + \int d\boldsymbol{r}\, \varphi^*(\boldsymbol{r})\Big[V(\boldsymbol{r})-V_{\mathrm{a}}(\boldsymbol{r})\Big]\varphi(\boldsymbol{r}) \tag{1.59}$$

と書ける。右辺第 2 項はまわりの原子の影響によるレベルのずれを表す。

いま考えている状況では、$t_{j\ell}$ は近距離でのみ大きい値を持つと期待される（そうでなければ、強く束縛された電子の近似はあまり意味がない）。簡単のため、$t_{j\ell}$ は最近接格子点間でのみ有限の値を持ち、それ以外ではゼロとした場合の $\varepsilon_{\boldsymbol{k}}$ を代表的な格子について以下に挙げる。

(1) 2次元正方格子

$$\varepsilon_{\boldsymbol{k}} = \varepsilon_{\mathrm{a}} - 2t[\cos(k_x a) + \cos(k_y a)] \tag{1.60}$$

(2) 3次元単純立方格子

$$\varepsilon_{\boldsymbol{k}} = \varepsilon_{\mathrm{a}} - 2t[\cos(k_x a) + \cos(k_y a) + \cos(k_z a)] \tag{1.61}$$

(3) 3次元体心立方格子

$$\varepsilon_{\boldsymbol{k}} = \varepsilon_{\mathrm{a}} - 8t \cos\left(\frac{1}{2}k_x a\right) \cos\left(\frac{1}{2}k_y a\right) \cos\left(\frac{1}{2}k_z a\right) \tag{1.62}$$

(4) 3次元面心立方格子

$$\begin{aligned}
\varepsilon_{\boldsymbol{k}} = \varepsilon_{\mathrm{a}} - 4t \Big[& \cos\left(\frac{1}{2}k_x a\right) \cos\left(\frac{1}{2}k_y a\right) \\
& + \cos\left(\frac{1}{2}k_y a\right) \cos\left(\frac{1}{2}k_z a\right) \\
& + \cos\left(\frac{1}{2}k_z a\right) \cos\left(\frac{1}{2}k_x a\right) \Big]
\end{aligned} \tag{1.63}$$

強く束縛された電子の近似は、比較的原子に局在した電子の記述に有用であり、d 電子が関係する現象をモデル的に記述する際によく使われ、本書でも後の章にたびたび登場する。また、複数の d 軌道を取り入れ、とび移り積分をバンド計算から得られる複雑なバンドの分散関係に合うように決めて、より精密な電子状態を記述するのに用いられることもある [12]。

1.6 バンド理論と金属・絶縁体の区別

1.3節で述べたように、固体内の電子状態を「一体近似」によって決める問題は、式 (1.18) を解くことに帰着する。実際的問題としては次の二つの課題がある。

(1) 電子の感ずる一体ポテンシャル $V(r)$ をどう決めるか。
(2) 式 (1.18) を精度よく解く効率的方法は何か。

この二つの問題についての理論を**バンド理論**といい、1950 年代から長い期間にわたって工夫が重ねられ、コンピューターの進歩と並行して、現在までにかなりの蓄積がある[5]。

バンド理論で用いられるポテンシャル $V(r)$ は、普通、一様な系（$V(r)$ を r によらない定数とみなせる系）での電子間相互作用についての考察の結果を $V(r)$ の r 依存性がある場合に拡張して使用する。それは密度汎関数法とよばれるものである。

また、式 (1.18) をいかに解くか、については、次のようなさまざまな方法が開発され、使用されている。

(1) 擬ポテンシャル法
(2) 増強された平面波の方法（augmented plane wave method, APW 法）
(3) KKR 法（Korringa-Kohn-Rostoker method）

これらの方法は、いずれも、各原子の中心部で波動関数が原子的性格を持つことをうまく取り入れるところに工夫がある。

バンド理論は構造が与えられたときの電子状態の計算法であるが、系の全エネルギーを計算して最も安定な構造とそのときの電子状態を同時に決める方法としても、応用上きわめて有用な方法になっている [13]。

バンド理論によるエネルギースペクトル、すなわち、バンド構造は、一般には極めて複雑であるが、式 (1.33) の後に述べたように、ブリルアン・ゾーン内のとりうる k 点の数は、結晶の単位胞の総数に等しいから、一つのバンドに収容しうる電子数は、系の単位胞の総数の 2 倍である (2 はスピンの二つの方向の寄与である)。

例として NaCl を考えよう。電子数は、Na: $(1s)^2(2s)^2(2p)^6(3s)^1$ で 11 個、Cl: $(1s)^2(2s)^2(2p)^6(3s)^2(3p)^5$ で 17 個である。NaCl は fcc 構造であるので、単位胞内の電子数は 28 個である。

---

[5] バンド計算の詳細に興味のある読者は章末に挙げた [7,13-15] を見ていただきたい。

1.6. バンド理論と金属・絶縁体の区別

したがって、下から14枚のバンドを↑スピン、↓スピンの電子で完全に詰めることができる。もし、15枚目のバンドとの間にエネルギー・ギャップがあれば絶縁体になる（実際、NaClは絶縁体である）。この議論から、「単位胞あたりの電子数が偶数の場合は絶縁体になる可能性がある（金属になる可能性もある）」といえる。逆に、「単位胞内の電子数が奇数であれば、バンドがどのようなものであっても↑電子、↓電子によって部分的にしか詰められないから、系は必ず金属的である」とバンド理論は結論する。この結論はバンドの詳細によらない一般的なものである。実は、この結論に反する絶縁体があり、次節でその問題に触れる。

問題

1.1 式 (1.12) と式 (1.7) から金属カリウム（$r_s = 4.87$）の低温比熱係数 γ を計算し、図1.4の値 $\gamma = 2.08\,\mathrm{mJ/mol \cdot K^2}$ と比較せよ。

1.2 状態密度 $N(\varepsilon)$ の ε 依存性は、2次元系、1次元系の場合にはどうなるか、計算せよ。

1.3 内部エネルギーの低温展開 (1.11) を導出せよ。また、自由エネルギーの低温での表式はどうなるか。

1.4 図1.8の2次元正方格子の例で、伝導電子密度が単位胞あたり2個、3個の場合のフェルミ面を描け。

1.5 強く束縛された電子の近似で、2次元三角格子上で最近接格子点間に電子のとび移りがあるときのエネルギー・バンドの表式を求めよ。また、その等エネルギー線を描き、その特徴を述べよ。

参考文献

[1] N. W. Ashcroft and N. D. Mermin: *Solid State Physics* (Holt, Rinehart and Winston, 1976).

[2] J. Ziman: *Principles of the Theory of Solids*, Second Edition (Cambridge Univ. Press, 1972).

[3] D. Shoenberg: *The Physics of Metals*, ed. J. M. Ziman (Cambridge Univ. Press, 1969) Vol.1, p.62.

[4] W. H. Lien and N. E. Phillips: Phys. Rev. **133**, A1370 (1964).

[5] 日本物理学会誌 **42**, No.8 (1987)（重い電子系の特集号）; 山田耕作：岩波講座「現代の物理学」第16巻「電子相関」(岩波書店, 1993 年); 上田和夫、大貫惇睦：「重い電子系の物理」(裳華房, 1998 年).

[6] W. A. Harrison: Phys. Rev. **118**, 1182, 1090 (1960).

[7] 山下次郎: 「固体電子論」 (朝倉書店、1973 年).

[8] J. C. Phillips and L. Kleinman: Phys. Rev. **116**, 287 (1959).

[9] B. J. Austin, V. Heine and L. J. Sham: Phys. Rev. **127**, 276 (1962).

[10] V. Heine: Solid State Physics **24**, 1 (1970).

[11] V. Heine: *The Physics of Metals*, ed. J. M. Ziman (Cambridge Univ. Press, 1969) Vol.1, p.1.

[12] W. A. Harrison: *Electronic Structure and the Properties of Solids – The Physics of the Chemical Bonds* (W. H. Freeman and Co., 1980).

[13] 金森順次郎ほか：岩波講座「現代の物理学」第 7 巻「固体―構造と物性」(岩波書店, 1994 年).

[14] 寺倉清之、浜田典昭: 固体物理 **19**, 448; **20**, 700 (1985).

[15] バンド理論の専門書としては、藤原毅夫：「固体電子構造 – 物質設計の基礎 – 」(朝倉書店, 1999 年) ; 小口多美夫：「バンド理論 – 物質科学の基礎として」(内田老鶴圃, 1999 年) がある．

第2章 モット絶縁体とその磁性

前章で述べたバンド理論は、多くの金属の電子状態の理論的説明などでたいへん成功している。しかし、バンド理論ですべて理解できるわけではない。この章では固体電子の別の側面について述べよう。

2.1 バンド理論の破綻とモット絶縁体

前章の終りに、バンド理論による金属と絶縁体の区別について述べた。ところが、1937年にド・ボアとフェルベー はバンド理論では説明できない絶縁体があることを指摘した [1]。この問題提起に答えて、モットとパイエルスはそれまで見落とされていた電子間相互作用の重要性を指摘した [2]。

ド・ボアとフェルベーが取り上げたのは、遷移金属を含む酸化物 MnO, FeO, CoO, Mn_3O_4, Fe_2O_3, NiO, CuO である。彼らはこれらの酸化物の絶縁性はバンド理論とは矛盾することを指摘した。同じ NaCl 型構造をもつ MnO, FeO, CoO, NiO を考えてみよう。NaCl 型構造では単位胞に遷移金属原子と酸素原子が一つずつ入っていることに注意する。各々の元素の電子数は、

$$O : (1s)^2(2s)^2(2p)^4 \qquad 電子数 = 8$$
$$Ni : (1s)^2(2s)^2(2p)^6(3s)^2(3p)^6(3d)^8(4s)^2 \qquad 電子数 = 28$$
$$Co : (1s)^2(2s)^2(2p)^6(3s)^2(3p)^6(3d)^7(4s)^2 \qquad 電子数 = 27$$
$$Fe : (1s)^2(2s)^2(2p)^6(3s)^2(3p)^6(3d)^6(4s)^2 \qquad 電子数 = 26$$
$$Mn : (1s)^2(2s)^2(2p)^6(3s)^2(3p)^6(3d)^5(4s)^2 \qquad 電子数 = 25$$

である。単位胞内の電子数は奇数の場合も偶数の場合もあるから、1.6節の議論より、MnO, FeO, CoO, NiO すべての絶縁性

をバンド理論で説明するのは無理である。

より具体的に、NiO を考えてみよう。NiO は Ni^{2+} と O^{2-} から成ると考えると、

Ni^{2+} : $(1s)^2(2s)^2(2p)^6(3s)^2(3p)^6(3d)^8$
O^{2-} : $(1s)^2(2s)^2(2p)^6$

である。O^{2-} は閉殻を作っているが、Ni^{2+} の $3d$ 軌道は部分的にしか詰まっていない。軌道が五つある $3d$ 軌道がバンドを形成して絶縁体になるには、4つの $3d$ 軌道と残りの1つの $3d$ 軌道の間にバンドギャップができて、4つの軌道に8個の $3d$ 電子をうまく収容しなければならないが、このような $3d$ 準位の分裂は立方対称性をもつ NaCl 型構造の NiO では起こりそうにない。NiO についてのこの議論だけではやや説得力に欠けるかもしれないが、CoO, MnO では単位胞内の電子数は奇数であるから、どんな形のバンドであれ、バンド理論からは金属であるべきであるが、これらが絶縁体であることは、バンド理論にとって明かな困難である[1]。

これらの酸化物は反強磁性体であるので、反強磁性状態になってできる新しいバンドギャップによって絶縁性を説明出来るのではないか、という議論がしばしば提出される。仮にその通りならば、反強磁性が壊れる「ネール温度」より高温側では金属的になることが期待され、光学的性質がネール温度の前後で大きく変わらねばならないが、そのような実験事実は知られていない。

この困難は電子間クーロン相互作用を正しく考慮すると解消する、というのがモットとパイエルスが最初に指摘し、現在受け入れられている考えである [5]。特に、モットは、NiO の絶縁性は、Ni^{2+} の $3d$ 電子を別の Ni^{2+} へ移して (図 2.1)

$(Ni^{2+}O^{2-})_2 \rightarrow Ni^{3+}O^{2-} + Ni^{1+}O^{2-}$

のように励起状態を作るのに要する励起エネルギー E_{gap} が有限であるのが原因である、と主張した [6]。励起エネルギー

---

[1] MnO などの遷移金属酸化物のバンド計算については [3,4] を参照されたい。

2.1. バンド理論の破綻とモット絶縁体

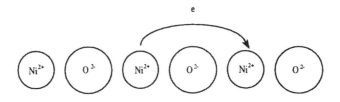

図 2.1: 一つの Ni^{2+} から $3d$ 電子を別の Ni^{2+} へ移す

E_{gap} への寄与としては、Ni イオンの d 電子数の変化に伴う電子間のクーロン相互作用の寄与の増加 U がある。これは、電子を移す前の Ni^{2+} での $3d$ 電子数を n_{d} とすると、上の式の左辺でのクーロンエネルギーは $Un_{\text{d}}(n_{\text{d}}-1)$、電子の移動後は $U(n_{\text{d}}-1)(n_{\text{d}}-2)/2 + U(n_{\text{d}}+1)n_{\text{d}}/2$ であるので、両者の差が U であるからである。一方、Ni イオンの $3d$ 軌道間にはとび移り積分があるから、右辺の Ni^{3+} へ周りの Ni^{2+} から $3d$ 電子がとび移ることが出来る。Ni^{1+} についても同様で、まわりの Ni^{2+} へ Ni^{1+} の $3d$ 電子がとび移ることが可能である。このように、Ni^{2+} を基準に選んだときの余分の電子、あるいは、ホールの運動によるエネルギーの低下 ($3d$ 電子のとび移り積分の大きさを t とし、それに最近接格子点数 z を掛けて、エネルギーの低下は $2zt = w$ と表せるはずである) を考慮して、

$$E_{\text{gap}} = U - w \tag{2.1}$$

と評価できる。w は $3d$ 電子のとび移りによるバンド幅とほぼ同じである。U が十分大きいときは $E_{\text{gap}} > 0$ となり絶縁体である。U の値を固定して t を増大すると、t が小さい間は絶縁体であるが、$t > U/2z$ となると式 (2.1) の E_{gap} は負となり、自発的に Ni^{3+} と Ni^{1+} が生じるので金属となる。大きい U による絶縁体を**モット絶縁体**という。1950 年代にはモット絶縁体を基礎として絶縁体の磁性の定量的な理解が可能になった [7]。

1980年代に入って、モット絶縁体のエネルギー・ギャップの起源について実証的研究が進み、遷移金属酸化物での酸素の役割に目が向けられるようになった [8,9]。この問題については2.4節で触れるが、電子間クーロン相互作用が重要である点は変わらない。

2.2 モット絶縁体の最も簡単なモデル – ハバード・モデル

図2.2のような仮想的「水素原子の固体」を考えてみよう。電子の軌道としては$1s$軌道だけを考えることにし、原子あたりの電子数が1であるとしよう。各原子の状態のスナップ・ショットを撮ったとしてみると、「水素原子」上の電子数が1の中性状態（図2.2(a)）と電子数が0または2のイオン的状態（図2.2(b)）の二つの状態がある。金属状態では、電子が動き回っているので、中性状態とイオン的状態が混じっている。

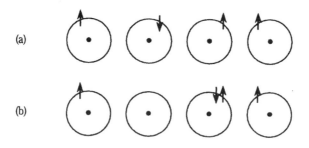

図2.2: 仮想的「水素原子固体」のモデル：(a)「原子」に一つずつ電子の入った中性状態、(b) イオン的状態が混じった状態

仮に原子間の距離dを外部から制御できるとし、簡単のため、dの値に依らず同じ結晶構造をとり続けるとしよう。dが十分小さければ$1s$軌道の重なりでバンドを形成し、バンドが半分詰った金属になると予想される。それでは、dを十分大きくした

2.2. モット絶縁体の最も簡単なモデル – ハバード・モデル

らどうなるだろうか。d の値によらず金属にとどまるだろうか? バンド理論が常に正しいなら「イエス」である。しかし、クーロン・エネルギーを考慮すると答えは「ノー」である。

図 2.2(b) のように二つの電子が $1s$ 軌道に入っているイオン的状態ではクーロン・エネルギーが増大する。d が十分大きくなると、電子のとび移り積分の大きさは減少し、ついにはこのクーロン・エネルギーと比べて十分小さくなる。このときはクーロン・エネルギーの損を最小にするため、電子は各原子に局在し、原子は中性状態になるはずである。これがモット絶縁体で、この状態では電荷励起に有限のエネルギー・ギャップが存在し、単位胞あたりの電子数は奇数なのでスピンの自由度が残ることになる。

$\bm{R}_i$ と $\bm{R}_j$ にある $1s$ 軌道間のとび移り積分を t_{ij}、二つの電子が同一原子上にきたときのクーロン・エネルギーを U としよう。すると、「水素原子固体」は次のモデル・ハミルトニアンで記述されることになる。

$$\begin{aligned}\mathcal{H} &= \mathcal{H}_0 + \mathcal{H}' \\ &= \sum_{(i,j)\sigma} (t_{ij} c_{i\sigma}^\dagger c_{j\sigma} + \text{h.c.}) + U \sum_j n_{j\uparrow} n_{j\downarrow}.\end{aligned} \quad (2.2)$$

ここで、$c_{j\sigma}$ ($c_{j\sigma}^\dagger$) は原子 j 上のスピン σ の電子の消滅 (生成) 演算子、$n_{j\sigma} \equiv c_{j\sigma}^\dagger c_{j\sigma}$ は電子数の演算子である。$\sum_{(i,j)}$ は原子対についての和を意味する。式 (2.2) は**ハバード・モデル**とよばれる。第1項は 1.5 節で述べた強く束縛された電子の近似による電子のとび移りのエネルギーを表している。

$c_{j\sigma}$ のフーリエ分解

$$c_{j\sigma} = \frac{1}{\sqrt{N_A}} \sum_{\bm{k}} e^{i\bm{k}\cdot\bm{R}_j} c_{\bm{k}\sigma} \quad (2.3)$$

によって、波数ベクトル $\bm{k}$、スピン σ の電子の消滅演算子 $c_{\bm{k}\sigma}$ を導入する。N_A は原子総数である。$\bm{k}$ についての和は、ここでも、また今後も、ブリルアン・ゾーン内の波数ベクトルにつ

いてとる。式 (2.3) を式 (2.2) に代入すると

$$\mathcal{H} = \sum_{\bm{k}} \varepsilon_{\bm{k}} c^\dagger_{\bm{k}\sigma} c_{\bm{k}\sigma}$$
$$+ \frac{U}{N_A} \sum_{\bm{k}_1, \bm{k}_2, \bm{k}_3, \bm{k}_4} c^\dagger_{\bm{k}_1\uparrow} c^\dagger_{\bm{k}_2\downarrow} c_{\bm{k}_3\downarrow} c_{\bm{k}_4\uparrow} \hat{\delta}_{\bm{k}_1+\bm{k}_2,\bm{k}_3+\bm{k}_4} \quad (2.4)$$

$$\varepsilon_{\bm{k}} = \frac{1}{N_A} \sum_{(i,j)} \left[t_{ij} e^{-i\bm{k}\cdot(\bm{R}_i - \bm{R}_j)} + \text{c.c.} \right] \quad (2.5)$$

が得られる。式 (2.4) において $\hat{\delta}$ は運動量保存則を表すもので、通常のデルタ関数 $\delta_{\bm{k}_1+\bm{k}_2,\bm{k}_3+\bm{k}_4}$ のほかに、任意の逆格子ベクトル $\bm{K}$ をつけ加えた $\bm{k}_1 + \bm{k}_2 = \bm{k}_3 + \bm{k}_4 + \bm{K}$ が満たされている場合も許されることを示す一般化されたデルタ関数である。逆格子ベクトルの加わった寄与は格子の周期性の反映であって、ウムクラップ過程（Umklapp process）とよばれる。

ハバード・モデルは固体内電子の記述としては簡単化できる限りのところは簡単化したもので、(1) 複数個の軌道の関与する場合、(2) クーロン相互作用は、一般に、異なる原子上の電子でも有限の値をもつこと、などが省略されている。多くの場合、t_{ij} は最近接原子間だけに限る。

このモデルのパラメーターは次の四つである。
(1) 系の次元
(2) 結晶構造（単純立方格子と面心立方格子の違いなど）
(3) U/t
(4) 原子あたりの電子密度 $n_e = N/N_A$

ハバード・モデルに含まれる物理についてはこの後の章でもたびたび触れることになる[2]。

ハバード・モデルの性質は 1 次元の場合にはほぼ完全にわかっているが [13]、2 次元以上については完全にわかっているとはいえない。しかし、$n_e = 1$ (half-filled case とよばれる) のときは、次節に述べるように事情が簡単になって、その性質はある

---

[2] ハバード・モデルの参考書はたくさんある。ここでは [10-12] を挙げておく。

2.3. モット絶縁体における有効ハミルトニアン

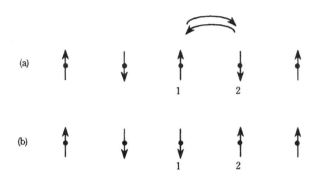

図 2.3: (a) 2次摂動の最初の状態。(b) 2次摂動の結果、最初の状態からスピンが反転した状態も作られる

程度見当がついている。$n_e \neq 1$ の場合について正確にわかっていることは少ないが、結晶構造によっては金属強磁性の可能性があり、また、ハバード・モデル、あるいはそれを少し拡張したモデルでは超伝導の可能性も予想されている。

2.3 モット絶縁体における有効ハミルトニアン

ハバード・モデル (2.2) で、$n_e = 1$（各原子あたりの平均電子数が1個）の場合を少し詳しく考えよう。

$U/t \gg 1$ の場合を対象として t について摂動論で扱う。$t = 0$ では各原子は1個の電子により占められ（図 2.3）、スピンについて 2^N 重の縮退がある。式 (2.2) の第1項 $\mathcal{H}_0$ を摂動で取り入れると、$\mathcal{H}_0$ の1次では、一つの原子の上に ↑, ↓ 両方の電子がある励起状態（U だけエネルギーが高い）が作りだされ、2次のプロセスで再び各原子が一つの電子で占められた状態にもどる。原子1に↑スピンの電子、原子2に↓スピンの電子がある状態 $c_{1\uparrow}^\dagger c_{2\downarrow}^\dagger |0\rangle$（$|0\rangle$ は電子がいない状態を表す）から出発して、

2次摂動のプロセスを具体的に調べると、

$$\mathcal{H}_0 \frac{1}{E_0 - \mathcal{H}'} \mathcal{H}_0 c_{1\uparrow}^\dagger c_{2\downarrow}^\dagger |0\rangle$$
$$= -\frac{t^2}{U} \left(\sum_\sigma c_{1\sigma}^\dagger c_{2\sigma} + \text{h.c.} \right) (c_{2\uparrow}^\dagger c_{2\downarrow}^\dagger + c_{1\uparrow}^\dagger c_{1\downarrow}^\dagger)|0\rangle$$
$$= -\frac{2t^2}{U} (c_{1\uparrow}^\dagger c_{2\downarrow}^\dagger - c_{1\downarrow}^\dagger c_{2\uparrow}^\dagger)|0\rangle \tag{2.6}$$

を得る。最後の式の第1項は2次摂動でもとへもどった項、第2項は電子の入れ替わりのプロセス（これはスピンの反転が起こったともみなせる）である。各原子に電子が1個だけいる状態空間の中では、大きさ$1/2$のスピン演算子$\boldsymbol{S}_i$との間に

$$\frac{1}{2}(c_{i\uparrow}^\dagger c_{i\uparrow} - c_{i\downarrow}^\dagger c_{i\downarrow}) = S_i^z, \quad c_{i\uparrow}^\dagger c_{i\downarrow} = S_i^+, \quad c_{i\downarrow}^\dagger c_{i\uparrow} = S_i^-$$

という関係が成り立つ。この関係を使うと、

$$\text{式 (2.6)} = \frac{2t^2}{U} \left(2\boldsymbol{S}_1 \cdot \boldsymbol{S}_2 - \frac{1}{2} \right) c_{1\uparrow}^\dagger c_{2\downarrow}^\dagger |0\rangle \tag{2.7}$$

と書き直せる。ここで$\boldsymbol{S}_1 \cdot \boldsymbol{S}_2 = S_1^z S_2^z + (S_1^+ S_2^- + S_1^- S_2^+)/2$ を用いている。

式 (2.7) で $c_{1\uparrow}^\dagger c_{2\downarrow}^\dagger|0\rangle$ は出発の状態であるから、$\mathcal{H}_0$ の2次のプロセスの結果として、二つのスピンの間に

$$2J \left(\boldsymbol{S}_1 \cdot \boldsymbol{S}_2 - \frac{1}{4} \right), \qquad \left(J \equiv \frac{2t^2}{U} \right) \tag{2.8}$$

という相互作用が働くことになる。この相互作用の物理的意味は、隣合うスピンが反平行($\uparrow, \downarrow$)のときには、2次摂動によるエネルギーの低下があるが、平行($\uparrow, \uparrow$)の場合は、パウリの原理により、電子の移動のプロセスが禁じられている（したがって、2次摂動のエネルギーはゼロ）ということである。

こうして、定数項を無視すると、隣合うスピン$\boldsymbol{S}_i$と$\boldsymbol{S}_j$に対する有効ハミルトニアンとして

$$\mathcal{H}_{\text{eff}} = 2J \sum_{(i,j)} \boldsymbol{S}_i \cdot \boldsymbol{S}_j, \tag{2.9}$$

2.3. モット絶縁体における有効ハミルトニアン

が得られる。これは**反強磁性的ハイゼンベルク・モデル**としてよく知られるものである。(i,j) は最近接対について和をとることを意味する。「有効ハミルトニアン」というのは、低エネルギーの現象の記述に関して、もとのハミルトニアンと同等になる、簡単化したハミルトニアンのことである。式 (2.9) はモット絶縁体の「スピンの自由度」を記述する「有効ハミルトニアン」である。

実は、式 (2.8) 以外に、二つの原子の電子間には電子間のクーロン相互作用に起因する交換相互作用がある。原子 1 と 2 のそれぞれの電子の軌道を ϕ_1、ϕ_2 とし、それらは局在していて、互いに直交しているとする。そして、ϕ_1 に電子が 1 個、ϕ_2 に電子が 1 個入っているとしよう。

2 電子系の全スピン S は三重項 $(S=1)$、一重項 $(S=0)$ の二つの可能性がある。フェルミ粒子系の全波動関数は粒子の入れ替えに対して反対称でなければならない。三重項のとき、スピンの波動関数は対称である。したがって、波動関数が全体として反対称であるためには軌道部分は反対称でなければならない。ゆえに、三重項の軌道部分の波動関数は

$$\Psi^{(-)}(\boldsymbol{r}_a, \boldsymbol{r}_b) = \frac{1}{\sqrt{2}}\Big[\phi_1(\boldsymbol{r}_a)\phi_2(\boldsymbol{r}_b) - \phi_2(\boldsymbol{r}_a)\phi_a(\boldsymbol{r}_b)\Big] \quad (2.10)$$

という形をとる。$\boldsymbol{r}_a$ と $\boldsymbol{r}_b$ は二つの電子の座標である。ϕ_1, ϕ_2 は規格化されているならば、

$$\int d\boldsymbol{r}_a d\boldsymbol{r}_b |\Psi^{(-)}(\boldsymbol{r}_a, \boldsymbol{r}_b)|^2 = 1 \quad (2.11)$$

が成り立つ。

他方、一重項の場合は波動関数のスピン部分は反対称であるので、軌道部分は対称でなければならない。そこで、軌道部分は

$$\Psi^{(+)}(\boldsymbol{r}_a, \boldsymbol{r}_b) = \frac{1}{\sqrt{2}}\Big[\phi_1(\boldsymbol{r}_a)\phi_2(\boldsymbol{r}_b) + \phi_2(\boldsymbol{r}_a)\phi_1(\boldsymbol{r}_b)\Big] \quad (2.12)$$

と書ける。これらの波動関数を用いて、原子 1 に入った電子と原子 2 に入った電子の間に働くクーロン相互作用の期待値をと

ると、

$$\int d\bm{r}_a d\bm{r}_b \Psi^{(\pm)*}(\bm{r}_a, \bm{r}_b) \frac{e^2}{r_{ab}} \Psi^{(\pm)}(\bm{r}_a, \bm{r}_b) = K_{12} \pm J_{12} \tag{2.13}$$

$$K_{12} \equiv \int d\bm{r}_a d\bm{r}_b |\phi_1(\bm{r}_a)|^2 \frac{e^2}{r_{ab}} |\phi_2(\bm{r}_b)|^2 \tag{2.14}$$

$$J_{12} \equiv \int d\bm{r}_a d\bm{r}_b \phi_1^*(\bm{r}_a) \phi_2^*(\bm{r}_b) \frac{e^2}{r_{ab}} \phi_2(\bm{r}_a) \phi_1(\bm{r}_b) \tag{2.15}$$

となる。$r_{ab} = |\bm{r}_a - \bm{r}_b|$ である。K_{12} は古典電磁気学のクーロン相互作用と同じものである。J_{12} は交換積分とよばれ、純量子力学的な、粒子の区別ができないことに起因する項である。J_{12} が正であることは次のように証明できる。まず、

$$\phi_2(\bm{r}) \phi_1^*(\bm{r}) = \frac{1}{\sqrt{\Omega}} \sum_{\bm{q}} a_{\bm{q}} e^{i\bm{q} \cdot \bm{r}} \tag{2.16}$$

とフーリエ展開し、式 (2.15) に代入すると、

$$J_{12} = \sum_{\bm{q}} |a_{\bm{q}}|^2 \frac{4\pi e^2}{\bm{q}^2} \geq 0 \tag{2.17}$$

となる。$J_{12} \geq 0$ であるのでスピン三重項の方がエネルギーが低い。以上をまとめると、電子間のクーロン相互作用の交換部分からスピンに依存するエネルギーが生じ、スピンを平行にする項が出てくることになる。

上のエネルギーは、スピン 1/2 の演算子 $\bm{S}_1, \bm{S}_2$ を用いて、次のように表すことができる。まず、スピン三重項では $\bm{S}_1 \cdot \bm{S}_2 = 1/4$、一重項では $\bm{S}_1 \cdot \bm{S}_2 = -3/4$ であるので、三重項への射影演算子が

$$P_t = \bm{S}_1 \cdot \bm{S}_2 + \frac{3}{4} \tag{2.18}$$

一重項への射影演算子が

$$P_s = -\bm{S}_1 \cdot \bm{S}_2 + \frac{1}{4} \tag{2.19}$$

2.4. モット・ハバード型絶縁体と電荷移動型絶縁体　　　　　　　　　　39

と書けることに注意する。すると、式 (2.13) は

$$\begin{aligned}\mathcal{H} &= (K_{12} - J_{12})P_t + (K_{12} + J_{12})P_s \\ &= K_{12} - 2J_{12}\Big(\boldsymbol{S}_1 \cdot \boldsymbol{S}_2 + \frac{1}{4}\Big)\end{aligned} \quad (2.20)$$

と表せる。すなわち、スピンに依存するエネルギーとして $-2J_{12}\boldsymbol{S}_1 \cdot \boldsymbol{S}_2$ と書ける。この相互作用は強磁性的相互作用である。式 (2.20) は式 (2.8) につけ加えるべき項である。

　多くのモット絶縁体では電子のとび移りに起因する式 (2.8) の方が式 (2.20) より大きく、したがって反強磁性的交換相互作用の方が支配的である。しかし、何らかの原因で電子のとび移りからの寄与 (2.8) がないとき、強磁性的交換相互作用が残ることになる。このためモット絶縁体では反強磁性体が普遍的で、強磁性体は例外的である [7,14][3]。

2.4　モット・ハバード型絶縁体と電荷移動型絶縁体

2.1 節において、遷移金属酸化物 MO (M=Mn, Fe, Co, Ni, Cu) の絶縁性の起源として、

$$(M^{2+}O^{2-})_2 \to M^{3+}O^{2-} + M^{1+}O^{2-}$$

すなわち、鉄属元素 M の $3d$ 電子を他の M に移すのに要するエネルギーが有限であるために絶縁体となる、というモットの説明を述べた。このときのエネルギーの増加はハバード・モデル (2.2) の U に対応する $3d$ 電子間のクーロン相互作用による。しかし、電子の移動としては、別の可能性として、O^{2-} から $2p$ 電子を一つ取って M^{2+} へ電子を移すプロセス（電荷移動励起）

$$M^{2+}O^{2-} \to M^+O^-$$

もある。O^{2-} から M^{2+} への電荷移動に要するエネルギーを Δ としよう。電荷移動によって作られた M^+ から、さらに、まわりの M^{2+} へ $3d$ 電子がとび移ることができる。また、O^- へまわりの O^{2-} から電子がとび移ることが可能である。このとび移

---

[3]モット絶縁体の磁性については [10, 15] が詳しい。

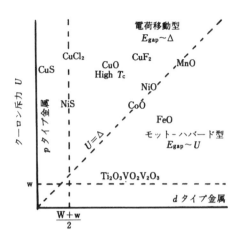

図 2.4: ザーネン・サワツキー・アレンのダイアグラム

りによるエネルギーの下がりは、M^+ の $3d$ 電子のとび移りによるバンド幅 w と O^- へ $2p$ 電子のとび移りによるバンド幅 W を用いると、$(w+W)/2$ 程度と見積られる。よって、電荷移動励起に要するエネルギーは

$$E_{\text{gap}} = \Delta - \frac{w+W}{2} \tag{2.21}$$

となる。式 (2.1) と式 (2.21) のうち、必要なエネルギーの小さい方が絶縁体としてのエネルギー・ギャップを決めることになる。どちらが小さいかは鉄属元素の $3d$ 準位と酸素の $2p$ 準位の相対的位置関係による。この問題は NiO について藤森と南によって詳しく調べられ、彼らは後者の電荷移動励起の方が必要な励起エネルギーが小さく、絶縁性を生み出すエネルギー・ギャップの起源であることを最初に指摘した [8]。

サワツキーらはこの問題を一般的にとらえ、図 2.4 のようなダイアグラム（提案者の名前をつけて、**ザーネン・サワツキー・アレンのダイアグラム**とよぶ）を提出した [9,4]。このダイアグ

2.4. モット・ハバード型絶縁体と電荷移動型絶縁体

ラムは式 (2.1) と式 (2.21) のどちらのエネルギー・ギャップが小さいか、また、エネルギー・ギャップの有無によって物質を四つに分類するものである。図 2.4 には代表的な化合物の位置が示されている。$3d$ 軌道がほとんど詰っている Ni や Cu の酸化物では酸素から鉄属元素への電子の移動がエネルギー・ギャップを与える（**電荷移動型絶縁体**という）のに対し、$3d$ 電子数が少なくなると 2.1 節で述べたプロセスがエネルギー・ギャップを与える（**モット・ハバード型絶縁体**という）ことが示されている。モット・ハバード型絶縁体と電荷移動型絶縁体の違いは式 (2.9) のように書いたときの交換相互作用 J の大きさや表式にも現れる [16]。

最後に、酸化物高温超伝導体の関連物質 La_2CuO_4 などは CuO や NiO と同様に電荷移動型絶縁体と考えられている。酸化物高温超伝導は、現象としては、電荷移動型絶縁体に電流を運ぶキャリヤーを注入したときに起こっている。

問　題

2.1 ハバード・モデル (2.2) で原子数が 2 で、電子総数が 2 の場合のエネルギー準位をすべて求めよ。特に、$U/t \gg 1$ のとき、基底状態近くのエネルギー準位は有効ハミルトニアン (2.8) で記述できることを示せ。

2.2 大きさが 1/2 の 2 個のスピン S_1、S_2 の間の等方的な相互作用は、一般に、$a + bS_1 \cdot S_2$（a, b は定数）と書けて、$(S_1 \cdot S_2)^n$ ($n \geq 2$) のような項は現れない。なぜか？

参考文献

[1] J. H. de Boer and E. J. W. Verwey: Proc. Phys. Soc. London **49**, 59 (1937); N. F. Mott: *Metal-Insulator Transitions* (Taylor & Francis,

1974) の序文を見よ。
- [2] N. F. Mott and R. Peierls: Proc. Phys. Soc. London **49**, 72 (1937).
- [3] K. Terakura, T. Oguchi, A. R. Williams and J. Kübler: Phys. Rev. B**30**, 4734 (1984).
- [4] 金森順次郎ほか：岩波講座「現代の物理学」第7巻「固体—構造と物性」（岩波書店, 1994年）．
- [5] N. F. Mott: *Metal-Insulator Transitions* (Taylor & Francis, 1974).
- [6] N. F. Mott: Proc. Phys. Soc. London Ser.A **62**, 416 (1949).
- [7] P. W. Anderson: Phys. Rev. **115**, 2 (1959); Solid State Physics Vol.14, ed. by F. Seitz and D. Turnbull (Academic Press, 1963), p.99.
- [8] A. Fujimori and F. Minami: Phys. Rev. B**30**, 957 (1984); 藤森淳：パリティ **3**, 16 (1988).
- [9] J. Zaanen, G. A. Sawatzky and J. W. Allen: Phys. Rev. Lett. **55**, 418 (1985).
- [10] 芳田 奎：「磁性」（岩波書店, 1991年）．
- [11] T. Moriya: *Spin Fluctuations in Itinerant Electron Magnetism* (Springer, 1985).
- [12] 山田耕作：岩波講座「現代の物理学」第16巻「電子相関」（岩波書店, 1993年）．
- [13] E. H. Lieb and F. Y. Wu: Phys. Rev. Lett. **20**, 1445 (1968).
- [14] J. Kanamori: J. Phys. Chem. Solids **10**, 87 (1959).
- [15] 金森順次郎：「磁性」（培風館, 1969年）．
- [16] J. Zaanen and G. A. Sawatzky : Can. J. Phys. **65**, 1262 (1987).

第3章 フェルミ流体と非フェルミ流体

　第1章では、電子間の相互作用は決して無視できるほど弱いわけではないにもかかわらず、典型的な金属の中の伝導電子は「相互作用のないフェルミ粒子」としてよく記述できることを述べた。その理由を考えるのがこの章の第一の目的である。

　相互作用のある遍歴フェルミ粒子系は、十分低温、十分低エネルギーでは、多くの場合、相互作用のないフェルミ粒子系に類似した振舞いを示す。このようなフェルミ粒子系を**フェルミ流体** (Fermi liquid) とよぶ[1]。フェルミ流体の典型例としては、
(1) 金属中の電子 (フェルミ・エネルギー $\varepsilon_F = 10^4 \sim 10^5$K)
(2) 液体 ^{3}He ($\varepsilon_F \sim 1$K)
がある。

　しかし、フェルミ粒子系であればどんな場合にも低温でフェルミ流体として記述できるわけではない。特に、1次元電子系は例外で、非フェルミ流体の典型例である。そこで、この章の後半では1次元電子系について述べる。

3.1 フェルミ粒子同士の散乱による寿命と系の次元

　1.2.3項に述べたように金属中の電子間の相互作用はかなり強い。相互作用が強ければ、電子同士絶えず衝突を繰り返しているように見えるが、実はそうではない。フェルミ縮退している

---
[1] フェルミ流体論の参考書の代表的なものとしては [1~5] がある。第1章で触れた重い電子系もフェルミ流体論を用いてある程度議論できる [5]。

状態では、パウリの原理のために、衝突の確率は抑えられて小さくなるからである。電子間の散乱による電子の寿命の逆数は、以下に具体的な計算で示すように、

$$\frac{\hbar}{\tau} \sim \frac{(k_\mathrm{B}T)^2}{\varepsilon_\mathrm{F}} \tag{3.1}$$

程度となる。したがって、$k_\mathrm{B}T \ll \varepsilon_\mathrm{F}$ である限り、$\hbar/\tau$ は $k_\mathrm{B}T$ に比べて十分小さく、無視できる。散乱の効果が無視できるなら、電子のもつ波数ベクトル k はよい量子数と見なせる。これが次節で述べるランダウのフェルミ流体理論の基礎である。

まず式 (3.1) に示した $1/\tau$ を具体的な計算で導出してみよう [6]。フェルミ粒子間の相互作用としては式 (2.4) の第 2 項をとり、格子の周期性の影響を表すウムクラップ過程を落して、

$$\mathcal{H}' = \frac{U}{N_\mathrm{A}} \sum_{\bm{k}_1,\bm{k}_2,\bm{k}_3,\bm{k}_4} c^\dagger_{\bm{k}_1\uparrow} c^\dagger_{\bm{k}_2\downarrow} c_{\bm{k}_3\downarrow} c_{\bm{k}_4\uparrow} \delta_{\bm{k}_1+\bm{k}_2,\bm{k}_3+\bm{k}_4} \tag{3.2}$$

としよう (電子密度が特別な値のときにはウムクラップ項が必要になるが、一般の密度では無視してもさしつかえない)。すると、フェルミの黄金律によって、$1/\tau$ は

$$\begin{aligned}\frac{1}{\tau(\bm{p}_1)} = &\frac{2\pi}{\hbar} \frac{1}{N_\mathrm{A}^2} \sum_{\bm{p}_2,\bm{p}'_1,\bm{p}'_2} U^2 \delta(\varepsilon_1 + \varepsilon_2 - \varepsilon_{1'} - \varepsilon_{2'}) \\ &\times \delta_{\bm{p}_1+\bm{p}_2,\bm{p}'_1+\bm{p}'_2} f_{\bm{p}_2}(1-f_{\bm{p}'_1})(1-f_{\bm{p}'_2})\end{aligned} \tag{3.3}$$

で与えられる。ε_i は $\varepsilon_{\bm{p}_i}$ を簡単に書いたもので、f はフェルミ分布関数である。$\varepsilon_{\bm{p}} = \hbar^2 \bm{p}^2/2m$ とする。波数ベクトル $\bm{p}_2$ の散乱の相手が存在する確率 $f_{\bm{p}_2}$、散乱の終状態 $\bm{p}'_1, \bm{p}'_2$ が空いている確率 $(1-f_{\bm{p}'_1})(1-f_{\bm{p}'_2})$ が考慮されている。そのほかの因子はエネルギー保存則、運動量保存則である。

図 3.1(a) に $(\bm{p}_1, \bm{p}_2, \bm{p}'_1, \bm{p}'_2)$ の関係を示す。運動量保存則 $\bm{p}_1 + \bm{p}_2 = \bm{p}'_1 + \bm{p}'_2$ より、$\bm{p}_1, \bm{p}_2$ の作る面と $\bm{p}'_1, \bm{p}'_2$ の作る面を回転すると (b) のように重ね合すことができる。いま二つの面のなす角を ϕ とする。十分低温では、散乱はほとんど $|\bm{p}_1|, |\bm{p}_2|, |\bm{p}'_1|$,

3.1. フェルミ粒子同士の散乱による寿命と系の次元

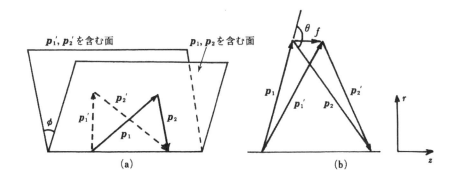

図 3.1: (a) p_1 と p_2 のなす面と p'_1 と p'_2 のなす面の関係。(b) 回転して二つの面を重ねたときの関係。

$|p'_2| \sim k_F$ で起こっているので、図 3.1(b) を参照して、

$$p'_1 = \sqrt{p_1^2 + f^2 + 2p_1 \cdot f}$$
$$\cong p_1 + \frac{p_1 \cdot f}{|p_1|} = p_1 + f_z \cos\frac{\theta}{2} + f_r \sin\frac{\theta}{2}$$

のように近似できる。ここで、f と p_1 は zr 面内の 2 次元のベクトルで、$f = (f_z, f_r)$, $p_1 = p_1(\cos(\theta/2), \sin(\theta/2))$ であり、$|f|$ は p_1 より十分小さいことを用いている。同様に、

$$p'_2 = \sqrt{p_2^2 + f^2 - 2p_2 \cdot f}$$
$$\cong p_2 - \frac{p_2 \cdot f}{|p_2|} = p_2 - f_z \cos\frac{\theta}{2} + f_r \sin\frac{\theta}{2}$$

である。

式 (3.3) の積分変数 p_2, p'_1, p'_2 のうち、p'_2 は運動量保存則で消える。p'_1 の代わりに f_z, f_r, ϕ を用い、p_2 に対しては p_1 のまわりの極座標 p_2, θ, ϕ_2 を用いることにする。すると、

$$d p'_1 = k_F \sin\frac{\theta}{2} d\phi d f_z d f_r, \qquad d p_2 = p_2^2 d p_2 \sin\theta d\theta d\phi_2$$
$$d f_z d f_r = \frac{d p'_1 d p'_2}{2 \sin(\theta/2) \cos(\theta/2)}$$

が成り立つ。これらの関係を代入すると

$$\frac{1}{\tau} \propto \int d\theta d\phi \sin\frac{\theta}{2} \int d\varepsilon_2 d\varepsilon_{1'} d\varepsilon_{2'} \, U^2 \delta(\varepsilon_1 + \varepsilon_2 - \varepsilon_{1'} - \varepsilon_{2'}) \\ \times f(\varepsilon_2)(1 - f(\varepsilon_1'))(1 - f(\varepsilon_2'))$$

が得られる。$f(\varepsilon)$ は $f(\varepsilon) \equiv 1/(e^{\beta\varepsilon} + 1)$ であるので、変数変換をすると

$$\frac{1}{\tau} \propto T^2 \int dx_2 dx_1' dx_2' \, \delta(x_1 + x_2 - x_1' - x_2') \\ \times \frac{1}{e^{x_2} + 1} \frac{1}{e^{-x_1'} + 1} \frac{1}{e^{-x_2'} + 1}, \tag{3.4}$$

と書ける。式 (3.4) より、$\varepsilon_1 = 0$（フェルミ面上）では積分は定数になるから、

$$\frac{1}{\tau} \propto T^2 \tag{3.5}$$

である。こうして式 (3.1) が示されたことになる。式 (3.1) の関係は、上の導出が示すように、通常の 3 次元のフェルミ粒子系について成り立つものである。

2 次元のフェルミ粒子系の場合（フェルミ面が円のとき）についても同じような計算を行うことができる。そのときは、

$$\frac{1}{\tau} \propto T^2 \log \frac{\varepsilon_\mathrm{F}}{k_\mathrm{B} T}, \tag{3.6}$$

となることがわかっている [7]。対数補正がつくことが 3 次元との違いである。

しかし、1 次元のフェルミ粒子系では事情が一変する。1 次元系では ε_k は図 3.2 のようになっていて、フェルミ・エネルギー近くの状態は、左側（$-k_\mathrm{F}$ 近く）と右側（k_F 近く）の二つの部分からなる。$\mp k_\mathrm{F}$ の十分近くでは ε_k は直線で

$$\varepsilon_k = \begin{cases} -v_\mathrm{F}\hbar(k + k_\mathrm{F}) + \varepsilon_\mathrm{F} \\ v_\mathrm{F}\hbar(k - k_\mathrm{F}) + \varepsilon_\mathrm{F} \end{cases} \tag{3.7}$$

と近似できる。式 (3.7) を使って、式 (3.1) を具体的に計算するのは難しいことではない。p_1 が右側の k_F 近くにあるとすると、

3.1. フェルミ粒子同士の散乱による寿命と系の次元

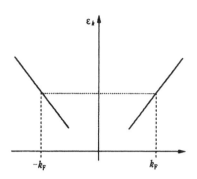

図 3.2: 1 次元電子系のスペクトル ε_k は $\pm k_{\mathrm{F}}$ 近くでは直線で近似できる。

$1/\tau$ への寄与には 2 種類ある。一つは、p_2, p_1', p_2' がすべて右側の k_{F} 付近からのもの、もう一つは p_2 が左側（$-k_{\mathrm{F}}$ 近く）で、p_1', p_2' のうち一つが右側、他が左側の場合である。

前者の $1/\tau$ への寄与は、波数 k が k_{F} に等しいとき、

$$\frac{1}{\tau} = \frac{2\pi}{\hbar} U^2 \left(\frac{k_{\mathrm{B}} T a}{4 \hbar v_{\mathrm{F}}} \right)^2 \delta(0) \tag{3.8}$$

となる。a は格子定数である。エネルギーと運動量が比例関係にあるから、エネルギー保存則を表すデルタ関数の引数は、運動量保存則によって自動的にゼロとなり、$1/\tau$ は発散している。

後者の寄与は、k が k_{F} に等しいとき、積分を実行すると、

$$\frac{1}{\tau} = \frac{2\pi}{\hbar} U^2 \frac{1}{8\pi^2} \frac{a^2}{(\hbar v_{\mathrm{F}})^2} k_{\mathrm{B}} T \tag{3.9}$$

となり、T に比例することがわかる。

低温における素励起は $k_{\mathrm{B}} T$ 程度のエネルギーをもつ。上の結果から、$k_{\mathrm{B}} T$ と比べて $\hbar/\tau$ が無視できるかどうかは系の次元によることがわかる。3 次元では $\hbar/\tau$ は $k_{\mathrm{B}} T$ に比べれば、$T \to 0$ の極限で無視できる。2 次元の場合は、log 補正があるところが 3 次元と異なるが、やはり $\hbar/\tau$ は $k_{\mathrm{B}} T$ に比べれば、$k_{\mathrm{B}} T / \varepsilon_{\mathrm{F}} \ll 1$ で無視できる。いずれの場合も、$k_{\mathrm{B}} T$ と $\hbar/\tau$ の間には十分なエネルギー領域が存在し、その領域内では τ は無

限大と考えてよく、フェルミ流体論が適用できる。しかし、1次元系ではそのようなエネルギー領域は存在しないので相互作用の効果を根本から考え直さねばならない。

3.2 ランダウのフェルミ流体理論

3.2.1 準粒子—相互作用の着物を着た粒子

散乱による寿命を無限大とみなせるならば、粒子の波数ベクトル k がよい量子数となり、k によって粒子を区別できる。そして、

$$\text{もとの粒子} \leftrightarrow \text{準粒子（相互作用の着物を着た粒子）}$$

という 1 対 1 対応が成り立つ。各粒子について、他の粒子の影響は一種の分子場のように考えることができる。この 1 対 1 対応から

$$\text{元の粒子の数} = \text{準粒子の数}$$

が成り立つ。そこで、準粒子の分布関数を $n_\sigma(\bm{k})$ とすると、

$$\sum_{\bm{k}\sigma} n_\sigma(\bm{k}) = N \tag{3.10}$$

が成り立つ。N は粒子の総数である。寿命が無限に長いから、分布関数 $n_\sigma(\bm{k})$ を与えれば系のエネルギー E が決まることになる。

まず、相互作用のないフェルミ粒子系を考えてみよう。そのときは、各粒子のエネルギーを $\varepsilon_{\bm{k}}$ とすれば、

$$E = \sum_{\bm{k}\sigma} \varepsilon_{\bm{k}} n_\sigma(\bm{k}) \tag{3.11}$$

である。次に、粒子間に相互作用のあるフェルミ粒子系を考える。$\bm{k}\sigma$ の粒子と $\bm{k}'\sigma'$ の粒子との相互作用を $V_{\sigma\sigma'}(\bm{k},\bm{k}')$ とするとき、この相互作用を分子場近似で扱うと、系のエネルギーは

$$E = \sum_{\bm{k}\sigma} \varepsilon_{\bm{k}} n_\sigma(\bm{k})$$

3.2. ランダウのフェルミ流体理論

$$+\frac{1}{2\Omega}\sum_{\bm{k}\bm{k}'\sigma\sigma'}V_{\sigma\sigma'}(\bm{k},\bm{k}')n_\sigma(\bm{k})n_{\sigma'}(\bm{k}') \tag{3.12}$$

となる。

ランダウのフェルミ流体論は上に述べた分子場近似の一般化になっている。すなわち、

$$\delta E = \sum_{\bm{k}\sigma}\varepsilon_\sigma(\bm{k})\delta n_\sigma(\bm{k}), \tag{3.13}$$

あるいは、これと同内容の関係

$$\frac{\delta E}{\delta n_\sigma(\bm{k})} = \varepsilon_\sigma(\bm{k}) \tag{3.14}$$

によって定義される $\varepsilon_\sigma(\bm{k})$ は、系に波数ベクトル $\bm{k}$、スピン σ に一つの準粒子を付け加えたときの系のエネルギー E の増加分を示す量になっている。これを準粒子のエネルギーとよぶ。

$\varepsilon_\sigma(\bm{k})$ は他の準粒子の分布に依存しているから、後者を変えると変化する。よって、

$$\delta\varepsilon_\sigma(\bm{k}) = \frac{1}{\Omega}\sum_{\bm{k}'\sigma'}f_{\sigma\sigma'}(\bm{k},\bm{k}')\delta n_{\sigma'}(\bm{k}'), \tag{3.15}$$

あるいは、等価な式として、

$$\frac{\delta^2 E}{\delta n_\sigma(\bm{k})\delta n_{\sigma'}(\bm{k}')} = \frac{1}{\Omega}f_{\sigma\sigma'}(\bm{k},\bm{k}') \tag{3.16}$$

によって表される $f_{\sigma\sigma'}(\bm{k},\bm{k}')$ は準粒子間の相互作用を記述するパラメーターで、相互作用関数とよばれる。この量はランダウのフェルミ流体理論において最も重要な量である。式 (3.16) の $f_{\sigma\sigma'}(\bm{k},\bm{k}')$ は式 (3.12) の $V_{\sigma\sigma'}(\bm{k},\bm{k}')$ を一般化したものになっていることがわかる。

今後、系は（液体 ^{3}He のように）等方的であると仮定する。このとき、$\varepsilon(\bm{k})$ は $\bm{k}$ の大きさ $k = |\bm{k}|$ のみの関数であるから、$\varepsilon(k)$ と書くことにする。

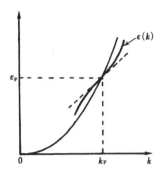

図 3.3: 準粒子のエネルギー $\varepsilon(k)$ と有効質量

3.2.2 準粒子の性質

[1] 状態密度、低温比熱

$|\boldsymbol{k}| = k_\mathrm{F}$ の近傍での展開

$$\varepsilon(k) = \varepsilon(k_\mathrm{F}) + \frac{\partial \varepsilon(k)}{\partial k}\Big|_{k_\mathrm{F}}(|\boldsymbol{k}| - k_\mathrm{F}) + \cdots,$$

で第 2 項の係数を

$$v_\mathrm{F} = \frac{\partial \varepsilon(k)}{\hbar \partial k}\Big|_{k_\mathrm{F}} = \frac{\hbar k_\mathrm{F}}{m^*} \tag{3.17}$$

と書いて、これによって有効質量 m^* を定義する (図 3.3)。

スピン 1 方向あたりの準粒子の (単位体積あたりの) 状態密度は

$$N(\varepsilon_\mathrm{F}) = \int \frac{\mathrm{d}\boldsymbol{k}}{(2\pi)^3} \delta(\varepsilon_\mathrm{F} - \varepsilon(k)) = \frac{m^* k_\mathrm{F}}{2\pi^2 \hbar^2} \tag{3.18}$$

$N(\epsilon_\mathrm{F})$ は比熱の T に比例する項に登場する。それを見るには、準粒子のエントロピーが必要であるが、準粒子は $\boldsymbol{k}$ によって指定されるので、エントロピーは、相互作用のない粒子系と同様に、

$$S = -k_\mathrm{B} \sum_{\boldsymbol{k}\sigma} \Big\{ n_\sigma(\boldsymbol{k}) \ln n_\sigma(\boldsymbol{k})$$

3.2. ランダウのフェルミ流体理論

$$+\left[1-n_\sigma(\boldsymbol{k})\right]\ln\left[1-n_\sigma(\boldsymbol{k})\right]\bigg\} \tag{3.19}$$

で与えられることに注意する。熱力学ポテンシャル $\Omega = E - TS - \mu N$ を最小にするよう分布関数を決めると、

$$n_\sigma(\boldsymbol{k}) = \frac{1}{e^{\beta[\varepsilon(k)-\mu]}+1} \tag{3.20}$$

となる。したがって、相互作用のないフェルミ粒子系の統計力学にならって低温比熱を計算することができて、単位体積あたりの比熱として

$$C = \gamma T + \cdots , \qquad \gamma = \frac{2\pi^2}{3}k_\mathrm{B}^2 N(\varepsilon_\mathrm{F}) \tag{3.21}$$

が得られる。したがって、低温比熱は準粒子の状態密度を測る有力な手段となる。

[2] 圧縮率

圧縮率は $\kappa = -(1/\Omega)\cdot\partial\Omega/\partial p$ で定義される（Ω は系の体積である）。$T=0$ K では、圧力 p は基底エネルギー E_0 の体積微分 $p = -\partial E_0/\partial\Omega$ で与えられるから、κ の $T=0$ K での表式は

$$\frac{1}{\kappa} = \Omega\frac{\partial^2 E_0}{\partial\Omega^2} = n^2\frac{\mathrm{d}^2\hat{\epsilon}}{\mathrm{d}n^2} \qquad (n = N/\Omega) \tag{3.22}$$

となる。ここで、E_0 が系の体積 Ω に比例すること、すなわち、$E_0 = \Omega\hat{\epsilon}(n)$ を仮定した。もちろん、この仮定は自然なものである。あるいは、化学ポテンシャルが $\mu = \partial E_0/\partial N = \mathrm{d}\hat{\epsilon}/\mathrm{d}n$ で与えられるので、

$$\frac{1}{\kappa} = nN\frac{\partial\mu}{\partial N} \tag{3.23}$$

とも表せる。

式 (3.23) を使って κ を計算するため、k_F を少し変化させ、そのときの N と μ の変化を調べる。

$$\frac{N}{\Omega} = 2\frac{4\pi}{(2\pi)^3}\frac{k_\mathrm{F}^3}{3}$$

より、

$$\delta N = \Omega\frac{k_\mathrm{F}^2}{\pi^2}\delta k_\mathrm{F}$$

である。他方、$\varepsilon(k_\mathrm{F}; n(k)) = \mu$ だから、

$$\delta\mu = v_\mathrm{F}\hbar\delta k_\mathrm{F} + \sum_{\bm{k}}\sum_\sigma \frac{\delta\varepsilon(k_\mathrm{F})}{\delta n_\sigma(\bm{k})}\frac{\delta n_\sigma(\bm{k})}{\delta k_\mathrm{F}}\delta k_\mathrm{F}$$

$$= v_\mathrm{F}\hbar\delta k_\mathrm{F} + \frac{1}{\Omega}\sum_{\bm{k}}\sum_{\sigma'} f_{\sigma\sigma'}(\bm{k}_\mathrm{F}, \bm{k})\delta(k - k_\mathrm{F})\delta k_\mathrm{F} \quad (3.24)$$

が成り立つ。第2項の $\bm{k}$ についての積分は $\delta(k - k_\mathrm{F})$ の因子によってフェルミ面上での積分になるので、

$$\frac{\partial\mu}{\partial k_\mathrm{F}} = \hbar v_\mathrm{F} + \frac{4\pi k_\mathrm{F}^2}{(2\pi)^3}\int \frac{\mathrm{d}\Omega}{4\pi}\sum_{\sigma'} f_{\sigma\sigma'}(\bm{k}_\mathrm{F}, \bm{k})$$

$$= \hbar^2\frac{k_F}{m^*}\left[1 + N(\varepsilon_F)\int \frac{\mathrm{d}\Omega}{4\pi}\sum_{\sigma'} f_{\sigma\sigma'}(\bm{k}_\mathrm{F}, \bm{k})\right]$$

となる。ここで、$\mathrm{d}\Omega$ はフェルミ面上の $\bm{k}$ の方向についての積分（極座標では $\sin\theta\mathrm{d}\theta\mathrm{d}\phi$）を示す。そこで、$\kappa$ は、

$$\frac{1}{\kappa} = nN\frac{\partial\mu}{\partial N}$$

$$= nN\frac{\partial\mu}{\partial k_\mathrm{F}}\frac{\partial k_\mathrm{F}}{\partial N}$$

$$= \frac{n^2}{2N(\varepsilon_\mathrm{F})}\left[1 + N(\varepsilon_\mathrm{F})\int \frac{\mathrm{d}\Omega}{4\pi}\sum_{\sigma'} f_{\sigma\sigma'}(\bm{k}_\mathrm{F}, \bm{k})\right] \quad (3.25)$$

のように相互作用関数と状態密度によって表せる。

[3] スピン帯磁率

フェルミ流体に一様な弱い磁場をかけると、準粒子のエネルギー $\varepsilon_\sigma(k)$ は二つの原因によって変化する。一つは自分自身が受けるゼーマン効果、もう一つは他の粒子の分布が磁場によって変ることにより受ける間接的変化である。両者を加えて、

$$\delta\varepsilon_\sigma(k) = g\mu_\mathrm{B}H\frac{1}{2}\sigma + \frac{1}{\Omega}\sum_{\bm{k}'\sigma'} f_{\sigma\sigma'}(\bm{k}, \bm{k}')\delta n_{\sigma'}(\bm{k}')$$

$$\equiv \tilde{g}\mu_\mathrm{B}H\frac{1}{2}\sigma \quad (3.26)$$

となる。ここで、g は g 因子 ($g = 2$) であり、式 (3.26) で定義された $\tilde{g}$ は相互作用による影響が入った「有効 g 因子」であ

3.2. ランダウのフェルミ流体理論

る。式 (3.26) の第 2 項は

$$\frac{1}{\Omega} \sum_{\bm{k}'\sigma'} f_{\sigma\sigma'}(\bm{k},\bm{k}')\delta n_{\sigma'}(\bm{k}')$$

$$= \frac{1}{\Omega} \sum_{\bm{k}'\sigma'} f_{\sigma\sigma'}(\bm{k},\bm{k}')\frac{\partial n_{\sigma'}(\bm{k}')}{\partial \varepsilon_{\sigma'}(\bm{k}')}\delta \varepsilon_{\sigma'}(k')$$

$$= \frac{1}{\Omega} \sum_{\bm{k}'\sigma'} f_{\sigma\sigma'}(\bm{k},\bm{k}')\left[-\delta(\varepsilon_{\sigma'}(k')-\varepsilon_{\mathrm{F}})\right]\left(\tilde{g}\mu_{\mathrm{B}}H\frac{1}{2}\sigma'\right) \tag{3.27}$$

となるから、式 (3.26) より

$$\tilde{g} = g - \tilde{g}N(\varepsilon_{\mathrm{F}})\sum_{\sigma'}\sigma\sigma'\int\frac{\mathrm{d}\Omega'}{4\pi}f_{\sigma\sigma'}(\bm{k},\bm{k}') \tag{3.28}$$

が得られる。$\bm{k}$, $\bm{k}'$ は大きさが k_{F} に等しい、フェルミ面上のベクトルである。したがって、有効 g 因子 $\tilde{g}$ は

$$\tilde{g} = \frac{g}{1+N(\varepsilon_{\mathrm{F}})\sum_{\sigma'}\sigma\sigma'\int(\mathrm{d}\Omega'/4\pi)f_{\sigma\sigma'}(\bm{k},\bm{k}')} \tag{3.29}$$

で与えられる。

磁場により誘起された磁化 M は、磁場による分布関数の変化 $\delta n_\sigma(\bm{k})$ から、

$$M = -g\mu_{\mathrm{B}}\sum_{\bm{k}\sigma}\frac{1}{2}\sigma\delta n_\sigma(\bm{k})$$

で与えられるが、

$$\delta n_\sigma(\bm{k}) = \frac{\partial n_\sigma(\bm{k})}{\partial \varepsilon_\sigma(\bm{k})}\delta\varepsilon_\sigma(k)$$

$$= \left[-\delta(\varepsilon(k)-\varepsilon_{\mathrm{F}})\right]\left(\tilde{g}\mu_{\mathrm{B}}H\frac{1}{2}\sigma\right)$$

に式 (3.29) を代入すればよい。結局、単位体積あたりの帯磁率は

$$\chi = \frac{M}{\Omega H} = \frac{2\mu_{\mathrm{B}}^2 N(\varepsilon_{\mathrm{F}})}{1+N(\varepsilon_{\mathrm{F}})\sum_{\sigma'}\sigma\sigma'\int(\mathrm{d}\Omega'/4\pi)f_{\sigma\sigma'}(\bm{k},\bm{k}')} \tag{3.30}$$

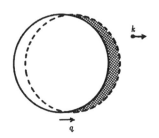

図 3.4: 系に微小な運動量 $\hbar q$ を与える

となる。

[4] 有効質量

前に述べたように、準粒子のエネルギー $\varepsilon(\boldsymbol{k})$ はその分布を微小変化させたときの系のエネルギー変化

$$\delta E = \sum_{\boldsymbol{k}\sigma} \varepsilon(\boldsymbol{k}) \delta n_\sigma(\boldsymbol{k})$$

によって定義されている。いま、系の全粒子に微小な運動量 $\hbar \boldsymbol{q}$ を与えたときのエネルギー変化を調べる。エネルギー変化には二つの起源がある (図 3.4)。

(1) 着目している粒子のエネルギー変化

$$\sum_{\boldsymbol{k}\sigma} \Big[\varepsilon(\boldsymbol{k}+\boldsymbol{q}) - \varepsilon(\boldsymbol{k})\Big]\delta n_\sigma(\boldsymbol{k}) = \sum_{k\sigma} \frac{\partial \varepsilon(\boldsymbol{k})}{\partial \boldsymbol{k}} \cdot \boldsymbol{q}\, \delta n_\sigma(\boldsymbol{k}) \tag{3.31}$$

(2) 他の粒子の分布のずれ

$$\frac{1}{\Omega}\sum_{\boldsymbol{k}\sigma}\sum_{\boldsymbol{k}'\sigma'} f_{\sigma\sigma'}(\boldsymbol{k},\boldsymbol{k}') \frac{\partial n_{\sigma'}(\boldsymbol{k}')}{\partial \varepsilon_{\sigma'}(\boldsymbol{k}')}\Big[-\frac{\partial \varepsilon(\boldsymbol{k}')}{\partial \boldsymbol{k}'}\cdot \boldsymbol{q}\Big]\delta n_\sigma(\boldsymbol{k}) \tag{3.32}$$

3.2. ランダウのフェルミ流体理論

(1) と (2) を加えて、

$$\hbar\bm{q}\cdot\sum_{\bm{k}\sigma}\delta n_\sigma(\bm{k})\Big[\bm{v}(\bm{k}) \\ +\frac{1}{\Omega}\sum_{\bm{k}'\sigma'}f_{\sigma\sigma'}(\bm{k},\bm{k}')\delta(\varepsilon(k')-\varepsilon_\mathrm{F})\bm{v}(k')\Big] \tag{3.33}$$

ここで、$\bm{v}(\bm{k})=\partial\varepsilon(\bm{k})/\hbar\partial\bm{k}$ は準粒子の速度である。

他方、系のエネルギー変化は $\bm{q}$ の一次までで、

$$\delta H = \sum_j \frac{1}{2m}(\bm{p}_j+\hbar\bm{q})^2 - \sum_j \frac{1}{2m}\bm{p}_j^{\,2} = \sum_j \frac{1}{m}\hbar\bm{q}\cdot\bm{p}_j$$

とも表せる。したがって、

$$\hbar\bm{q}\cdot\sum_{\bm{k}\sigma}\frac{\hbar\bm{k}}{m}\,\delta n_\sigma(\bm{k}) \tag{3.34}$$

とも表せる。この二つの評価は等しくなければならないから、

$$\frac{\hbar\bm{k}}{m}=\bm{v}(\bm{k})+\frac{1}{\Omega}\sum_{\bm{k}'\sigma'}f_{\sigma\sigma'}(\bm{k},\bm{k}')\delta(\varepsilon(k')-\varepsilon_\mathrm{F})\bm{v}(k')$$

が成り立つ。$\bm{k}$ をフェルミ面上にとって、式 (3.17) の有効質量の定義を思い出すと、

$$\frac{1}{m}=\frac{1}{m^*}+N(\varepsilon_\mathrm{F})\int\frac{\mathrm{d}\Omega'}{4\pi}\sum_{\sigma'}f_{\sigma\sigma'}(\bm{k},\bm{k}')\frac{\hat{\bm{k}}\cdot\hat{\bm{k}}'}{m^*}$$

($\hat{\bm{k}}=\bm{k}/|\bm{k}|$ は$\bm{k}$方向の単位ベクトル)

が得られる。これを書き直すと、有効質量の関係

$$\frac{m^*}{m}=1+N(\varepsilon_\mathrm{F})\int\frac{\mathrm{d}\Omega'}{4\pi}\sum_{\sigma'}f_{\sigma\sigma'}(\bm{k},\bm{k}')\hat{\bm{k}}\cdot\hat{\bm{k}}' \tag{3.35}$$

となる。

以上の結果、低温比熱の γ、圧縮率、スピン帯磁率がフェルミ面上での相互作用関数で書けたことになる。等方的な系ではフェルミ面上での相互作用関数 $f_{\sigma\sigma'}(\bm{k},\bm{k}')$ は $\bm{k},\bm{k}'$ の方向の関数なので $f_{\sigma\sigma'}(\hat{\bm{k}},\hat{\bm{k}}')$ と書くことにしよう。この量はスピンが互

いに平行か、反平行かに依存し、さらに、$\hat{k}$ と $\hat{k}'$ の間の角度の関数であるので

$$f_{\sigma\sigma'}(\hat{k}, \hat{k}') = f^{\mathrm{s}}(\hat{k}, \hat{k}') + \sigma\sigma' f^{\mathrm{a}}(\hat{k}, \hat{k}') \tag{3.36}$$

$$f^{\mathrm{s,a}}(\hat{k}, \hat{k}') = \sum_{\ell=0}^{\infty} f_\ell^{\mathrm{s,a}} P_\ell(\cos\theta_{kk'}) \tag{3.37}$$

のようにルジャンドル展開（$\theta_{kk'}$ は $\hat{k}$ と $\hat{k}'$ のなす角度）できる。さらに、無次元の相互作用パラメーターを

$$2f_\ell^{\mathrm{s}} N(\varepsilon_F) \equiv F_\ell^{\mathrm{s}}(=F_\ell) \;,\quad 2f_\ell^{\mathrm{a}} N(\varepsilon_F) \equiv F_\ell^{\mathrm{a}}(=Z_\ell) \tag{3.38}$$

と定義すると、

$$f_{\sigma\sigma'}(\hat{k}, \hat{k}') N(\varepsilon_F) = \frac{1}{2}\sum_{\ell=0}^{\infty} P_\ell(\cos\theta_{kk'})(F_\ell + \sigma\sigma' Z_\ell) \tag{3.39}$$

となる。

上の展開を用いると、

$$\frac{m^*}{m} = 1 + \frac{1}{3}F_1 \;, \tag{3.40}$$

$$\frac{\chi/\chi_0}{m^*/m} = \frac{1}{1+Z_0} \;,\quad \frac{\kappa/\kappa_0}{m^*/m} = \frac{1}{1+F_0} \tag{3.41}$$

となる。ここで、χ_0, κ_0 は、同じ密度での相互作用のないフェルミ粒子系の χ と κ の値である。m^*, χ, κ は F_1, Z_0, F_0 という三つの相互作用パラメーターと関係しているわけである。

[5] フェルミ流体の安定性

式 (3.41) は、もし Z_0 や F_0 が -1 以下であればフェルミ球が不安定であることを示す。例えば、$Z_0 < -1$ であれば、スピンが分極した状態の方がエネルギーが低くなる。したがって、常磁性状態は強磁性状態に対して不安定である。この議論を拡張して、図 3.5 のように、フェルミ球が一般的な変形、すなわち、フェルミ面を $Y_{\ell m}(\Omega_k)$ に比例する形で変えるような微小変形に対して安定である条件を求めることができる [3]。こうして得られる安定性の条件は

$$1 + \frac{1}{2\ell+1}F_\ell > 0 \;,\quad 1 + \frac{1}{2\ell+1}Z_\ell > 0 \tag{3.42}$$

3.2. ランダウのフェルミ流体理論

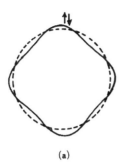
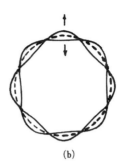

図 3.5: フェルミ球の変形。(a) 電子密度の変形、(b) スピン密度の変形

($\ell = 0, 1, 2, \cdots$) である（これ以外に、F_ℓ, Z_ℓ のどれかが発散すればフェルミ流体は不安定になる）。式 (3.42) が満たされずに起こる系の不安定性を**ポメランチュク不安定性**という。

表 3.1：液体 ^{3}He の相互作用パラメーターの圧力依存性 [8]

圧力（bar）	モル体積（cm^3）	m^*/m	F_1	F_0	Z_0
0	36.84	2.80	5.39	9.3	-0.695
12	29.71	4.03	9.09	35.42	-0.747
24	27.01	5.02	12.07	62.16	-0.756
33	25.75	5.74	14.21	84.47	-0.755

ランダウのフェルミ流体理論はフェルミ粒子系である液体 ^{3}He の低温の性質を解析するために適用され、成功を収めてきた。低温の帯磁率などの測定値から推定された「相互作用パラメーター」の値を表 3.1 に示す。これを見ると、次のような特徴がある。

(1) 圧力と共に F_0 が急激に増大している。
(2) 有効質量 m^*/m が圧力とともに増大している。
(3) Z_0 は圧力には余り依存していない。

^{3}He は帯磁率の増幅因子 $(1+Z_0)^{-1}$ が大きく、強磁性への不安定性の境界に近い系であることを示している。ランダウの

フェルミ流体理論は、液体 ^{3}He の熱力学的性質からそのパラメーターを決めるだけではない。ランダウはフェルミ流体理論をもとに、平衡状態だけでなく、その集団運動や輸送現象が扱えることを示し、特に、密度の集団運動としてゼロ音波（zero sound）の存在を予言し、後に実験的に確認された。また、状況によってはスピンの集団運動（スピン波）が存在しうることが導かれる [2]。

固体電子の場合にも、原理的には、この理論が適用可能だが、固体ではこれまでの議論で用いている「系の等方性」が成り立たないことに注意が必要である。すなわち、固体電子は本質的に「異方的なフェルミ流体」であり、一般的には複雑になり、相互作用関数も当然その異方性を反映する [23]。例えば、希土類化合物の「重い電子系」に対してフェルミ流体理論を適用する場合には、適当なモデルを併用して簡単化している [5]。

フェルミ流体理論の精神は次の章で述べる磁性不純物の近藤効果にも使える。4.4.2 項の「局所フェルミ流体理論」がそれである。

3.2.3　微視的に見たフェルミ流体

ランダウのフェルミ流体理論は決してわかりやすいものではない。そこで、微視的モデルから「相互作用関数」などのパラメーターがどのように表されるかを調べてみよう [2,9]。モデルとしてデルタ関数型の短距離相互作用をしているフェルミ粒子系

$$\mathcal{H} = \sum_{\boldsymbol{k}\sigma} \varepsilon_{\boldsymbol{k}} c^\dagger_{\boldsymbol{k}\sigma} c_{\boldsymbol{k}\sigma}$$
$$+ \frac{U}{N_\mathrm{A}} \sum_{\boldsymbol{k}_1 \boldsymbol{k}_2 \boldsymbol{k}'_1 \boldsymbol{k}'_2} c^\dagger_{\boldsymbol{k}'_1 \uparrow} c^\dagger_{\boldsymbol{k}'_2 \downarrow} c_{\boldsymbol{k}_2 \downarrow} c_{\boldsymbol{k}_1 \uparrow} \, \delta_{\boldsymbol{k}_1+\boldsymbol{k}_2, \boldsymbol{k}'_1+\boldsymbol{k}'_2}$$

(3.43)

3.2. ランダウのフェルミ流体理論

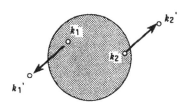

図 3.6: 2 次摂動に寄与するプロセス

をとる。ここで、$\varepsilon_{\bm{k}} = (\hbar k)^2/2m$、$U$ は短距離相互作用の強さである。式 (3.43) はハバード・モデル (2.4) で格子の周期性の効果が無視できる（ハバード・モデルでの低密度極限に対応する）場合であって、第 2 項は 式 (3.2) と同一である。

摂動論によって基底エネルギーを U の 2 次まで計算すると、

$$E = E^{(0)} + E^{(1)} + E^{(2)} + \cdots \tag{3.44}$$

$$E^{(0)} = \sum_{\bm{k}\sigma} \varepsilon_{\bm{k}} n_{\bm{k}\sigma} \tag{3.45}$$

$$E^{(1)} = \frac{U}{N_{\rm A}} \sum_{\bm{k}\bm{k}'} n_{\bm{k}\uparrow} n_{\bm{k}'\downarrow} \tag{3.46}$$

$$E^{(2)} = \frac{U^2}{N_{\rm A}^2} \sum_{\bm{k}_1 \bm{k}_2 \bm{k}_1' \bm{k}_2'} \frac{n_{\bm{k}_1\uparrow} n_{\bm{k}_2\downarrow}(1-n_{\bm{k}_1'\uparrow})(1-n_{\bm{k}_2'\downarrow})}{\varepsilon_1 + \varepsilon_2 - \varepsilon_{1'} - \varepsilon_{2'}}$$
$$\times \delta_{\bm{k}_1+\bm{k}_2, \bm{k}_1'+\bm{k}_2'} \tag{3.47}$$

で与えられる。ここで $\varepsilon_{\bm{k}_i}$ を ε_i としている。また、$n_{\bm{k}\sigma}$ は状態 $\bm{k}\sigma$ の分布関数である。$E^{(2)}$ では、相互作用 U によって $\bm{k}_1\uparrow$, $\bm{k}_2\downarrow$ の二つの粒子がフェルミ球の内部から外部の状態 $\bm{k}_1'\uparrow$, $\bm{k}_2'\downarrow$ へ励起された中間状態が寄与している (図 3.6)。

$E^{(2)}$ の式の分子にある分布関数の積を分解すると、二つの積 $n_{\bm{k}_1\uparrow} n_{\bm{k}_2\downarrow}$、三つの積 $n_{\bm{k}_1\uparrow} n_{\bm{k}_2\downarrow}(n_{\bm{k}_1'\uparrow} + n_{\bm{k}_2'\downarrow})$、四つの積 $n_{\bm{k}_1\uparrow} n_{\bm{k}_2\downarrow} n_{\bm{k}_1'\uparrow} n_{\bm{k}_2'\downarrow}$ からなる。このうち、四つの積の項はエネルギー分母 $\varepsilon_1 + \varepsilon_2 - \varepsilon_{1'} - \varepsilon_{2'}$ が (1,2) と (1',2') の入れ替えに対して

反対称なので寄与はゼロになるから考えなくてよい。二つの積を含む項は $E^{(1)}$ といっしょにして

$$\tilde{E}^{(1)} = E^{(1)} + \frac{U^2}{N_A^2} \sum_{\bm{k}_1 \bm{k}_2 \bm{k}_1' \bm{k}_2'} \frac{n_{\bm{k}_1\uparrow} n_{\bm{k}_2\downarrow}}{\varepsilon_1 + \varepsilon_2 - \varepsilon_{1'} - \varepsilon_{2'}}$$
$$\times \delta_{\bm{k}_1+\bm{k}_2, \bm{k}_1'+\bm{k}_2'}$$
$$\equiv \frac{\tilde{U}}{N_A} \sum_{\bm{k}\bm{k}'} n_{\bm{k}\uparrow} n_{\bm{k}'\downarrow} \tag{3.48}$$

と書ける。ここで、

$$\tilde{U} = U + \frac{U^2}{N_A} \sum_{\bm{k}_1 \bm{k}_1'} \frac{\delta_{\bm{k}_1+\bm{k}_1', \bm{k}+\bm{k}'}}{\varepsilon_{\bm{k}} + \varepsilon_{\bm{k}'} - \varepsilon_{\bm{k}_1} - \varepsilon_{\bm{k}_1'}}$$

である。正確にいえば、$\tilde{U}$ は $\bm{k}, \bm{k}'$ に依存するが、いま注目しているのはフェルミ・エネルギー近傍の状態であり、$\bm{k}_1, \bm{k}_1'$ について積分した後には $\bm{k}, \bm{k}'$ 依存性は小さいであろうと考え、定数として扱う。三つの積の項は

$$\tilde{E}^{(2)} = -\frac{\tilde{U}^2}{N_A^2} \sum_{\bm{k}_1 \bm{k}_2 \bm{k}_1' \bm{k}_2'} \frac{n_{\bm{k}_1\uparrow} n_{\bm{k}_2\downarrow} (n_{\bm{k}_1'\uparrow} + n_{\bm{k}_2'\downarrow})}{\varepsilon_1 + \varepsilon_2 - \varepsilon_{1'} - \varepsilon_{2'}}$$
$$\times \delta_{\bm{k}_1+\bm{k}_2, \bm{k}_1'+\bm{k}_2'} \tag{3.49}$$

と書ける。U^2 の範囲では式 (3.49) の U を $\tilde{U}$ でおき換えることができるので $\tilde{U}$ を代入している。しかし、このことはこれからの議論に本質的ではない。

3.2.1 項で述べたランダウのフェルミ流体理論では、分布関数の微小変化に対する基底エネルギーの変化を考え、その変化分が準粒子のエネルギー $\varepsilon_\sigma(\bm{k})$ であった。この定義に従って、上の E から $\varepsilon_\uparrow(\bm{k})$ を求めると

$$\varepsilon_\uparrow(\bm{k}) = \varepsilon_{\bm{k}} + \frac{\tilde{U}}{N_A} \sum_{\bm{k}'} n_{\bm{k}'\downarrow}$$
$$+ \frac{\tilde{U}^2}{N_A^2} \sum_{\bm{k}_1 \bm{k}_2 \bm{k}_3} \left[\frac{n_{1\uparrow} n_{2\downarrow}}{\varepsilon_{\bm{k}} + \varepsilon_3 - \varepsilon_1 - \varepsilon_2} - \frac{n_{3\downarrow}(n_{1\uparrow} + n_{2\downarrow})}{\varepsilon_{\bm{k}} + \varepsilon_3 - \varepsilon_1 - \varepsilon_2} \right]$$
$$\times \delta_{\bm{k}+\bm{k}_3, \bm{k}_1+\bm{k}_2} \tag{3.50}$$

3.2. ランダウのフェルミ流体理論

となる。$\varepsilon_\downarrow(\boldsymbol{k})$ は上の式で $\uparrow$ と $\downarrow$ を互いに入れ替えればよい。

式 (3.50) で、第 2 項と第 3 項は他の粒子の分布に依存する。その分布関数を微小変化させると $\varepsilon_\sigma(\boldsymbol{k})$ も変わることになる。その変化率において $\boldsymbol{k}$ と $\boldsymbol{k}'$ をフェルミ面上においたもの ($\varepsilon_{\boldsymbol{k}} = \varepsilon_{\boldsymbol{k}'} = \varepsilon_{\mathrm{F}}$) が相互作用関数である。式 (3.50) より、相互作用関数は

$$f_{\uparrow\downarrow}(\boldsymbol{k}_{\mathrm{F}}, \boldsymbol{k}'_{\mathrm{F}}) = \tilde{U}a^3 + 2\frac{(\tilde{U}a^3)^2}{\Omega} \sum_{\boldsymbol{k}_1 \boldsymbol{k}_2} n_1 \Big(\frac{\delta_{\boldsymbol{k}_{\mathrm{F}}+\boldsymbol{k}'_{\mathrm{F}}, \boldsymbol{k}_1+\boldsymbol{k}_2}}{\varepsilon_1 + \varepsilon_2 - 2\varepsilon_{\mathrm{F}}}$$
$$+ \frac{\delta_{\boldsymbol{k}_{\mathrm{F}}+\boldsymbol{k}_2, \boldsymbol{k}'_{\mathrm{F}}+\boldsymbol{k}_1}}{\varepsilon_2 - \varepsilon_1} \Big) \quad (3.51)$$

$$f_{\uparrow\uparrow}(\boldsymbol{k}_{\mathrm{F}}, \boldsymbol{k}'_{\mathrm{F}}) = f_{\downarrow\downarrow}(\boldsymbol{k}_{\mathrm{F}}, \boldsymbol{k}'_{\mathrm{F}})$$
$$= 2\frac{(\tilde{U}a^3)^2}{\Omega} \sum_{\boldsymbol{k}_1 \boldsymbol{k}_2} n_1 \frac{\delta_{\boldsymbol{k}_{\mathrm{F}}+\boldsymbol{k}_2, \boldsymbol{k}'_{\mathrm{F}}+\boldsymbol{k}_1}}{\varepsilon_2 - \varepsilon_1} \quad (3.52)$$

で与えられる。定数 a は $a^3 = \Omega/N_{\mathrm{A}}$ で定義されている。$f_{\uparrow\uparrow}$ と $f_{\uparrow\downarrow}$ はフェルミ面上のベクトル $\boldsymbol{k}_{\mathrm{F}}$ と $\boldsymbol{k}'_{\mathrm{F}}$ の間の角度 θ の関数になるが、その具体的表式を得るには、式 (3.51) と式 (3.52) において、n_1 にフェルミ分布関数を代入し、積分を実行すればよい。積分は難しくないが長くなるので途中の計算はここでは省略する[2]。結果は

$$f_{\uparrow\uparrow} = f_{\downarrow\downarrow}$$
$$= (\tilde{U}a^3)^2 N(\varepsilon_{\mathrm{F}}) \Big[\frac{1}{4} \frac{\cos^2(\theta/2)}{\sin(\theta/2)} \log\Big(\frac{1+\sin(\theta/2)}{1-\sin(\theta/2)}\Big) + \frac{1}{2} \Big] \quad (3.53)$$

$$f_{\uparrow\downarrow} = f_{\uparrow\uparrow} + \tilde{U}a^3$$
$$- (\tilde{U}a^3)^2 N(\varepsilon_{\mathrm{F}}) \Big[\frac{1}{2} \sin(\theta/2) \log\Big(\frac{1+\sin(\theta/2)}{1-\sin(\theta/2)}\Big) - 1 \Big] \quad (3.54)$$

---

[2] 計算の詳細は森北出版 Web ページの『「新版 固体の電子論」への補足』に示す。

となる。U の1次はハートリー・フォック近似（分子場近似）に対応する。2次はそれを一歩進め、相関効果を取り入れたものになっている。

ここで、フェルミ流体の問題を別の角度から見てみよう。相互作用のないフェルミ粒子系の基底状態はフェルミ球がスピン $\uparrow, \downarrow$ で詰まった状態（$|F\rangle$ と書く）であるから、その運動量分布は $k < k_F$ で1、$k > k_F$ で0である（図3.7(a)）。再び、短距離相互作用をしているフェルミ粒子系 (3.43) において、相互作用 U が運動量分布をどう変えるか、を調べよう [10]。基底状態の波動関数を U について摂動展開すると、

$$\psi = \psi^{(0)} + \psi^{(1)} + \cdots \tag{3.55}$$

$$\psi^{(0)} = |F\rangle \tag{3.56}$$

$$\psi^{(1)} = \frac{1}{N_A} \sum_{1,2,3,4} \frac{U\delta_{1+2,3+4}}{\varepsilon_1 + \varepsilon_2 - \varepsilon_3 - \varepsilon_4} c^\dagger_{4\uparrow} c^\dagger_{3\downarrow} c_{2\downarrow} c_{1\uparrow} |F\rangle \tag{3.57}$$

となる。$i = 1 \sim 4$ は $\boldsymbol{k}_i$ を意味する。摂動の1次 $\psi^{(1)}$ は、U によってフェルミ球内の粒子 (1,2) が外部の (3,4) へ励起されるプロセスに対応し、エネルギーの2次摂動項 (3.47) を与えるものである（図3.6を見よ）。

粒子の運動量分布は、$n_{\boldsymbol{k}\sigma} = c^\dagger_{\boldsymbol{k}\sigma} c_{\boldsymbol{k}\sigma}$ を ψ で平均して、

$$\langle n_{\boldsymbol{k}\sigma} \rangle = \frac{\langle \psi | n_{\boldsymbol{k}\sigma} | \psi \rangle}{\langle \psi | \psi \rangle}$$
$$= \langle n_{\boldsymbol{k}\sigma} \rangle^{(0)} + \langle n_{\boldsymbol{k}\sigma} \rangle^{(2)} + \cdots \tag{3.58}$$

である。第ゼロ次の項 $\langle n_{\boldsymbol{k}\sigma} \rangle^{(0)}$ は、言うまでもなく、フェルミ分布関数である。U の1次の項はない。U の2次 $\langle n_{\boldsymbol{k}\sigma} \rangle^{(2)}$ は

$$\langle n_{\boldsymbol{k}\sigma} \rangle^{(2)} = -\frac{U^2}{N_A^2} \sum_{1,2,3} \frac{f_3(1-f_1)(1-f_2)}{(\varepsilon_{\boldsymbol{k}} + \varepsilon_3 - \varepsilon_1 - \varepsilon_2)^2} \delta_{\boldsymbol{k}+\boldsymbol{k}_3, \boldsymbol{k}_1+\boldsymbol{k}_2}$$
$$(k < k_F \text{のとき}) \tag{3.59}$$

$$\langle n_{\boldsymbol{k}\sigma} \rangle^{(2)} = \frac{U^2}{N_A^2} \sum_{1,2,3} \frac{(1-f_3)f_1 f_2}{(\varepsilon_1 + \varepsilon_2 - \varepsilon_{\boldsymbol{k}} - \varepsilon_3)^2} \delta_{\boldsymbol{k}+\boldsymbol{k}_3, \boldsymbol{k}_1+\boldsymbol{k}_2}$$
$$(k > k_F \text{のとき}) \tag{3.60}$$

3.2. ランダウのフェルミ流体理論

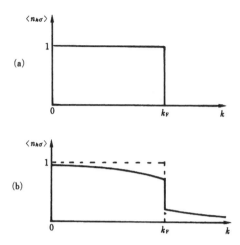

図 3.7: 運動量分布の模式図： (a) 相互作用のないフェルミ粒子系、(b) フェルミ流体（実線）

である。$\langle n_{\boldsymbol{k}\sigma}\rangle^{(2)}$ は $k < k_\mathrm{F}$ では 1 からの減少を与える。$k > k_\mathrm{F}$ では、当然ながら、正である。式 (3.59)、式 (3.60) の具体的計算は Belyakov によってなされている [10]。特に興味があるのは式 (3.59) と式 (3.60) の $k = k_\mathrm{F}$ 近傍での値で、式 (3.59) と式 (3.60) の積分すると次のようになる[3]。

$$\langle n_{\boldsymbol{k}\sigma}\rangle^{(2)}|_{k=k_\mathrm{F}-0} = -\Big(\frac{mk_\mathrm{F}a^3U}{2\pi^2\hbar^2}\Big)^2 \frac{1}{2}\Big(\log 2 + \frac{1}{3}\Big) \quad (3.61)$$

$$\langle n_{\boldsymbol{k}\sigma}\rangle^{(2)}|_{k=k_\mathrm{F}+0} = \Big(\frac{mk_\mathrm{F}a^3U}{2\pi^2\hbar^2}\Big)^2 \frac{1}{2}\Big(\log 2 - \frac{1}{3}\Big) \quad (3.62)$$

したがって、運動量分布の $k = k_\mathrm{F}$ でのとびは

$$\langle n_{k_\mathrm{F}-0\sigma}\rangle - \langle n_{k_\mathrm{F}+0\sigma}\rangle = 1 - \Big(\frac{mk_\mathrm{F}a^3U}{2\pi^2\hbar^2}\Big)^2 \log 2 \quad (3.63)$$

で与えられる。a の定義は式 (3.52) の後に示されている。上の結果は U の 2 次までであるから、U が小さい領域でのみ使える

---

[3] 計算の手順に興味がある読者は森北出版 Web ページの『「新版 固体の電子論」への補足』を見て頂きたい。

ものであるが、重要な点は U^2 の補正項が有限の値であることである。したがって、運動量分布 $\langle n_{\boldsymbol{k}\sigma} \rangle$ は U が有限値のとき、図 3.7(b) のようになる。

結局、相互作用があるときも、それが弱い限り、運動量分布は $k = k_\mathrm{F}$ でとびがある点は相互作用のないときと変らない。この運動量分布のとびはフェルミ流体の重要な特徴である。以上の摂動論は等方的な 3 次元系を対象にしていることに注意してほしい。次節では 1 次元系を考察し、その場合は重要な違いがあることを示す。

3.3　1次元電子系―典型的非フェルミ流体

フェルミ流体は普遍的であるが、その例外として非フェルミ流体もまた存在する。3.1 節で 1 次元電子系はフェルミ流体としては記述できないことを述べたが、1 次元電子系は典型的な非フェルミ流体と考えることができる。

1 次元電子系というと非現実的に見えるかもしれない。たしかに純粋の 1 次元系は数学の世界にしかないが、1 次元に近い系は現実の物質の中に存在する。例えば、構造の特殊性のためにある方向にだけ伝導性が特によく、他の方向には伝導性がよくないために、準 1 次元電子系とみなせるような無機物質や有機物質からなる導体がそれである [11]。

3.3.1　摂動展開の発散

まず前節で議論した運動量分布関数が 1 次元電子系の場合にどうなるかを調べてみよう [12]。

運動量分布関数を U について摂動展開したときの最低次の補正である U の 2 次の項 $\langle n_{k\sigma} \rangle^{(2)}$ を計算することにする。$k > k_\mathrm{F}$ のとき、式 (3.60) から $T = 0\,\mathrm{K}$ で可能なプロセスは図 3.8 に示す二つで、両者の寄与は同じである。式 (3.60) で k_3 をデルタ

3.3. 1次元電子系－典型的非フェルミ流体

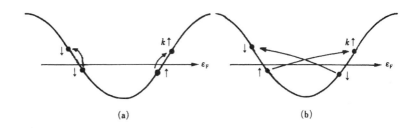

図 3.8: 運動量分布に寄与する二つのプロセス

関数を使って消去し、フェルミ分布関数を階段関数でおき換えると、

$$\begin{aligned}
\langle n_{k\sigma}\rangle^{(2)} &= 2U^2\int^{k_\mathrm{F}}\frac{\mathrm{d}k_1}{2\pi}\int_{-k_\mathrm{F}}\frac{\mathrm{d}k_2}{2\pi}\frac{\theta(k-k_1-k_2-k_\mathrm{F})}{[2v_\mathrm{F}(k_1-k)]^2}\\
&= 2\Big(\frac{U}{4\pi v_\mathrm{F}}\Big)^2\int^{k_\mathrm{F}}\mathrm{d}k_1\frac{1}{k-k_1}\\
&= \frac{1}{8\pi^2}\Big(\frac{U}{v_\mathrm{F}}\Big)^2\log\Big(\frac{k_c}{k-k_\mathrm{F}}\Big)
\end{aligned} \tag{3.64}$$

となる。ここで、$\theta(x)$ は階段関数、格子定数 a と $\hbar$ は 3.3 節を通じて 1 と選ぶことにする。ε_k は $\pm k_\mathrm{F}$ 近傍で、$\varepsilon_k = \pm v_\mathrm{F}(k \mp k_\mathrm{F}) + \varepsilon_\mathrm{F}$ と直線で近似できることを利用している。そのために積分でカットオフが必要になる。k_c はそのカットオフである。$k < k_\mathrm{F}$ についても式 (3.59) から同じように計算できて、

$$\langle n_{k\sigma}\rangle^{(2)} = -\frac{1}{8\pi^2}\Big(\frac{U}{v_\mathrm{F}}\Big)^2\log\Big(\frac{k'_c}{k_\mathrm{F}-k}\Big) \tag{3.65}$$

となる。カットオフ k'_c は k_c と同程度の大きさである。

　この結果の重要なところは、1次元系の場合には、$\langle n_{k\sigma}\rangle^{(2)}$ が $|k-k_\mathrm{F}|\to 0$ で対数発散することである。すなわち、いかに相互作用が弱くても、k_F の近傍では補正が無視できない。他の物理量 (例えば、スピン相関関数など) にも同様の対数項が現れる。3次元系では U の 2 次の補正は有限であり、それがフェルミ流体の成立の根拠であった。これに対して、1次元系では2次

の補正が対数発散し、フェルミ流体論が成立しないことを示している。

3.3.2 朝永・ラッティンジャー液体

弱く相互作用する1次元電子系の基底状態の近傍では、フェルミ・エネルギーの近くの励起のみを考えればよい。1次元系の励起の特徴を取り入れて、摂動の高次項を取り入れるには、朝永振一郎によって初めて導入された「ボソン化理論」(bosonization theory) が最適である [13~18]。

いままで何度も登場したハバード・モデルを用いて、具体的にボソン化法の考え方を説明しよう[4]。まず、運動エネルギー

$$\mathcal{H}_0 = \sum_{k\sigma} \varepsilon_k c_{k\sigma}^\dagger c_{k\sigma} \tag{3.66}$$

において、電子のスペクトル $\varepsilon_k = -2t\cos(ka)$ をフェルミ点近くで直線でおき換える（図3.2）。これはフェルミ・エネルギーの近傍ではよい近似であるが、ここではフェルミ波数をはさむ幅 K_c（K_c は十分大きな値とする）の領域で直線で表せるとする。このとき、

$$\mathcal{H}_0 = \sum_{k\sigma} v_{\rm F} k (a_{k\sigma}^\dagger a_{k\sigma} - b_{k\sigma}^\dagger b_{k\sigma}) \tag{3.67}$$

となる。ここで、$v_{\rm F}$ はフェルミ速度、a,b はそれぞれ右側（速度が $v_{\rm F}$)、左側（速度が $-v_{\rm F}$) の部分に対応する消滅演算子で、波数は a については $k_{\rm F}$ から、b については $-k_{\rm F}$ から測っている。この a,b という演算子を用いると、相互作用項は

$$\mathcal{H}' = \mathcal{H}_1 + \mathcal{H}_2 + \mathcal{H}_3 + \mathcal{H}_4 \tag{3.68}$$

$$\mathcal{H}_1 = \frac{U}{N_{\rm A}} \sum_{k_1,k_2,p} \left(a_{k_1\uparrow}^\dagger b_{k_2\downarrow}^\dagger a_{k_2+p\downarrow} b_{k_1-p\uparrow} \right.$$

---

[4] ボソン化法の標準的な解説としては [15,16] がよく知られている。より新しい解説として [18] がある。

3.3. 1次元電子系－典型的非フェルミ流体

$$+ b^\dagger_{k_1\uparrow} a^\dagger_{k_2\downarrow} b_{k_2+p\downarrow} a_{k_1-p\uparrow} \big) \tag{3.69}$$

$$\mathcal{H}_2 = \frac{U}{N_A} \sum_{k_1,k_2,p} \Big(a^\dagger_{k_1\uparrow} b^\dagger_{k_2\downarrow} b_{k_2+p\downarrow} a_{k_1-p\uparrow}$$

$$+ b^\dagger_{k_1\uparrow} a^\dagger_{k_2\downarrow} a_{k_2+p\downarrow} b_{k_1-p\uparrow} \Big) \tag{3.70}$$

$$\mathcal{H}_3 = \frac{U}{N_A} \sum_{k_1,k_2,p} \Big(a^\dagger_{k_1\uparrow} a^\dagger_{k_2\downarrow} b_{k_2+p\downarrow} b_{k_1-K+4k_F-p\uparrow}$$

$$+ b^\dagger_{k_1\uparrow} b^\dagger_{k_2\downarrow} a_{k_2+p\downarrow} a_{k_1+K-4k_F-p\uparrow} \Big) \tag{3.71}$$

$$\mathcal{H}_4 = \frac{U}{N_A} \sum_{k_1,k_2,p} \Big(a^\dagger_{k_1\uparrow} a^\dagger_{k_2\downarrow} a_{k_2+p\downarrow} a_{k_1-p\uparrow}$$

$$+ b^\dagger_{k_1\uparrow} b^\dagger_{k_2\downarrow} b_{k_2+p\downarrow} b_{k_1-p\uparrow} \Big) \tag{3.72}$$

と分割できる（図 3.9）。ここで、$K = 2\pi/a$ は逆格子ベクトルの大きさで、$\mathcal{H}_3$ はウムクラップ項である。バンドがちょうど半分詰まった場合（2.3 節で議論した half-filled case）を除外すると、$4k_F \neq K$ である。このとき $\mathcal{H}_3$ はフェルミ・エネルギーの十分近くでは無視できる。以後は話を $4k_F \neq K$ に限ることとし、$\mathcal{H}_3$ を無視する[5]。$\mathcal{H}_1$ は電子が k_F 近傍と $-k_F$ 近傍の間を跳び移る項で**後方散乱項**である。後方散乱項 $\mathcal{H}_1$ が無視できて、電子間の相互作用が $\mathcal{H}_2$ と $\mathcal{H}_4$ で与えられる場合を**朝永・ラッティンジャー・モデル**といい、後に述べるように、1 次元電子系では重要なモデルである。

相互作用が弱い系を考えているので、フェルミ・エネルギーまでの状態が詰まっている状態を出発点に取り、そこからのずれは小さいとする。励起を記述するため、密度演算子

$$\rho_{1\sigma}(k) = \sum_{p=-K_c}^{K_c-k} a^\dagger_{p+k\sigma} a_{p\sigma}, \quad \rho_{2\sigma}(k) = \sum_{p=-K_c}^{K_c-k} b^\dagger_{p+k\sigma} b_{p\sigma} \tag{3.73}$$

を導入する。演算子 a と b は有限区間 $(-K_c < k < K_c)$ で定義

---

[5] $4k_F = K$ のときには、$\mathcal{H}_3$ の項が電荷励起にエネルギー・ギャップを作り、低温や低エネルギーでの重要な励起はスピン励起だけになる。興味がある読者は [16, 17] を参照されたい。

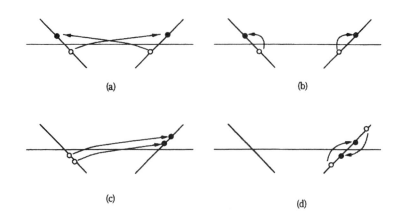

図 3.9: $\mathcal{H}'$ に寄与するプロセス。(a) $\mathcal{H}_1$, (b) $\mathcal{H}_2$, (c) $\mathcal{H}_3$, (d) $\mathcal{H}_4$。

されているので、式 (3.73) の p についての和には制限がついている (なお、今後この節では格子定数 a を 1 にとる。したがって、N_A は系の長さ L に等しい)。ここで、k は正で K_c と比べ小さいケース (すなわち、長波長の揺らぎ) を想定している。

式 (3.73) から、電荷密度の揺らぎを表す「電荷密度演算子」とスピン密度の揺らぎを表す「スピン密度演算子」を

$$\rho_i(k) = \frac{1}{\sqrt{2}}(\rho_{i\uparrow} + \rho_{i\downarrow}), \quad \sigma_i(k) = \frac{1}{\sqrt{2}}(\rho_{i\uparrow} - \rho_{i\downarrow}) \quad (3.74)$$
$$(i = 1, 2)$$

によって定義する。$-k$ の演算子はエルミート共役の関係

$$\rho_i(-k) = \rho_i^\dagger(k), \quad \sigma_i(-k) = \sigma_i^\dagger(k) \qquad (i = 1, 2) \quad (3.75)$$

にあることは容易にわかる。

密度演算子の交換関係を調べる準備として $[\rho_{1\sigma}(-k), \rho_{1\sigma'}(k')]$ を具体的に計算してみると、

$$[\rho_{1\sigma}(-k), \rho_{1\sigma'}(k')]$$

3.3. 1次元電子系-典型的非フェルミ流体

$$= \sum_{p=-K_c}^{K_c-k} \sum_{p'=-K_c}^{K_c-k'} \Big(a_{p\sigma}^\dagger a_{p+k-k'\sigma} \delta_{p+k,p'+k'} \\ - a_{p+k'\sigma}^\dagger a_{p+k\sigma} \delta_{p,p'} \Big) \delta_{\sigma\sigma'} \tag{3.76}$$

となる。右辺は演算子であるが、これが作用する状態は、系の相互作用が弱いので、フェルミ準位まで完全に詰まり、それから上は空いている状態からのずれは小さいと期待される。さらに k, k' は K_c に比べ十分小さいことに注意する。このとき式 (3.76) の右辺は $k' = k$ のときだけゼロでない値を持ち、しかも 2 項は大部分打ち消し合い、バンドの底 $-K_c$ から $-K_c + k$ までの区間の電子分布だけが残るので

$$[\rho_{1\sigma}(-k), \rho_{1\sigma'}(k')] = \delta_{\sigma\sigma'} \delta_{kk'} \sum_{p=-K_c}^{-K_c+k} 1$$
$$= \delta_{\sigma\sigma'} \delta_{kk'} \frac{Lk}{2\pi} \tag{3.77}$$

となる [14]。右辺が演算子でなく普通の数になっている点が重要である。このような関係から

$$[\rho_i(-k), \rho_j(k')] = \pm \delta_{ij} \delta_{kk'} \frac{Lk}{2\pi} \tag{3.78}$$

$$[\sigma_i(-k), \sigma_j(k')] = \pm \delta_{ij} \delta_{kk'} \frac{Lk}{2\pi} \tag{3.79}$$

$$[\rho_i(k), \rho_j(k')] = [\sigma_i(k), \sigma_j(k')] = 0 \tag{3.80}$$

$$[\rho_i(-k), \rho_j(-k')] = [\sigma_i(-k), \sigma_j(-k')] = 0 \tag{3.81}$$

が得られる。式 (3.77)〜(3.81) では $k, k' > 0$ を想定している。複号 $\pm$ は $i = 1$ のとき $+$ を、$i = 2$ のとき $-$ を選ぶ (以下、複号 $\pm$ が出てくる場合はすべて同じである)。電荷密度演算子とスピン密度演算子とは互いに可換である。式 (3.78), (3.79) の右辺は定数だから、

$$\rho_1(-k) = \left(\frac{kL}{2\pi}\right)^{1/2} c_k \tag{3.82}$$

$$\rho_2(k) = \left(\frac{kL}{2\pi}\right)^{1/2} c_{-k} \tag{3.83}$$

$$\sigma_1(-k) = \left(\frac{kL}{2\pi}\right)^{1/2} d_k \tag{3.84}$$

$$\sigma_2(k) = \left(\frac{kL}{2\pi}\right)^{1/2} d_{-k} \tag{3.85}$$

($k > 0$) によって新しい演算子 c_k, d_k を定義すれば、これらは正確にボソンの消滅演算子の性格をもつ電荷励起、スピン励起の消滅演算子になっている。

これらのボソンが 1 次元電子系の記述に便利であることを確認するため、まず、ハミルトニアンが式 (3.67) の相互作用のない系のハミルトニアン $\mathcal{H}_0$ で与えられる場合を考えよう。c_k と d_k の $\mathcal{H}_0$ との交換関係が

$$[c_k, \mathcal{H}_0] = v_F|k|c_k, \quad [d_k, \mathcal{H}_0] = v_F|k|d_k \tag{3.86}$$

を満たすことは容易に確認できる。式 (3.86) では ε_k が k に比例することが重要である。この交換関係から、$\mathcal{H}_0$ は、定数項を別にして、

$$\mathcal{H}_0 = \sum_k v_F|k|(c_k^\dagger c_k + d_k^\dagger d_k) \tag{3.87}$$

$$= \frac{2\pi}{L} v_F \sum_{k>0} \big[\rho_1(k)\rho_1(-k) + \rho_2(-k)\rho_2(k)$$
$$+ \sigma_1(k)\sigma_1(-k) + \sigma_2(-k)\sigma_2(k)\big] \tag{3.88}$$

と書けることがわかる[6]。

$\mathcal{H}_2$ と $\mathcal{H}_4$ も電荷密度演算子、スピン密度演算子の二次形式

$$\mathcal{H}_2 = \frac{U}{L} \sum_k \big[\rho_1(k)\rho_2(-k) - \sigma_1(k)\sigma_2(-k)\big] \tag{3.89}$$

$$\mathcal{H}_4 = \frac{U}{2L} \sum_k \big[\rho_1(k)\rho_1(-k) - \sigma_1(k)\sigma_1(-k)$$
$$+ \rho_2(k)\rho_2(-k) - \sigma_2(k)\sigma_2(-k)\big] \tag{3.90}$$

---

[6]式 (3.87) と式 (3.67) を比べると、同じハミルトニアンが、一方はボース粒子で、他方はフェルミ粒子で書かれている。ここに 1 次元系の特殊性が見られる。これに関連した問題 3.4 も見ていただきたい。

3.3. 1次元電子系－典型的非フェルミ流体

のように書ける。しかし、$\mathcal{H}_1$ のボソン表示による書き直しは、以下に述べるように、少々複雑である。

まず、フェルミオンの場の演算子

$$\psi_{1\sigma}(x) = \frac{1}{\sqrt{L}} \sum_k a_{k\sigma} e^{i(k_\mathrm{F}+k)x} \tag{3.91}$$

$$\psi_{2\sigma}(x) = \frac{1}{\sqrt{L}} \sum_k b_{k\sigma} e^{i(-k_\mathrm{F}+k)x} \tag{3.92}$$

が

$$J_{i\sigma}(x) \equiv -\frac{2\pi}{L} \sum_p \frac{e^{-\alpha|p|/2}}{p} e^{-ipx} \rho_{i\sigma}(p) \tag{3.93}$$

($i=1,2$、また、α は K_c^{-1} に対応するカットオフで、後に $\alpha \to 0$ の極限をとる) という量を用いて、

$$\psi_{1\sigma} = F_{1\sigma} \exp(J_{1\sigma}), \qquad \psi_{2\sigma} = F_{2\sigma} \exp(-J_{2\sigma}) \tag{3.94}$$

と表せることに注意する [15–17]。ここで、$F_{i\sigma}$ は $\rho_{j\sigma}$ ($j=1,2$; $\sigma=\uparrow,\downarrow$) とは可換な量で、その表式は以下のように決める。

まず、式 (3.91)、式 (3.92) のフェルミン表示と式 (3.94) の $\psi_{i\sigma}(x)$ の表式とは、ともに $\rho_{j\sigma}$ との交換関係

$$[\psi_{i\sigma}(x), \rho_{j\sigma'}(k)] = e^{ikx} \psi_{i\sigma}(x) \delta_{ij} \delta_{\sigma\sigma'} \tag{3.95}$$

を満たすことを確かめることができる (ただし、$\alpha \to 0$ の極限をとらねばならない)。ところで、$\psi_{1\sigma}^\dagger(x) \psi_{1\sigma}(x')$ のような量はそのフェルミオン表示での値に一致しなければならない。相互作用のない系の場合、具体的に $\langle \psi_{1\sigma}^\dagger(x) \psi_{1\sigma}(x') \rangle$ をフェルミオン表示 (3.91) を用いて計算すると

$$\langle \psi_{1\sigma}^\dagger(x) \psi_{1\sigma}(x') \rangle = \frac{i}{2\pi} \frac{e^{-ik_\mathrm{F}(x-x')}}{x-x'+i\alpha} \tag{3.96}$$

である。これに対して、式 (3.94) を用いると、

$$\langle \psi_{1\sigma}^\dagger(x) \psi_{1\sigma}(x') \rangle = F_{1\sigma}^*(x) F_{1\sigma}(x') \frac{i\alpha}{x-x'+i\alpha} \tag{3.97}$$

となる。式 (3.97) では、演算子 A と B の交換子 $[A, B]$ が c 数であるときには $e^{A+B} = e^A e^B e^{-[A,B]/2}$ が成り立つことを使っている。式 (3.96) と式 (3.97) が等しい、という条件から $F_{i\sigma}(x)$ の形は

$$F_{1\sigma}(x) = \frac{1}{\sqrt{2\pi\alpha}} e^{ik_\mathrm{F} x} e^{i\phi_{1\sigma}} \tag{3.98}$$

$$F_{2\sigma}(x) = \frac{1}{\sqrt{2\pi\alpha}} e^{-ik_\mathrm{F} x} e^{i\phi_{2\sigma}} \tag{3.99}$$

のように決まる。位相因子 $e^{i\phi_{1\sigma}}, e^{i\phi_{2\sigma}}$ は $+1$ あるいは -1 に等しい因子である。この因子はこの段階では未定であるが、異なるフェルミオンの場の演算子が反交換関係を満たさねばならないので必要である。その要請を満たすには、例えば、

$$\phi_{1\uparrow} = 0, \quad \phi_{1\downarrow} = \pi N_{1\uparrow} \quad \phi_{2\uparrow} = \pi(N_{1\uparrow} + N_{1\downarrow}),$$
$$\phi_{2\downarrow} = \pi(N_{1\uparrow} + N_{1\downarrow} + N_{2\uparrow}) \tag{3.100}$$

と選べばよい。ここで $N_{j\sigma}$ は分枝 j、スピン σ の電子の総数である。

以上の結果を用いると、$\mathcal{H}_1$ は

$$\mathcal{H}_1 = \frac{2U}{(2\pi\alpha)^2} \int \mathrm{d}x \cos\left[2\Phi_\sigma(x)\right] \tag{3.101}$$

と書けることになる。$\Phi_\sigma(x)$ は

$$\Phi_\sigma(x) = \frac{2\pi i}{L} \sum_p \frac{e^{-\alpha|p|/2 - ipx}}{p} \frac{1}{\sqrt{2}} \left[\sigma_1(p) + \sigma_2(p)\right] \tag{3.102}$$

である。こうして、ハミルトニアンはすべてボソン演算子で書けたことになる。ただし、$\mathcal{H}_1$ はボソン場の演算子について非線形になっている。

場 $\Phi_\sigma(x)$ に正準共役な運動量は

$$\Pi_\sigma(x) = -\frac{1}{L} \sum_p e^{-\alpha|p|/2 - ipx} \frac{1}{\sqrt{2}} \left[\sigma_1(p) - \sigma_2(p)\right] \tag{3.103}$$

で与えられ、実際

$$[\Phi_\sigma(x), \Pi_\sigma(x')] = i\delta(x - x') \tag{3.104}$$

3.3. 1次元電子系－典型的非フェルミ流体

を満たす。

同じように、電荷密度演算子から対応する正準共役な量の組

$$\Phi_\rho(x) = \frac{2\pi i}{L}\sum_p \frac{e^{-\alpha|p|/2-ipx}}{p}\frac{1}{\sqrt{2}}\bigl[\rho_1(p)+\rho_2(p)\bigr] \quad (3.105)$$

$$\Pi_\rho(x) = -\frac{1}{L}\sum_p e^{-\alpha|p|/2-ipx}\frac{1}{\sqrt{2}}\bigl[\rho_1(p)-\rho_2(p)\bigr] \quad (3.106)$$

を定義できる[7]。これらの量によって $\mathcal{H}_1$ を含む全ハミルトニアンを書き直すと

$$\begin{aligned}\mathcal{H} &= \mathcal{H}_0 + \mathcal{H}_2 + \mathcal{H}_4 + \mathcal{H}_1\\ &= \mathcal{H}_\rho + \mathcal{H}_\sigma\end{aligned} \quad (3.107)$$

$$\mathcal{H}_\rho = \int dx \frac{1}{2}\Bigl[2\pi v_\rho\Bigl(1-\frac{U}{2\pi v_\rho}\Bigr)\Pi_\rho^2 + \frac{v_\rho}{2\pi}\Bigl(1+\frac{U}{2\pi v_\rho}\Bigr)\Bigl(\frac{\partial \Phi_\rho}{\partial x}\Bigr)^2\Bigr] \quad (3.108)$$

$$\begin{aligned}\mathcal{H}_\sigma = &\int dx \frac{1}{2}\Bigl[2\pi v_\sigma\Bigl(1+\frac{U}{2\pi v_\sigma}\Bigr)\Pi_\sigma^2 + \frac{v_\sigma}{2\pi}\Bigl(1-\frac{U}{2\pi v_\sigma}\Bigr)\Bigl(\frac{\partial \Phi_\sigma}{\partial x}\Bigr)^2\Bigr]\\ &+ \frac{2U}{(2\pi\alpha)^2}\int dx\cos\bigl[2\Phi_\sigma(x)\bigr]\end{aligned} \quad (3.109)$$

となる。ここで、$v_\rho = v_F(1+U/2\pi v_F)$, $v_\sigma = v_F(1-U/2\pi v_F)$ である。全ハミルトニアンが電荷密度の部分とスピン密度の部分に分離し、ボソン演算子で書けていることが重要である。

電荷励起を記述する $\mathcal{H}_\rho$ は1次元弾性体のハミルトニアンと全く等価である。一方、$\mathcal{H}_\sigma$ は1次元弾性体のハミルトニアンに "変位" Φ_σ の cos に依存する項が付け加わった**1次元量子サイン・ゴルドン・モデル**といわれる系になっている。後者は非線形の系であるのでその扱いは少し難しいが、この系やこれと等価な系についてよく調べられている [20]。その結果によれば、われわれが興味を持っている $U>0$ のときには、十分低エネルギーの性質に関する限り、式 (3.109) で陽に U に依存している

---

[7] $\psi_{1\sigma}^\dagger(x)\psi_{2\sigma}(x)$ という量を式 (3.94) を用いて表すと、Φ_σ, Φ_ρ は $2k_F$ の波数をもつ密度波の「位相」という物理的意味を持つことがわかる [19]。

ところでは $U \to 0$ としてよい[8]（これは繰り込み群の方法に基づいている）。U 依存の項の起源をたどってゆくと、これは $\mathcal{H}_2$ のスピン密度の部分と $\mathcal{H}_1$ が、低エネルギー励起については無視できることを意味している。

以上をまとめると、十分低エネルギーの性質に関する限り、half-filled からずれた相互作用の弱い 1 次元ハバード・モデルは

$$\mathcal{H} \to \mathcal{H}_\rho + \mathcal{H}_\sigma^*$$
$$\mathcal{H}_\rho = \int \mathrm{d}x \frac{1}{2}\Big[2\pi u_\rho K_\rho \Pi_\rho^2 + \frac{u_\rho}{2\pi K_\rho}\Big(\frac{\partial \Phi_\rho}{\partial x}\Big)^2\Big] \tag{3.110}$$

$$\mathcal{H}_\sigma^* = \int \mathrm{d}x \frac{1}{2}\Big[2\pi u_\sigma K_\sigma \Pi_\sigma^2 + \frac{u_\sigma}{2\pi K_\sigma}\Big(\frac{\partial \Phi_\sigma}{\partial x}\Big)^2\Big] \tag{3.111}$$

で記述できることになる。ここで

$$\begin{aligned} u_\rho &= v_\rho\Big[1 - (U/2\pi v_\rho)^2\Big]^{1/2} = v_\mathrm{F}(1 + U/\pi v_\mathrm{F})^{1/2}, \\ u_\sigma &= v_\mathrm{F}(1 - U/2\pi v_\mathrm{F}) \\ K_\rho &= (1 + U/\pi v_\mathrm{F})^{-1/2}, \qquad K_\sigma = 1 \end{aligned} \tag{3.112}$$

である。電荷密度励起、スピン密度励起が互いに独立で、共にボース統計に従い、1 次元弾性体と等価になっている。u_ρ, u_σ は電荷励起、スピン励起の速度で、$U > 0$ では $u_\rho > v_\mathrm{F} > u_\sigma$ が成り立つ。U が小さいことを想定しているから式 (3.112) において u_σ が負になる領域は考えなくてよい。電荷励起、スピン励起のエネルギーは、それぞれ、$\omega_\rho(k) = u_\rho|k|$, $\omega_\sigma(k) = u_\sigma|k|$ で与えられる。パラメーター K_ρ, K_σ はこの後の相関関数の議論で重要な役割を演ずる。$K_\sigma = 1$ はハバード・モデル（$U > 0$）がスピン空間で回転対称性を持つことの反映である。

このように、低いエネルギーの励起が k に比例するボソンで表される系を**朝永・ラッティンジャー液体**とよぶ。朝永・ラッティンジャー・モデルの持っている性質だからである。これは通常のフェルミ液体では基本的励起がフェルミ統計に従うこと

---

[8] $U < 0$ の場合には、U の効果は低エネルギーでむしろ大きくなる。これはスピン励起にエネルギー・ギャップがあることを表している。

3.3. 1次元電子系ー典型的非フェルミ流体

と根本的に違う点である。したがって、half-filled からずれた 1 次元ハバード・モデルは、十分低温、低エネルギー域に関する限り、電荷励起、スピン励起ともに朝永・ラッティンジャー液体になっている[9]。

朝永・ラッティンジャー液体の最も重要な点は種々の相関関数がべき乗則に従って減衰し、その指数が K_ρ と K_σ によって決まることである。一般に、物理量 $\hat{O}(x)$ の相関関数を $\mathcal{H}_\rho + \mathcal{H}_\sigma^*$ の基底状態で平均すると、

$$\langle \hat{O}^\dagger(x)\hat{O}(0)\rangle \propto \frac{1}{|x|^\eta} \times (\text{振動部分}) \tag{3.113}$$

の形で書け、指数 η と振動部分(例えば、$e^{i2k_F x}$ のような因子である)は物理量 $\hat{O}$ が何であるかによる。式 (3.113) の平均は $\mathcal{H}_\rho + \mathcal{H}_\sigma^*$ が二つの独立な 1 次元弾性体のハミルトニアンであるから、具体的に計算するには、$\hat{O}(x)$ を式 (3.94) を用いてボソンで表現すればよい。表 3.2 に代表的な物理量と対応する指数 η を示す。

表 3.2:朝永・ラッティンジャー液体での相関関数の指数 [16,17]

物理量	$\hat{O}(x)$	指数 η
$2k_F$ 電荷密度波	$\sum_\sigma \psi_{1\sigma}^\dagger(x)\psi_{2\sigma}(x)$	$K_\rho + K_\sigma$
$2k_F$ スピン密度波 (S_{zz})	$\sum_\sigma \sigma \psi_{1\sigma}^\dagger(x)\psi_{2\sigma}(x)$	$K_\rho + K_\sigma$
$2k_F$ スピン密度波 (S_{xx})	$\psi_{1\uparrow}^\dagger(x)\psi_{2\downarrow}(x)$	$K_\rho + K_\sigma^{-1}$
$4k_F$ 電荷密度波	$\psi_{1\uparrow}^\dagger(x)\psi_{1\downarrow}^\dagger(x)\psi_{2\downarrow}(x)\psi_{2\uparrow}(x)$	$4K_\rho$
運動量分布	$\psi_{1\uparrow}(x)$	$\frac{1}{4}(K_\rho + K_\rho^{-1})$ $+\frac{1}{4}(K_\sigma + K_\sigma^{-1})$

* 斥力ハバード・モデル ($U>0$) では $K_\sigma = 1$ である。

表 3.2 の指数がどのように求められるかを、例として $2k_F$ スピン密度波相関関数

$$\langle \psi_{2\downarrow}^\dagger(x)\psi_{1\uparrow}(x)\psi_{1\uparrow}^\dagger(x')\psi_{2\downarrow}(x')\rangle$$

---

[9]half-filled の場合(問題 3.5 参照)には、電荷励起にエネルギー・ギャップが生じる。k に比例する低エネルギーの励起は $\mathcal{H}_\sigma^*$ で記述されるスピン励起のみである。すなわち、half-filled の場合には、スピン励起だけが朝永・ラッティンジャー液体になっている。

をとって、その導出をスケッチしよう。演算子 $\psi_{2\downarrow}^\dagger(x)\psi_{1\uparrow}(x)$ は式 (3.94), (3.98), (3.99) より

$$\psi_{2\downarrow}^\dagger(x)\psi_{1\uparrow}(x) = \frac{1}{2\pi\alpha} e^{i2k_{\mathrm{F}}x} e^{i\Phi_\rho(x)+i\Psi_\sigma(x)} \tag{3.114}$$

と書ける。ここで、$\Phi_\rho(x)$ は式 (3.105) に定義され、また、$\Psi_\sigma(x)$ は

$$\Psi_\sigma(x) = \frac{2\pi i}{L} \sum_p \frac{e^{-\alpha|p|/2-ipx}}{p} \frac{1}{\sqrt{2}}(\sigma_1(p)-\sigma_2(p)) \tag{3.115}$$

である。また、平均 $\langle\cdots\rangle$ は式 (3.110), (3.111) の基底状態についてとる。スピンと電荷の自由度は完全に分離し（**スピンと電荷の分離**という）、しかも式 (3.110), (3.111) は両方とも「1次元弾性体のハミルトニアン」であることを利用すると、

$$\begin{aligned}
&\langle \psi_{2\downarrow}^\dagger(x)\psi_{1\uparrow}(x)\psi_{1\uparrow}^\dagger(x')\psi_{2\downarrow}(x')\rangle \\
&\propto \langle\exp\{i[\Phi_\rho(x)-\Phi_\rho(x')]\}\rangle\langle\exp\{i[\Psi_\sigma(x)-\Phi_\sigma(x')]\}\rangle \\
&= \exp\{-\langle[\Phi_\rho(x)-\Phi_\rho(x')]^2\rangle/2\} \\
&\quad \times \exp\{-\langle[\Psi_\sigma(x)-\Psi_\sigma(x')]^2\rangle/2\}
\end{aligned} \tag{3.116}$$

である。指数関数に登場する平均は

$$\begin{aligned}
&\frac{1}{2}\langle[\Phi_\rho(x)-\Phi_\rho(x')]^2\rangle \\
&= K_\rho \int_0^\infty \mathrm{d}p \frac{e^{-\alpha p}}{p}\{1-\cos[p(x-x')]\} \\
&\sim K_\rho \log|x-x'|
\end{aligned} \tag{3.117}$$

$$\begin{aligned}
&\frac{1}{2}\langle[\Psi_\sigma(x)-\Psi_\sigma(x')]^2\rangle \\
&= \frac{1}{K_\sigma}\int_0^\infty \mathrm{d}p \frac{e^{-\alpha p}}{p}\{1-\cos[p(x-x')]\} \\
&\sim \frac{1}{K_\sigma}\log|x-x'|
\end{aligned} \tag{3.118}$$

と求まるので、相関関数の $|x-x'|\to\infty$ での漸近形は

$$\langle \psi_{2\downarrow}^\dagger(x)\psi_{1\uparrow}(x)\psi_{1\uparrow}^\dagger(x')\psi_{2\downarrow}(x')\rangle \sim |x-x'|^{-K_\rho - K_\sigma^{-1}} \tag{3.119}$$

3.3. 1次元電子系－典型的非フェルミ流体

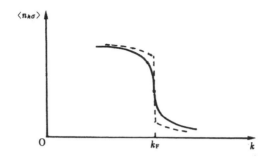

図 3.10: 朝永・ラッティンジャー液体の運動量分布（実線）とフェルミ液体の運動量分布（破線）

である。こうして表 3.2 の $2k_F$ スピン密度波 (S_{xx}) の指数 $\eta = K_\rho + K_\sigma^{-1}$ が導かれる。他の指数の導出も同様である。

運動量分布関数 $\langle n_{k\sigma}\rangle$ は k_F 近傍では

$$\begin{aligned}\langle n_{k\sigma}\rangle &= \int dx \langle \psi_{1\sigma}^\dagger(x)\psi_{1\sigma}(0)\rangle e^{-ikx} \\ &\propto \int dx e^{-i(k-k_F)x}\frac{1}{|x|^\eta} \\ &\propto |k-k_F|^{\eta-1}\end{aligned} \tag{3.120}$$

のようにふるまう。指数は $\eta-1 = (K_\rho+K_\rho^{-1})/4 - 1/2$ である。3.3.1 項で述べた摂動展開の対数発散は k_F 近傍での式 (3.120) のべき依存性の反映であったことがわかる。図 3.10 に k_F 近傍の運動量分布の様子を示す。k_F で不連続のあるフェルミ流体の場合との違いに注意してほしい。

これまでは相互作用の弱い系を対象にしてきた。実際、(3.112) の表式は U の小さい領域でしか使えない。しかし、1次元ハバード・モデルについては厳密解が得られていて、表 3.2 が half-filled からずれた 1 次元ハバード・モデル ($U > 0$) に対して一般に成り立つこと、また、K_ρ の U 依存性も完全にわかっている [21,22]。それによれば、U が 0 から ∞ まで増加するとき、K_ρ の値は 1 から 1/2 まで単調に減少する。

||||||||||||||||||||| **問 題** ||||||||||||||||||||||||||||||||||||||||||||||||||||||||||||||||||||||||||||||||||||||||||||||||||||||||||||

3.1 式 (3.42) で、例えば、$\ell = 1$ の Z_ℓ が
$$1 + \frac{1}{3}Z_1 < 0$$
のとき、系は不安定性の結果、どのような状態が実現すると予想されるか。同様に、その他の不安定性についても考察せよ。

3.2 運動量分布の摂動展開の表式 $\langle n_{\bm{k}\sigma} \rangle$ は基底エネルギー E を $\varepsilon_{\bm{k}\uparrow}$ と $\varepsilon_{\bm{k}\downarrow}$ の汎関数と考えて、汎関数微分
$$\langle n_{\bm{k}\sigma} \rangle = \frac{\delta E\{\varepsilon_{\bm{k}\uparrow}, \varepsilon_{\bm{k}\downarrow}\}}{\delta \varepsilon_{\bm{k}\sigma}}$$
によって得られることを証明し、式 (3.44)〜(3.47) に適用して式 (3.59) と式 (3.60) を導け。

3.3 1次元電子系の運動量分布を摂動展開で計算すると、$k = k_\mathrm{F}$ ばかりでなく、$k = 3k_\mathrm{F}$ にも特異性があることを示せ。

3.4 相互作用のない 1 次元電子系のボソン表示、フェルミオン表示の両方について低温での自由エネルギーを求めよ。自由エネルギーの温度に依存する主要項は T^2 項で、ボソン表示とフェルミオン表示はこの項に関する限り同じ結果を与えることを示せ。

3.5 本文で除外した half-filled の場合($4k_\mathrm{F} = K$ が成り立つ)を考えてみよう。その場合には式 (3.71) の $\mathcal{H}_3$ が式 (3.101) と同じ形で、Φ_σ が Φ_ρ でおき代わったものになることを示せ。

参考文献

[1] D. Pines and P. Nozières: *The Theory of Quantum Liquids* I (Benjamin, 1966).

[2] E. M. Lifshitz and L. P. Pitaevskii: *Statistical Physics* Part 2 (Pergamon, 1980).

3.3. 1次元電子系－典型的非フェルミ流体

[3] P. Nozières: *Theory of Interacting Fermi Systems* (Benjamin, 1964).

[4] G. Baym and C. Pethick: *Landau Fermi-Liquid Theory: Concepts and Applications* (Wiley-VCH, 1991).

[5] 山田耕作：岩波講座「現代の物理学」第16巻「電子相関」(岩波書店, 1993年).

[6] A. A. Abrikosov and I. M. Khlatnikov: Rept. Prog. Phys. **22**, 329 (1959).

[7] C. Hodges, H. Smith and J. W. Wilkins: Phys. Rev. B**4**, 302 (1971); P. Bloom: Phys. Rev. B**12**, 125 (1975).

[8] D. Vollhardt and P. Wölfle: *The Superfluid Phases of Helium 3* (Taylor and Francis, 1990).

[9] V. M. Galitskii: Sov. Phys. JETP **7**, 104 (1958).

[10] V. A. Belyakov: Sov. Phys. JETP **13**, 850 (1961).

[11] T. Ishiguro, K. Yamaji and G. Saito: *Organic Superconductors*, 2nd edition (Springer, 1998); 鹿児島誠一（編）：「低次元導体（改訂改題）－有機導体の多彩な物理と密度波－」(裳華房, 2000年).

[12] M. Ogata and H. Shiba: Phys. Rev. B**41**, 2326 (1990).

[13] S. Tomonaga: Prog. Theor. Phys. **5**, 349 (1950); J. M. Luttinger: J. Math. Phys. **4**, 1154 (1963).

[14] D. C. Mattis and E. H. Lieb: J. Math. Phys. **6**, 304 (1965).

[15] J. Sólyom: Adv. Phys. **28**, 201 (1979).

[16] V. J. Emery: *Highly Conducting One-Dimensional Solids*, ed. by J. T. Devreese (Plenum, 1979), p.247.

[17] F. D. M. Haldane: J. Phys. C**14**, 2585 (1981).

[18] J. Voit: Rept. Prog. Phys. **57**, 977 (1994).

[19] Y. Suzumura: Prog. Theor. Phys. **61**, 1 (1979).

[20] S. -T. Chui and P. A. Lee: Phys. Rev. Lett. **35**, 315 (1975); J. B. Kogut: Rev. Mod. Phys. **51**, 659 (1979).

[21] N. Kawakami and S.-K. Yang: Phys. Lett. A**148**, 359 (1990); H. Frahm and V. E. Korepin: Phys. Rev. B**42**, 10553 (1990).

[22] H. J. Schulz: Phys. Rev. Lett. **64**, 2831 (1990); Int. J. Mod. Phys.

B**5**, 57 (1991).

[23] 等方的フェルミ流体へのフェルミ流体理論の異方的なケースへの形式的な拡張については、斯波弘行：「電子相関の物理」(岩波書店, 2001年) を参照のこと。

第4章　近藤効果および関連する問題

　金属の重要な特徴の一つは電気をよく伝えることである。結晶格子が完全であれば、金属の伝導電子の散乱を引き起こすのは、通常、熱的に励起された格子振動だけである。このために金属の電気抵抗は熱的に励起された格子振動による散乱の大きさを反映して温度の低下とともに減少し、$T = 0$ K では電気抵抗はゼロになる。金属が不純物を少量含むときにはその不純物も抵抗の原因となる。普通は、不純物による抵抗は温度にほとんど依存せず、$T = 0$ K で不純物の濃度に比例した有限の抵抗値（残留抵抗）を与える[1]。したがって、不純物を含む金属の電気抵抗は温度の低下とともに有限の残留抵抗値へ向かって単調に減少することになる。

　ところが、1930年代半ばに、電気抵抗がある温度で極小を示し、さらに温度が低下すると抵抗が増大する現象、すなわち、「抵抗極小現象」が実験的に見いだされた。図4.1 に示すのは抗極小現象の一例である。どのような不純物の場合に抵抗極小現象が起こるかについての詳しい研究の結果、この現象は不純物の磁気モーメントの存在と密接な関係があるらしいことが次第にわかってきた。磁気モーメントの有無は帯磁率への不純物の寄与の温度依存性から判定されるが、それはホストの金属の種類に依存し、また、不純物の種類にも依存する。特に、鉄属（$3d$ 電子が主役を演ずる系である）不純物の場合磁気モーメントをもつことが多く、抵抗極小が見られることがわかった [3]。

---

[1] 電気伝導を含む金属の輸送現象については多くの興味ある問題があるが、本書で取りあげているのはその一部である。その他の問題については [1] に挙げた本が参考になる。

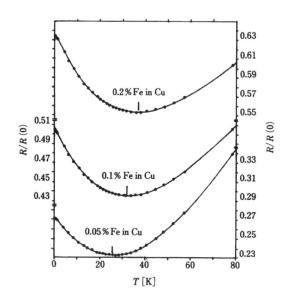

図 4.1: 抵抗極小の一例 [2]。Cu の中に少量の Fe を含む合金の抵抗の温度依存性である。縦軸は三つの場合でずらしていることに注意。

抵抗極小がなぜ起こるかは長い間なぞであったが、1964年に近藤淳により初めて理論的に解明された [4]。以下ではこの近藤理論とそれをきっかけとして明らかになった固体電子の一側面について述べる[2]。

4.1 金属中の鉄族不純物

単純な金属（第1章で述べた貴金属や Al など）に鉄族元素（Fe など）が1個不純物として入った合金を考えよう。図 4.2 のように、鉄族の $3d$ 軌道はホスト金属の伝導電子のバンドの底よりはエネルギーが高く、伝導電子のバンドの連続スペクトルと混じって共鳴準位となる。共鳴準位としての $3d$ 軌道に電子を

---

[2]近藤効果の全般的な参考書としては [5~8] がある。

4.1. 金属中の鉄族不純物

置くと、有限の時間のうちに伝導電子の状態に移ってゆく。ところで、鉄属原子の $3d$ 軌道は比較的局在しているので、ここでのクーロン相互作用は伝導電子状態におけるクーロン相互作用よりも重要なはずである。これが不純物の磁気モーメントをもたらすと予想される。

このような状況を想定して、金属中の不純物が磁気モーメントをもつ条件を議論するため、アンダーソンは次のようなモデルを導入した [9]。

$$\mathcal{H} = \sum_{\boldsymbol{k}\sigma} \varepsilon_{\boldsymbol{k}} c_{\boldsymbol{k}\sigma}^{\dagger} c_{\boldsymbol{k}\sigma} + \sum_{\sigma} \varepsilon_d n_{d\sigma} + U n_{d\uparrow} n_{d\downarrow}$$
$$+ \frac{1}{\sqrt{N_{\mathrm{A}}}} \sum_{\boldsymbol{k}\sigma} (V_{\boldsymbol{k}} c_{\boldsymbol{k}\sigma}^{\dagger} d_{\sigma} + \mathrm{h.c.}) \tag{4.1}$$

ここで、第 1 項は伝導電子のハミルトニアン、第 2 項の ε_d は共鳴 $3d$ 準位の位置を表す。第 3 項は $3d$ 準位に電子が 2 個入ったときの電子間のクーロン相互作用、第 4 項は伝導電子と $3d$ 準位の波動関数の混じり（$V_{\boldsymbol{k}}$ は混成の行列要素）である。d_σ, $d_\sigma^\dagger$ は $3d$ 準位の電子（スピン σ）の消滅、生成演算子で、$n_{d\sigma} = d_\sigma^\dagger d_\sigma$ はその電子数である。式 (4.1) のモデルは**アンダーソン・モデル**とよばれる。このモデルには鉄族不純物を少量含んだ金属の物理のエッセンスが入っている。このモデルを正確に解けば抵抗極小も説明できるのだが、研究者がその事実に気づくのに、モデルが提案されてから 10 年以上かかったのである。

現実の磁性元素の電子状態をより正確に記述するには、例えば $3d$ 軌道が五つあることを取り入れるべきである。しかし、典型的なケースである Cu 中の鉄族元素に関する限り、それはあまり本質的でない。そこで、簡単のため、$3d$ 軌道を一つの軌道で代表させている（不純物が希土類元素の場合には $4f$ 軌道が複数あることが重要になる）。また、式 (4.1) では伝導電子間のクーロン相互作用を簡単のため落している。

式 (4.1) は一見簡単そうに見える。しかし、第 3 項と第 4 項は互いに競合する関係にあり、両方があるときは簡単には解け

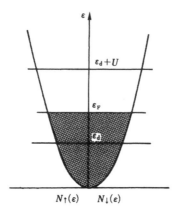

図 4.2: アンダーソン・モデル

ない。この競合がアンダーソン・モデル (4.1) の本質的な点である。このモデルはハバード・モデルと似ている。しかし、ハバード・モデルと違って、電子間相互作用項は不純物の $3d$ レベルでだけ働いているので、ハバード・モデルより簡単な系になっている。

アンダーソン・モデルに含まれる物理を調べようとすると、第 3 項と第 4 項が競合するために困難に遭遇する。そこで、両者の大小関係によって、第 3 項が小さいところからのアプローチ (相互作用 U が弱い場合ら考えてゆく立場) と、第 4 項が小さい極限から考えてゆく方法 (相互作用 U が大きい場合から考えてゆく立場) の二つの異なるアプローチが考えられる。前者は 4.4 節で論ずることにして、ここでは後者、すなわち、$V = 0$ を出発点に選び、V が小さいときを考える (これが近藤淳が抵抗極小の理論的説明に選んだアプローチである)。

$V = 0$ のときには d 準位と伝導電子とは完全に分離している。U は大きいとし、d 準位に電子が 1 個詰まっている (すなわち、$\varepsilon_d < \varepsilon_F < \varepsilon_d + U$ が満たされている) とする。このとき、スピン状態は $\uparrow$ あるいは $\downarrow$ が可能で、不純物は磁気モーメント

4.1. 金属中の鉄族不純物

をもつ。この部分空間の基底として

$$d^\dagger_\uparrow|\mathrm{F}\rangle, \qquad d^\dagger_\downarrow|\mathrm{F}\rangle$$

をとる。$|\mathrm{F}\rangle$ は伝導電子がフェルミ・エネルギーまでほぼ詰った状態を表す。V の 1 次のプロセスでは、この状態に d 電子を一つ加えたり、一つ取ったりした状態が生み出され、それらの状態は $d^\dagger_\sigma|\mathrm{F}\rangle$ よりエネルギーが高い。しかし、2 次のプロセスで上の部分空間とエネルギーが近い状態にもどることができる。この 2 次のプロセスを考えるため

$$\mathcal{H}' \frac{1}{E - \mathcal{H}_0} \mathcal{H}' \tag{4.2}$$

を $d^\dagger_\sigma|\mathrm{F}\rangle$ に作用させてみよう。ここで、E は状態 $d^\dagger_\sigma|\mathrm{F}\rangle$ のエネルギー、$\mathcal{H}'$ は式 (4.1) の第 4 項 (sd 混成項)、$\mathcal{H}_0$ はそれ以外の項である。上の演算子を作用して、$d^\dagger_\uparrow|\mathrm{F}\rangle$ または $d^\dagger_\downarrow|\mathrm{F}\rangle$ の近くにもどってくるプロセスだけを残す。中間状態で d 準位に電子がいなくなるプロセス (1) と、$\uparrow,\downarrow$ 二つの電子が入るプロセス (2) がある。

(a) プロセス (1)

$$\frac{1}{E - \mathcal{H}_0} V c^\dagger_{\boldsymbol{k}\uparrow} d_\uparrow d^\dagger_\uparrow |\mathrm{F}\rangle = \frac{1}{\varepsilon_d - \varepsilon_{\boldsymbol{k}}} V c^\dagger_{\boldsymbol{k}\uparrow} |\mathrm{F}\rangle$$

さらに、左から $\mathcal{H}'$ を作用すると、

$$V(d^\dagger_\uparrow c_{\boldsymbol{k}'\uparrow} + d^\dagger_\downarrow c_{\boldsymbol{k}'\downarrow}) \frac{1}{\varepsilon_d - \varepsilon_{\boldsymbol{k}}} V c^\dagger_{\boldsymbol{k}\uparrow} |\mathrm{F}\rangle$$

$$= \frac{V^2}{\varepsilon_d - \varepsilon_{\boldsymbol{k}}} (d^\dagger_\uparrow c_{\boldsymbol{k}'\uparrow} c^\dagger_{\boldsymbol{k}\uparrow} + d^\dagger_\downarrow c_{\boldsymbol{k}'\downarrow} c^\dagger_{\boldsymbol{k}\uparrow}) |\mathrm{F}\rangle$$

$$= \frac{V^2}{\varepsilon_d - \varepsilon_{\boldsymbol{k}}} (\delta_{\boldsymbol{k},\boldsymbol{k}'} d^\dagger_\uparrow - c^\dagger_{\boldsymbol{k}\uparrow} c_{\boldsymbol{k}'\uparrow} d^\dagger_\uparrow - c^\dagger_{\boldsymbol{k}\uparrow} c_{\boldsymbol{k}'\downarrow} d^\dagger_\downarrow) |\mathrm{F}\rangle$$

(b) プロセス (2)

$$\frac{1}{E - \mathcal{H}_0} V d^\dagger_\downarrow c_{\boldsymbol{k}\downarrow} d^\dagger_\uparrow |\mathrm{F}\rangle = \frac{1}{\varepsilon_{\boldsymbol{k}} - \varepsilon_d - U} V d^\dagger_\downarrow c_{\boldsymbol{k}\downarrow} d^\dagger_\uparrow |\mathrm{F}\rangle$$

さらに、$\mathcal{H}'$ を左から作用すると、

$$V(c^\dagger_{\bm{k}'\uparrow}d_\uparrow + c^\dagger_{\bm{k}'\downarrow}d_\downarrow)\frac{1}{\varepsilon_{\bm{k}} - \varepsilon_d - U}Vd^\dagger_\downarrow c_{\bm{k}\downarrow}d^\dagger_\uparrow|\mathrm{F}\rangle$$
$$= \frac{V^2}{\varepsilon_{\bm{k}} - \varepsilon_d - U}(-c^\dagger_{\bm{k}'\uparrow}c_{\bm{k}\downarrow}d^\dagger_\downarrow + c^\dagger_{\bm{k}'\downarrow}c_{\bm{k}\downarrow}d^\dagger_\uparrow)|\mathrm{F}\rangle$$

$d^\dagger_\downarrow|\mathrm{F}\rangle$ についても同様の計算ができる。両者を加えて、$\mathcal{H}'(E-\mathcal{H}_0)^{-1}\mathcal{H}'$ は次の有効ハミルトニアン $\mathcal{H}^{(2)}_\mathrm{eff}$ としてまとめることができる。

$$\begin{aligned}\mathcal{H}^{(2)}_\mathrm{eff} = \frac{1}{N_\mathrm{A}}\sum_{\bm{k}\bm{k}'}\Big[&\frac{V^2}{\varepsilon_d - \varepsilon_{\bm{k}}}(-c^\dagger_{\bm{k}\uparrow}c_{\bm{k}'\uparrow}n_{d\uparrow} - c^\dagger_{\bm{k}\downarrow}c_{\bm{k}'\downarrow}n_{d\downarrow}\\ &-c^\dagger_{\bm{k}\uparrow}c_{\bm{k}'\downarrow}S_- - c^\dagger_{\bm{k}\downarrow}c_{\bm{k}'\uparrow}S_+)\\ &+\frac{V^2}{\varepsilon_{\bm{k}} - \varepsilon_d - U}(c^\dagger_{\bm{k}'\downarrow}c_{\bm{k}\downarrow}n_{d\uparrow} + c^\dagger_{\bm{k}'\uparrow}c_{\bm{k}\uparrow}n_{d\downarrow}\\ &-c^\dagger_{\bm{k}'\uparrow}c_{\bm{k}\downarrow}S_- - c^\dagger_{\bm{k}'\downarrow}c_{\bm{k}\uparrow}S_+)\Big]\end{aligned} \quad (4.3)$$

ここで、$n_\uparrow + n_{d\downarrow} = 1$ の状態空間では、大きさ 1/2 のスピン演算子 $\bm{S}$ を用いて、$d^\dagger_\uparrow d_\downarrow = S_+$, $d^\dagger_\downarrow d_\uparrow = S_-$ と書けることを利用している。また、伝導電子の演算子を含まない定数項は、エネルギーのずれを表すだけなので落した。

フェルミ・エネルギーの近くにある伝導電子を念頭において、ε_d や $\varepsilon_d + U$ に比べて $\varepsilon_{\bm{k}}$ (ε_F から測っている) を小さいとして無視すると、

$$\begin{aligned}\mathcal{H}^{(2)}_\mathrm{eff} = &\frac{1}{N_\mathrm{A}}\sum_{\bm{k}\bm{k}'\sigma}\frac{V^2}{2}\Big(-\frac{1}{\varepsilon_d} - \frac{1}{\varepsilon_d + U}\Big)c^\dagger_{\bm{k}\sigma}c_{\bm{k}'\sigma}\\ &+\frac{1}{N_\mathrm{A}}\sum_{\bm{k}\bm{k}'\sigma\sigma'}V^2\Big(-\frac{1}{\varepsilon_d} + \frac{1}{\varepsilon_d + U}\Big)c^\dagger_{\bm{k}\sigma}\bm{\sigma}_{\sigma\sigma'}c_{\bm{k}'\sigma'}\cdot\bm{S}\end{aligned}$$
$$(4.4)$$

となる。ここで ε_d はフェルミ・エネルギーから測っている。$\bm{\sigma}$ はパウリ行列で、$\bm{\sigma}_{\sigma\sigma'}$ はその行列要素である。式 (4.4) の第 1 項はスピンに依存しない散乱 (ポテンシャル散乱)、第 2 項はスピンに依存する散乱で、$\varepsilon_d < 0$, $\varepsilon_d + U > 0$ を考慮すると、伝

導電子のスピンと不純物スピンとを互いに逆方向に向けようとする反強磁性的相互作用になっている。第 1 項は $-\varepsilon_d = \varepsilon_d + U$ のとき (対称な場合とよばれ、$\varepsilon_d = -U/2$ が成り立ち、平均の d 電子数が正確に 1 の場合に対応する) ゼロになる。ε_d がそれよりも高くなると ($\varepsilon_d > -U/2$)、平均 d 電子数は 1 より少なくなると期待され、実際、そのとき第 1 項は斥力ポテンシャルとなっている。このように、sd 混成から有効ハミルトニアンとして反強磁性的相互作用が導かれるメカニズムはハバード・モデルから反強磁性的交換相互作用が導かれるメカニズムと基本的に同じである。いずれにおいても電子の移動 (すなわち、波動関数の混成) とパウリの原理から生ずるものである。

式 (4.4) は標準的な摂動論で導いたが、「シュリーファー - ウルフ変換」とよばれる正準変換を用いても同じ結果が得られる [10]。

4.2　抵抗極小の近藤理論

前節で、不純物が磁気モーメントをもつときには、電子スピンと不純物スピンの間に反強磁性的交換相互作用が働くことを示した。式 (4.4) のうちのスピンに依存する項を

$$\mathcal{H}' = -\frac{J}{2N_\mathrm{A}} \sum_{\bm{k}\bm{k}'\sigma\sigma'} c^\dagger_{\bm{k}\sigma} \bm{\sigma}_{\sigma\sigma'} c_{\bm{k}'\sigma'} \cdot \bm{S} \tag{4.5}$$

とおいて、この項による伝導電子の散乱確率を求めよう。式 (4.4) と比べると、

$$J = -2V^2 \left(-\frac{1}{\varepsilon_d} + \frac{1}{\varepsilon_d + U} \right)$$

である。近藤以前には、$|J|/\varepsilon_\mathrm{F} \ll 1$ であれば、散乱は弱いから、式 (4.5) による散乱は第 1 ボルン近似で扱えば十分であると思われていた。しかし、近藤は第 1 ボルン近似を超えたプロセスの中に「スピン演算子の非可換性」に起因する重要な項がある

ことを発見し、この相互作用から抵抗極小現象が説明できることを示した [4]。

フェルミ球の外側の $\bm{k}\sigma$ の伝導電子が $\bm{k}'\sigma'$ へ散乱される確率は

$$W(\bm{k}\sigma \to \bm{k}'\sigma') = \frac{2\pi}{\hbar}|\langle \bm{k}'\sigma'|T|\bm{k}\sigma\rangle|^2 \delta(\varepsilon_{\bm{k}} - \varepsilon_{\bm{k}'}) \tag{4.6}$$

で与えられる。ここで、T は散乱の T 行列

$$T = \mathcal{H}' + \mathcal{H}'\frac{1}{E - \mathcal{H}_0}\mathcal{H}' + \cdots \tag{4.7}$$

で、$|\bm{k}\sigma\rangle$ はフェルミ球の外側の $\bm{k}\sigma$ に電子がいる状態、すなわち、

$$|\bm{k}\sigma\rangle = c^{\dagger}_{\bm{k}\sigma}|\mathrm{F}\rangle \tag{4.8}$$

で、そのエネルギー E は $E_0 + \varepsilon_{\bm{k}}$（$E_0$ はフェルミ球のエネルギー）である。

まず、J の 1 次の項は、

$$\langle \bm{k}'\uparrow|\mathcal{H}'|\bm{k}\uparrow\rangle = -\frac{JS_z}{2N_\mathrm{A}}, \quad \langle \bm{k}'\downarrow|\mathcal{H}'|\bm{k}\uparrow\rangle = -\frac{JS_+}{2N_\mathrm{A}} \tag{4.9}$$

である。次に、2 次の項

$$\langle \bm{k}'\uparrow|\mathcal{H}'\frac{1}{E_0 + \varepsilon_{\bm{k}} - \mathcal{H}_0}\mathcal{H}'|\bm{k}\uparrow\rangle \tag{4.10}$$

は、図 4.3 のような四つのプロセスからなる。これを書き下すと、

$$\left(-\frac{J}{2N_\mathrm{A}}\right)^2 S_z^2 \sum_{\bm{k}''} \langle \bm{k}'\uparrow|c^{\dagger}_{\bm{k}'\uparrow}c_{\bm{k}''\uparrow}\frac{1}{\varepsilon_{\bm{k}} - \varepsilon_{\bm{k}''}}c^{\dagger}_{\bm{k}''\uparrow}c_{\bm{k}\uparrow}|\bm{k}\uparrow\rangle$$

$$+ \left(-\frac{J}{2N_\mathrm{A}}\right)^2 S_- S_+ \sum_{\bm{k}''} \langle \bm{k}'\uparrow|c^{\dagger}_{\bm{k}'\uparrow}c_{\bm{k}''\downarrow}\frac{1}{\varepsilon_{\bm{k}} - \varepsilon_{\bm{k}''}}c^{\dagger}_{\bm{k}''\downarrow}c_{\bm{k}\uparrow}|\bm{k}\uparrow\rangle$$

$$+ \left(-\frac{J}{2N_\mathrm{A}}\right)^2 S_z^2 \sum_{\bm{k}''} \langle \bm{k}'\uparrow|c^{\dagger}_{\bm{k}''\uparrow}c_{\bm{k}\uparrow}\frac{1}{\varepsilon_{\bm{k}''} - \varepsilon_{\bm{k}'}}c^{\dagger}_{\bm{k}'\uparrow}c_{\bm{k}''\uparrow}|\bm{k}\uparrow\rangle$$

$$+ \left(-\frac{J}{2N_\mathrm{A}}\right)^2 S_+ S_- \sum_{\bm{k}''} \langle \bm{k}'\uparrow|c^{\dagger}_{\bm{k}''\downarrow}c_{\bm{k}\uparrow}\frac{1}{\varepsilon_{\bm{k}''} - \varepsilon_{\bm{k}'}}c^{\dagger}_{\bm{k}'\uparrow}c_{\bm{k}''\downarrow}|\bm{k}\uparrow\rangle$$

4.2. 抵抗極小の近藤理論

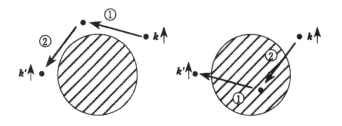

図 4.3: スピンの向きを変えない散乱の 2 次のプロセス

となる。$c, c^\dagger$ はフェルミ粒子の演算子であるので入れ換えると符号が変わることに注意して各項を整理すると、

$$\left(-\frac{J}{2N_\mathrm{A}}\right)^2 \sum_{\bm{k}''} \frac{1-f_{\bm{k}''}}{\varepsilon_{\bm{k}} - \varepsilon_{\bm{k}''}} (S_z{}^2 + S_- S_+)$$
$$+ \left(-\frac{J}{2N_\mathrm{A}}\right)^2 \sum_{\bm{k}''} \frac{-f_{\bm{k}''}}{\varepsilon_{\bm{k}''} - \varepsilon_{\bm{k}}} (S_z{}^2 + S_+ S_-) \tag{4.11}$$

となる。$f_{\bm{k}}$ はフェルミ分布関数である。さらに、スピン演算子について成り立つ関係 $S_z{}^2 + S_- S_+ = S(S+1) - S_z$, $S_z{}^2 + S_+ S_- = S(S+1) + S_z$ を代入すると、最終的に、

$$\text{式 (4.11)} = \left(-\frac{J}{2N_\mathrm{A}}\right)^2 S(S+1) \sum_{\bm{k}''} \frac{1}{\varepsilon_{\bm{k}} - \varepsilon_{\bm{k}''}}$$
$$+ \left(-\frac{J}{2N_\mathrm{A}}\right)^2 2 S_z \sum_{\bm{k}''} \frac{f_{\bm{k}''} - 1/2}{\varepsilon_{\bm{k}} - \varepsilon_{\bm{k}''}} \tag{4.12}$$

が得られる。「スピン演算子の非可換性」からフェルミ分布関数 $f_{\bm{k}}$ に依存する項が出ることがポイントである。すなわち、その部分には多体系であることが反映している。同じ計算をスピンに依存しないポテンシャル散乱について行うと、式 (4.12) の第 1 項に対応する項だけ残り、第 2 項のようなフェルミ分布関数を含む項は現れない。

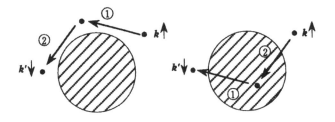

図 4.4: スピン反転を伴う散乱の 2 次のプロセス

同様に、スピン反転散乱についても計算できる。中間状態は前と同様に、図 4.4 に示すように 2 種類あって、

$$\langle \bm{k}'\downarrow|\mathcal{H}'\frac{1}{E_0+\varepsilon_{\bm{k}}-\mathcal{H}_0}\mathcal{H}'|\bm{k}\uparrow\rangle$$
$$=\left(-\frac{J}{2N_\mathrm{A}}\right)^2 2S_+\sum_{\bm{k}''}\frac{f_{\bm{k}''}-1/2}{\varepsilon_{\bm{k}}-\varepsilon_{\bm{k}''}}$$

とまとめられる。以上の結果を T 行列に代入すると、

$$\langle \bm{k}'\uparrow|T|\bm{k}\uparrow\rangle = \left(-\frac{J}{2N_\mathrm{A}}\right)S_z\Big[1+Jg(\varepsilon_{\bm{k}})\Big]$$
$$+\left(-\frac{J}{2N_\mathrm{A}}\right)^2 S(S+1)\sum_{\bm{k}''}\frac{1}{\varepsilon_{\bm{k}}-\varepsilon_{\bm{k}''}} \quad (4.13)$$

$$\langle \bm{k}'\downarrow|T|\bm{k}\uparrow\rangle = \left(-\frac{J}{2N_\mathrm{A}}\right)S_+\Big[1+Jg(\varepsilon_{\bm{k}})\Big] \quad (4.14)$$

となる。ここで、$g(\varepsilon)$ は

$$g(\varepsilon) \equiv \frac{1}{N_\mathrm{A}}\sum_{\bm{k}}\frac{f_{\bm{k}}-1/2}{\varepsilon_{\bm{k}}-\varepsilon} \quad (4.15)$$

である。式 (4.13) の第 2 項 $(-J/2N_\mathrm{A})^2 S(S+1)\sum_{\bm{k}''}(\varepsilon_{\bm{k}}-\varepsilon_{\bm{k}''})^{-1}$（分母がゼロになるところは主値をとる）は $J^2/\varepsilon_\mathrm{F} N_\mathrm{A}$ 程度の大きさであって、$|J|/\varepsilon_\mathrm{F}\ll 1$ では、J/N_A に比べて無視できるので今後は考えない。式 (4.13) と式 (4.14) の結果は、第 1 ボルン近似の結果で J を $J[1+Jg(\varepsilon_{\bm{k}})]$ でおき換えればよいことを示している。

4.2. 抵抗極小の近藤理論

関数 $g(\varepsilon)$ を具体的に計算しよう。伝導電子の状態密度は $-D+\varepsilon_{\mathrm{F}}$ から $D+\varepsilon_{\mathrm{F}}$ まで一定値 $N(\varepsilon_{\mathrm{F}})$ をもつとすると、

$$g(\varepsilon) = N(\varepsilon_{\mathrm{F}}) \int_{-D}^{D} dx \, \frac{f(x) - 1/2}{x - \varepsilon}$$
$$= N(\varepsilon_{\mathrm{F}}) \Big[-\log D + \int_{-\infty}^{\infty} dx \log|x - \varepsilon| \, \Big(-\frac{df(x)}{dx} \Big) \Big] \quad (4.16)$$

となる。かっこ内の第2項では、$k_{\mathrm{B}}T \ll D$ を想定して、積分の上下限を ∞ にした。第2項は、$|\varepsilon| \gg k_{\mathrm{B}}T$ ならば $\simeq \log|\varepsilon|$、$|\varepsilon| \ll k_{\mathrm{B}}T$ ならば

$$\int_{-\infty}^{\infty} dx \, \log|x| \, \frac{\beta/4}{\cosh^2 \frac{\beta x}{2}}$$
$$= \log(2k_{\mathrm{B}}T) + \int_{0}^{\infty} dx \, \log x \, \frac{1}{\cosh^2 x}$$
$$= \log(2k_{\mathrm{B}}T) - \log \frac{4e^{\gamma}}{\pi} \quad (4.17)$$

である[3]。$\gamma = 0.577...$ はオイラーの定数である。以上の結果をまとめると、$g(\varepsilon)$ は

$$g(\varepsilon) \simeq N(\varepsilon_{\mathrm{F}}) \times \begin{cases} \log\left|\frac{\varepsilon}{D}\right| & (|\varepsilon| \gg k_{\mathrm{B}}T \text{ のとき}) \\ \log\left(\frac{\pi k_{\mathrm{B}}T}{2e^{\gamma}D}\right) & (|\varepsilon| \ll k_{\mathrm{B}}T \text{ のとき}) \end{cases} \quad (4.18)$$

となる。

これから T 行列は次の性質をもつことがわかる[4]。

(1) スピンの非可換性に起因する項の中に低エネルギー、低温で対数発散するような寄与がある。

(2) この発散はフェルミ分布関数の存在からわかる通り、金属の重要な特徴の一つであるフェルミ球の存在と関係している。

(3) 温度の低下とともに $J < 0$ （反強磁性的結合）のとき $|T|$ は増大する。$J > 0$ （強磁性的結合）のときには $|T|$ は減少する。

---

[3] 第2項の積分は1の程度の定数だから積分値は気にしなくていいが、例えば、I. S. Gradshteyn and I. M. Ryzhik: *Tables of Integrals, Series, and Products*, Corrected and Enlarged Edition (Academic Press, 1980) の p.580 に出ている積分である。

[4] ここでは散乱の T 行列の摂動展開に $\log T$ に比例する項が現れるのを見たが、このような特異な項は不純物スピンに関係した他の物理量（スピン帯磁率や比熱）にも現れる [5]。

(4) スピンによる抵抗が低温で増大するのは $J<0$ のケースであるが、4.1 節の最後に述べたように、$J<0$ はアンダーソン・モデルの sd 混成効果から期待されるケースである。

結局、J の 2 次の項を考慮すると、実効的に、J の大きさが増大（$J<0$ のとき）または減少（$J>0$ のとき）することになる。電気抵抗 R は電流の緩和時間 τ の逆数に比例するが、$1/\tau$ は式 (4.6) の散乱確率 $W(\boldsymbol{k}\sigma \to \boldsymbol{k}'\sigma')$ をすべての終状態 $\boldsymbol{k}'\sigma'$ について和をとり、不純物の濃度 c を掛けたものに比例する。その際、不純物スピンの向きがばらばら（常磁性的）であるとしてスピンの向きについての平均

$$\overline{S_z^2} = \frac{1}{3}S(S+1), \quad \overline{S_-S_+} = \frac{2}{3}S(S+1)$$

を用いる。こうして、$1/\tau$ は

$$\frac{1}{\tau} \propto cJ^2 S(S+1)\left[1 + 2JN(\varepsilon_{\rm F})\log\frac{k_{\rm B}T}{D}\right] \tag{4.19}$$

となる。かっこ内第 2 項が散乱の第 2 ボルン項からの寄与で、近藤が発見した項である。$J<0$ の場合、この項は低温で増大する。

合金の電気抵抗 R は、この不純物による抵抗と格子振動による散乱に起因する抵抗（T^5 に比例）があるので、両者を加えて、

$$R = c(A - B\log T) + DT^5 \tag{4.20}$$

となる。c は不純物の濃度、A, B, D は正の定数である（図 4.5）。抵抗 R が極小値をとる温度 $T_{\min}$ は、$\partial R/\partial T = 0$ より、

$$T_{\min} = \left(\frac{B}{5D}\right)^{1/5} c^{1/5} \tag{4.21}$$

すなわち、不純物濃度の 1/5 乗に比例するという特徴を持つ。

以上が近藤による抵抗極小の理論である。ここでは、不純物濃度は十分低く、各磁性不純物スピンは自由スピンのよう振舞うと考えてきた。濃度が濃くなると、スピン間の相互作用によってスピンの反転に有限のエネルギーを必要とするようになるから、抵抗は極大を作り、低温で再び減少すると予想される。実際、そのような傾向は実験でも観測されている。

4.3. 近藤効果のスケーリング理論

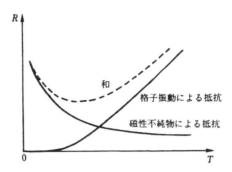

図 4.5: 抵抗の温度変化

4.3 近藤効果のスケーリング理論

近藤理論を別の観点から見てみよう [11,12]。式 (4.5) を少し一般化して

$$\mathcal{V} = \frac{1}{N_\mathrm{A}} \sum_{\boldsymbol{k}\boldsymbol{k}'\sigma\sigma'} \Big\{ \frac{J_\perp}{2} [c^\dagger_{\boldsymbol{k}\sigma} c_{\boldsymbol{k}'\sigma'} (s_-)_{\sigma\sigma'} S_+ \\ + c^\dagger_{\boldsymbol{k}\sigma} c_{\boldsymbol{k}'\sigma'} (s_+)_{\sigma\sigma'} S_-] \\ + J_z c^\dagger_{\boldsymbol{k}\sigma} c_{\boldsymbol{k}'\sigma'} (s_z)_{\sigma\sigma'} S_z \Big\} \tag{4.22}$$

とする。大文字の S は不純物スピン、小文字の s は伝導電子のスピン演算子（$s_\pm = s_x \pm is_y$）である。$\mathcal{V}$ では伝導電子と不純物スピンとの相互作用は異方的交換相互作用の形をしている。このようなハミルトニアンをとる理由は後にわかるが、物理において問題を一般化して考察すると理解が深まることがある。これはその一例である。

系全体のハミルトニアンは、伝導電子の運動エネルギーの項 $\mathcal{H}_0$ も加えて、

$$\mathcal{H} = \mathcal{H}_0 + \mathcal{V}$$

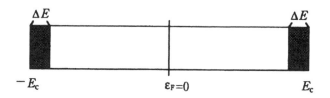

図 4.6: 伝導電子のバンド幅の E_c から $E_c - \Delta E$ への縮小

である。この系のグリーン関数 (resolvent ともいう)

$$G(\omega) = \frac{1}{\omega - \mathcal{H}} = \frac{1}{\omega - \mathcal{H}_0 - \mathcal{V}} \tag{4.23}$$

を考えよう。演算子 $G(\omega)$ は、$\mathcal{V}$ について展開して、次のように書き直すことができる。

$$\begin{aligned}
\frac{1}{\omega - \mathcal{H}_0 - \mathcal{V}} &= \frac{1}{\omega - \mathcal{H}_0} + \frac{1}{\omega - \mathcal{H}_0} \mathcal{V} \frac{1}{\omega - \mathcal{H}_0} + \cdots \\
&= \frac{1}{\omega - \mathcal{H}_0} + \frac{1}{\omega - \mathcal{H}_0} T(\omega) \frac{1}{\omega - \mathcal{H}_0} \\
&= G_0(\omega) + G_0(\omega) T(\omega) G_0(\omega)
\end{aligned} \tag{4.24}$$

ここで

$$G_0(\omega) = \frac{1}{\omega - \mathcal{H}_0} \tag{4.25}$$

また、

$$\begin{aligned}
T(\omega) &= \mathcal{V} + \mathcal{V} G_0(\omega) \mathcal{V} + \mathcal{V} G_0(\omega) \mathcal{V} G_0(\omega) \mathcal{V} + \cdots \\
&= \mathcal{V} + \mathcal{V} G_0(\omega) T(\omega)
\end{aligned} \tag{4.26}$$

は散乱の T 行列であり、散乱の全情報が含まれている。

簡単のため、伝導電子のバンド幅は、図のように、フェルミ・エネルギー ε_F を中心にして $-E_c$ から E_c までで、状態密度は一定であるとする（近藤効果は ε_F 近傍の現象であるから、ε_F から遠いところの詳細は本質的でないのでこの簡単化を行なう）。

この準備をもとに、バンド幅を E_c から $E_c - \Delta E$ へわずかに減少させたときの T 行列の変化を調べてみよう。$E_c - \Delta E <$

4.3. 近藤効果のスケーリング理論

$|\varepsilon_{\bm{k}}| < E_c$ の状態への射影演算子を $P_{\Delta E}$ とすると、

$$
\begin{aligned}
T(\omega) &= \mathcal{V} + \mathcal{V} G_0(\omega) T(\omega) \\
&= \mathcal{V} + \mathcal{V} P_{\Delta E} G_0(\omega) T(\omega) + \mathcal{V}(1 - P_{\Delta E}) G_0(\omega) T(\omega)
\end{aligned}
\tag{4.27}
$$

となるので、これを変形して

$$
(1 - \mathcal{V} P_{\Delta E} G_0) T = \mathcal{V} + \mathcal{V} Q_{\Delta E} G_0 T \tag{4.28}
$$

を得る。ここで、$Q_{\Delta E} = 1 - P_{\Delta E}$ である。よって、

$$
T(\omega) = \mathcal{V}'(\omega) + \mathcal{V}'(\omega) Q_{\Delta E} G_0(\omega) T(\omega) \tag{4.29}
$$

という関係を得る。$\mathcal{V}'$ は

$$
\begin{aligned}
\mathcal{V}' &= (1 - \mathcal{V} P_{\Delta E} G_0)^{-1} \mathcal{V} \\
&= \mathcal{V} + \mathcal{V} P_{\Delta E} G_0 \mathcal{V} + \cdots
\end{aligned}
\tag{4.30}
$$

である。式 (4.26) と式 (4.29) を比べると、バンド幅が E_c で相互作用が $\mathcal{V}$ のときの散乱と、バンド幅が $E_c - \Delta E$ で相互作用が $\mathcal{V}'$ のときの散乱とが同じになることがわかる。$\mathcal{V}$ が小さい限り、$\mathcal{V}'$ と $\mathcal{V}$ の差 $d\mathcal{V}$ は

$$
d\mathcal{V} = \mathcal{V} P_{\Delta E} G_0 \mathcal{V}
$$

で与えられる。この $d\mathcal{V}$ を具体的に計算する。$\Delta E \ll E_c$ のもとでは、

$$
\begin{aligned}
d\mathcal{V} = \frac{1}{N_{\rm A}^2} &\sum_{\bm{k}_1 \sigma_1}^{|\varepsilon_1| < E_c - \Delta E} \sum_{\bm{k}_2 \sigma_2}^{|\varepsilon_2| < E_c - \Delta E} \sum_{\bm{k}\sigma}^{E_c > |\varepsilon| > E_c - \Delta E} \\
&\times \Big\{ c^\dagger_{\bm{k}_2 \sigma_2} c_{\bm{k}\sigma} c^\dagger_{\bm{k}\sigma} c_{\bm{k}_1 \sigma_1} \frac{1}{\omega - E_c + \varepsilon_1} \\
&\qquad \times \Big[\frac{J_\perp}{2}(S_+ (s_-)_{\sigma_2 \sigma} + S_-(s_+)_{\sigma_2 \sigma}) + J_z S_z (s_z)_{\sigma_2 \sigma} \Big] \\
&\qquad \times \Big[\frac{J_\perp}{2}(S_+ (s_-)_{\sigma \sigma_1} + S_-(s_+)_{\sigma \sigma_1}) + J_z S_z (s_z)_{\sigma \sigma_1} \Big]
\end{aligned}
$$

$$
\begin{aligned}
&+ c^\dagger_{\bm{k}\sigma} c_{\bm{k}_2\sigma_2} c^\dagger_{\bm{k}_1\sigma_1} c_{\bm{k}\sigma} \frac{1}{\omega-(E_c+\varepsilon_1)} \\
&\times \left[\frac{J_\perp}{2}(S_+(s_-)_{\sigma\sigma_2}+S_-(s_+)_{\sigma\sigma_2})+J_z S_z(s_z)_{\sigma\sigma_2}\right] \\
&\times \left[\frac{J_\perp}{2}(S_+(s_-)_{\sigma_1\sigma}+S_-(s_+)_{\sigma_1\sigma})+J_z S_z(s_z)_{\sigma_1\sigma}\right]\Bigg\}
\end{aligned}
\tag{4.31}
$$

となる。ここで、$\varepsilon_i \equiv \varepsilon_{\bm{k}_i}$ である。また、十分低温 ($k_\mathrm{B}T \ll E_c$) では、$E_c - \Delta E < \varepsilon_{\bm{k}} < E_c$ に対して、$c_{\bm{k}\sigma} c^\dagger_{\bm{k}\sigma} = 1$、また、$-E_c < \varepsilon_{\bm{k}} < -E_c + \Delta E_c$ に対して、$c^\dagger_{\bm{k}\sigma} c_{\bm{k}\sigma} = 1$ とおけることを用いている。さらに、スピン σ について和をとり、簡単のため、不純物スピン S を $1/2$ とすると

$$
\begin{aligned}
d\mathcal{V} &= d\mathcal{V}_0 + d\mathcal{V}_1 + d\mathcal{V}_2 \\
d\mathcal{V}_0 &= 2N(\varepsilon_\mathrm{F})\Delta E_c\left(\frac{1}{8}J_\perp^2+\frac{1}{16}J_z^2\right)\frac{1}{N_\mathrm{A}}\sum_{\bm{k}_1}\frac{1}{\omega-E_c-\varepsilon_1} \\
d\mathcal{V}_1 &= N(\varepsilon_\mathrm{F})\Delta E\left(\frac{1}{8}J_\perp^2+\frac{1}{16}J_z^2\right) \\
&\quad \times \frac{1}{N_\mathrm{A}}\sum_{\bm{k}_1\bm{k}_2\sigma} c^\dagger_{\bm{k}_1\sigma} c_{\bm{k}_2\sigma}\left(\frac{1}{\omega-E_c+\varepsilon_2}-\frac{1}{\omega-E_c-\varepsilon_1}\right) \\
d\mathcal{V}_2 &= N(\varepsilon_\mathrm{F})\Delta E \frac{1}{N_\mathrm{A}}\sum_{\bm{k}_1\sigma_1}\sum_{\bm{k}_2\sigma_2} c^\dagger_{\bm{k}_2\sigma_2} c_{\bm{k}_1\sigma_1} \\
&\quad \times \Bigg\{-\frac{1}{\omega-E_c+\varepsilon_1}\Big[\frac{1}{2}J_\perp^2 S_z(s_z)_{\sigma_2\sigma_1} \\
&\qquad +\frac{1}{4}J_\perp J_z(S_+(s_-)_{\sigma_2\sigma_1}+S_-(s_+)_{\sigma_2\sigma_1})\Big] \\
&\quad -\frac{1}{\omega-E_c-\varepsilon_2}\Big[\frac{1}{2}J_\perp^2 S_z(s_z)_{\sigma_2\sigma_1} \\
&\qquad +\frac{1}{4}J_\perp J_z(S_+(s_-)_{\sigma_2\sigma_1}+S_-(s_+)_{\sigma_2\sigma_1})\Big]\Bigg\}
\end{aligned}
\tag{4.32}
$$

となる。$d\mathcal{V}_0$ はエネルギーのずれ、$d\mathcal{V}_1$ はスピンに依存しない散乱、$d\mathcal{V}_2$ はスピンに依存する散乱を表している。$d\mathcal{V}_1$ と $d\mathcal{V}_2$ において、伝導電子がフェルミ面近傍のときにはエネルギー分母の ε_1 と ε_2 は無視できるので、$d\mathcal{V}_1$ はゼロになる。一方、$d\mathcal{V}_2$

4.3. 近藤効果のスケーリング理論

はもとの $\mathcal{V}$ と同じ形で、バンド幅の ΔE だけの減少に伴って、$J_\perp$ と J_z が $\Delta J_\perp$ と ΔJ_z だけ変化したとみなせる。このとき、$\Delta J_\perp$ と ΔJ_z は

$$\frac{\Delta J_z}{\Delta E} = \frac{1}{\omega - E_c} J_\perp^2 N(\varepsilon_\mathrm{F}) \tag{4.33}$$

$$\frac{\Delta J_\perp}{\Delta E} = \frac{1}{\omega - E_c} J_\perp J_z N(\varepsilon_\mathrm{F}) \tag{4.34}$$

で与えられる。$\Delta E \to 0$ の極限では、上の式の左辺は微分になる。$-dE = dE_c$ であるので、

$$\frac{dJ_z}{dE_c} = -\frac{1}{\omega - E_c} J_\perp^2 N(\varepsilon_\mathrm{F}) \tag{4.35}$$

$$\frac{dJ_\perp}{dE_c} = -\frac{1}{\omega - E_c} J_\perp J_z N(\varepsilon_\mathrm{F}) \tag{4.36}$$

この連立1階微分方程式の一つの積分は、式 (4.35) に J_z を掛け、式 (4.36) に $J_\perp$ を掛けて、辺々相引いて、

$$J_z^2 - J_\perp^2 = \mathrm{const.} \tag{4.37}$$

となる。これは $J_z - J_\perp$ 面上の双曲線（図 4.7）を表す。フェルミ面の上を考えるときには $\omega = 0$ とおけばよい。すると、式 (4.35) より dJ_z/dE_c は正だから、E_c の減少変化に伴う J_z と $J_\perp$ の軌跡は図 4.7 の矢印のようになる[5]。一つの軌跡上の系は本質的に同じであるから、もし軌跡上の一点がわかっていれば他の点もわかることになる。これが E_c をスケールさせた理由である。導出では J_z と $J_\perp$ は小さいと仮定しているので、この軌跡は原点近傍でのみ信頼できる。原点から遠い所についてはもっと進んだ理論が必要である。

図 4.7 の軌跡から次のことがわかる。

(1) $J_z \geq |J_\perp|$ のときには、相互作用は弱まる方向へスケールされる。

(2) $J_z < |J_\perp|$ のときには、相互作用は強まる方向へスケールされる。

---

[5]このような軌跡は2次元 xy モデルの「コスタリッツ―サウレス転移」の場合に登場する [5]

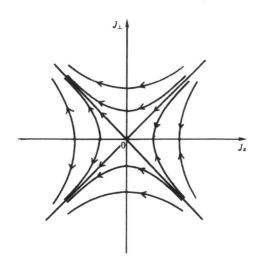

図 4.7: 相互作用のスケーリング。矢印は E_c の減少に伴う変化の方向を示す。

(3) $J_\perp = 0$ のときには、相互作用は不変である。

特に、等方的相互作用 ($J_z = J_\perp = J$) の場合には、式 (4.35) より、繰り込まれた相互作用 $\tilde{J}$ は次の微分方程式に従う。

$$\frac{d\tilde{J}}{dE_c} = \frac{1}{E_c}\tilde{J}^2 N(\varepsilon_\mathrm{F}) \tag{4.38}$$

初期値として $E_c = D$ のとき $\tilde{J} = J$ を代入して積分すると、

$$\frac{1}{\tilde{J}} = \frac{1}{J} + N(\varepsilon_\mathrm{F}) \log \frac{D}{E_c} \tag{4.39}$$

となる。$J < 0$ (反強磁性的相互作用) のとき、$\tilde{J}$ は E_c が

$$k_\mathrm{B} T_\mathrm{K} = D \exp\left(\frac{1}{JN(\varepsilon_\mathrm{F})}\right) \tag{4.40}$$

に等しいところで $\tilde{J} \to -\infty$ となる。式 (4.38) は $\tilde{J}$ の小さい領域でのみ信頼できる式であるから、$\tilde{J}$ の発散は額面通りに受け取るべきでない[6]。式 (4.40) の T_K は、弱い相互作用 J

---

[6] 式 (4.38) の右辺は $\tilde{J}^2$ に比例するが、展開の次の項として $\tilde{J}^3$ に比例する項がある [13,14]。

4.3. 近藤効果のスケーリング理論

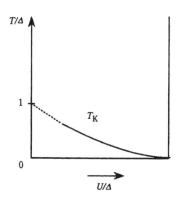

図 4.8: T_{K} の U 依存性

$(JN(\varepsilon_{\mathrm{F}}) \ll 1)$ が $N(\varepsilon_{\mathrm{F}})^{-1}$ と同程度の強い結合になる特性温度で、**近藤温度**とよばれる。J が反強磁性的で大きい値をもつときには、伝導電子と局在スピンとの強い結合によって、伝導電子にとっては局在スピンによる散乱が大きく、局在スピンの向きは頻繁に変えられて実質的に局在スピンが消えることになる。すなわち、低温で局在スピンが消失する目安となる温度が T_{K} である。

式 (4.4) と式 (4.5) から J をアンダーソン・モデルと関係づけると

$$\frac{J}{2} = V^2 \Big(\frac{1}{\varepsilon_d} - \frac{1}{\varepsilon_d + U} \Big) \tag{4.41}$$

であり、特に、$\varepsilon_d = -U/2$ のとき (フェルミ・エネルギーに関して対称な場合) $J = -8V^2/U$ で与えられる。したがって、T_{K} は

$$k_{\mathrm{B}} T_{\mathrm{K}} = D \exp\Big(-\frac{\pi U}{8\Delta} \Big) \tag{4.42}$$

これを取り入れると、近藤温度の表式は少し変更を受けるが、いずれにせよ、その項を入れても問題は根本的には解決しない。J の大きい領域もカバーできる理論はウィルソンが「数値繰り込み群理論」を定式化して初めて可能になった。ウィルソン理論については、原論文 [15] 以外に近藤の解説 [6] が詳しい。

のように U に依存する (図 4.8)。ここで、$\Delta = \pi V^2 N(\varepsilon_\mathrm{F})$ である。

$T < T_\mathrm{K}$ の低温領域を sd 交換相互作用から出発し、J についての摂動論（$1/U$ についての展開）で扱うのがいかに困難であるかはいままで見てきた通りである。図 4.8 を見ると、U の小さい領域と大きい領域で系の性質が連続的に変るのであれば、$T < T_\mathrm{K}$ の低温領域については、むしろ、アンダーソン・モデルで $U = 0$ から出発して、U についての摂動論を適用する方が近道であろうと見当がつく。この問題を次節で取り上げる。

4.4 弱い相互作用の極限から見たアンダーソン・モデル

前節の最後に述べた理由から、アンダーソン・モデルに対して $U = 0$ から出発して U についての摂動論を適用してみよう[7]。

4.4.1 相互作用のないアンダーソン・モデル

摂動論の出発点となる $U = 0$ の場合は一体問題になるので簡単である。量子力学の散乱理論によると、入射波 $\exp(i\boldsymbol{k}\cdot\boldsymbol{r})$ が原点にある散乱体によって散乱されるとき、十分遠くでの波動関数は

$$\psi(\boldsymbol{r}) \to e^{i\boldsymbol{k}\cdot\boldsymbol{r}} + f(\theta_{kr})\frac{e^{ikr}}{r} \tag{4.43}$$

となる。第 2 項は散乱波を表している。$f(\theta)$ は散乱振幅で、散乱方向の波数ベクトル $\boldsymbol{k}' = k\boldsymbol{r}/r$ を用いて、

$$f(\theta_{kk'}) = -\frac{m}{2\pi\hbar^2}\langle \boldsymbol{k}'|T(\varepsilon_{\boldsymbol{k}} + i\delta)|\boldsymbol{k}\rangle \quad (\delta \to +0) \tag{4.44}$$

と書ける。ここで、右辺は散乱の T 行列

$$T(z) = \mathcal{H}' + \mathcal{H}'\frac{1}{z - \mathcal{H}_0}\mathcal{H}' + \cdots \tag{4.45}$$

---

[7] アンダーソン・モデルの U についての摂動論については文献 [5,7,8] が詳しい。

4.4. 弱い相互作用の極限から見たアンダーソン・モデル

の行列要素と関係している。$\mathcal{H}'$ はアンダーソン・モデルの内の sd 混成ハミルトニアンであって、$\mathcal{H}_0$ はそれ以外の部分である。今の $U=0$ のアンダーソン・モデルの場合には、この T 行列を求めるのは容易で、

$$\begin{aligned}
T(\varepsilon+i\delta) &= \frac{V}{\sqrt{N_\mathrm{A}}} \frac{1}{\varepsilon+i\delta-\varepsilon_d} \frac{V}{\sqrt{N_\mathrm{A}}} \\
&\quad + \frac{V}{\sqrt{N_\mathrm{A}}} \frac{1}{\varepsilon+i\delta-\varepsilon_d} \frac{V}{\sqrt{N_\mathrm{A}}} \sum_{\boldsymbol{k}} \frac{1}{\varepsilon+i\delta-\varepsilon_{\boldsymbol{k}}} \\
&\quad \times \frac{V}{\sqrt{N_\mathrm{A}}} \frac{1}{\varepsilon+i\delta-\varepsilon_d} \frac{V}{\sqrt{N_\mathrm{A}}} \\
&\quad + \cdots \\
&= \frac{1}{N_\mathrm{A}} \frac{V^2}{\varepsilon+i\delta-\varepsilon_d-\Gamma(\varepsilon+i\delta)}
\end{aligned} \tag{4.46}$$

となる。ここで、

$$\begin{aligned}
\Gamma(\varepsilon+i\delta) &= \frac{V^2}{N_\mathrm{A}} \sum_{\boldsymbol{k}} \frac{1}{\varepsilon+i\delta-\varepsilon_{\boldsymbol{k}}} \\
&= \frac{V^2}{N_\mathrm{A}} \sum_{\boldsymbol{k}} \Big[\frac{P}{\varepsilon-\varepsilon_{\boldsymbol{k}}} - i\pi\delta(\varepsilon-\varepsilon_{\boldsymbol{k}})\Big] \\
&\simeq -i\pi V^2 N(\varepsilon)
\end{aligned} \tag{4.47}$$

と近似しよう。実部を与える主値積分の項はこれからの議論に ε 依存性についての若干の量的な変更をもたらすだけなので簡単のため無視し、虚数部は新しい寄与なので残した。こうして

$$T(\varepsilon+i\delta) = \frac{1}{N_\mathrm{A}} \frac{V^2}{\varepsilon-\varepsilon_d+i\pi V^2 N(\varepsilon)} = \frac{1}{N_\mathrm{A}} \frac{V^2}{\varepsilon-\varepsilon_d+i\Delta} \tag{4.48}$$

となる。ここで、フェルミ・エネルギーの近傍では $N(\varepsilon)$ のエネルギー依存性は小さく、無視できるので $\pi V^2 N(\varepsilon) \equiv \Delta$ は定数とする（この Δ は式 (4.42) において既に使っている）。

式 (4.48) の T 行列は**共鳴散乱**の T 行列である。ε_d が共鳴準位の位置、Δ は共鳴の幅である。こうして、共鳴状態である

d 準位のエネルギー分布（状態密度）$N_d(\varepsilon)$ は幅 Δ のローレンツ分布

$$N_d(\varepsilon) = \frac{1}{\pi}\frac{\Delta}{(\varepsilon-\varepsilon_d)^2+\Delta^2} \tag{4.49}$$

で与えられる。d 準位にいる平均電子数 n_d は、式 (4.49) の状態密度にフェルミ準位 ($\varepsilon=0$ にとる) まで↑,↓両方の電子を詰めて、

$$n_d = 2\int_{-\infty}^{0} d\varepsilon N_d(\varepsilon) = 1 - \frac{2}{\pi}\arctan\frac{\varepsilon_d}{\Delta} \tag{4.50}$$

である。

一般に、散乱振巾の部分波展開は、各部分波の「位相のずれ」η_ℓ によって、

$$f(\theta) = \frac{1}{2ik}\sum_{\ell=0}^{\infty}(2\ell+1)(e^{2i\eta_\ell}-1)P_\ell(\cos\theta) \tag{4.51}$$

と書けるが、いまの場合、sd 混成の行列要素 V は k に依存しないので、散乱ポテンシャルは短距離で s 波散乱のみ起こるから、

$$\frac{1}{2ik}(e^{2i\eta}-1) = -\frac{2m}{4\pi\hbar^2}\frac{V^2}{\varepsilon-\varepsilon_d+i\Delta} \tag{4.52}$$

が得られる。これは

$$e^{2i\eta} = \frac{\varepsilon-\varepsilon_d-i\Delta}{\varepsilon-\varepsilon_d+i\Delta} \tag{4.53}$$

と等価である。ここで $N(\varepsilon) = mk/(2\pi^2\hbar^2)$ を使っている。式 (4.53) から、

$$\eta(\varepsilon) = \frac{\pi}{2} + \arctan\frac{\varepsilon-\varepsilon_d}{\Delta} \tag{4.54}$$

となる。この位相のずれのエネルギー依存性 (図 4.9) は散乱の量子論での共鳴散乱の場合に出てくる表式である。式 (4.54) と式 (4.50) から

$$n_d = \frac{2}{\pi}\eta(0) \tag{4.55}$$

4.4. 弱い相互作用の極限から見たアンダーソン・モデル

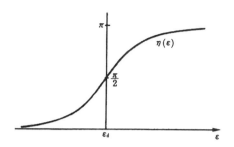

図 4.9: 位相のずれのエネルギー依存性

が得られる。これは不純物に局在した全電子数 n_d とフェルミ準位での散乱の位相のずれ $\eta(0)$ を結ぶ重要な関係で**フリーデルの和則**とよばれている [16]。式 (4.55) は s 波散乱のみのときに成り立つ和則であるが、すべての部分波を含むように一般化すると、「不純物の近くに局在した電子数 $n_{\rm loc}$ は、フェルミ・エネルギーでの ℓ 部分波の位相のずれ $\eta_\ell(0)$ を用いて

$$n_{\rm loc} = \frac{2}{\pi} \sum_{\ell=0}^{\infty} (2\ell+1)\eta_\ell(0) \tag{4.56}$$

と表せる」というのがフリーデルの和則である。

伝導電子の散乱による緩和時間は、単位濃度あたりの値にして、

$$\begin{aligned}\frac{1}{\tau(\varepsilon_{\bm{k}})} &= \frac{2\pi}{\hbar} \sum_{\bm{k}'} \left|\langle \bm{k}'|T(\varepsilon_{\bm{k}}+i\delta)|\bm{k}\rangle\right|^2 \delta(\varepsilon_{\bm{k}}-\varepsilon_{\bm{k}'}) \\ &= \frac{2}{\pi\hbar}\frac{1}{N(\varepsilon_{\bm{k}})}\frac{\Delta^2}{(\varepsilon_{\bm{k}}-\varepsilon_d)^2+\Delta^2}\end{aligned} \tag{4.57}$$

となる。平均 d 電子数が 1 のとき(対称なアンダーソン・モデルの場合)、すなわち $\varepsilon_d + U/2 = 0$ ($U=0$ のときは $\varepsilon_d = 0$ と同じ)のときには、$1/\tau(\varepsilon)$ は $\varepsilon = 0$ で最大値をとり、その値はフェルミ・エネルギーでの伝導電子の状態密度 $N(0)$ だけに依存することに注意してほしい。

4.4.2 相互作用の効果—局所フェルミ流体

前項の結果を $U \neq 0$ へ拡張しよう。U は小さいとして摂動論を用いる。アンダーソン・モデル (4.1) で、U 項以外を無摂動ハミルトニアン $\mathcal{H}_0$ に入れる。$\mathcal{H}_0$ を対角化するため、一次結合

$$c_{n\sigma}^\dagger = \sum_{\boldsymbol{k}} (n|\boldsymbol{k}) c_{\boldsymbol{k}\sigma}^\dagger + (n|d) d_\sigma^\dagger \tag{4.58}$$

を作り、$\mathcal{H}_0$ を対角形

$$\mathcal{H}_0 = \sum_n \varepsilon_n c_{n\sigma}^\dagger c_{n\sigma} \tag{4.59}$$

にする。係数 $(n|\boldsymbol{k})$ と $(n|d)$ は、$\mathcal{H}_0$ と $c_{n\sigma}^\dagger$ の交換子から得られる関係 $[\mathcal{H}_0, c_{n\sigma}^\dagger] = \varepsilon_n c_{n\sigma}^\dagger$ を満たすように、

$$\varepsilon_n (n|\boldsymbol{k}) = \varepsilon_{\boldsymbol{k}} (n|\boldsymbol{k}) + V(n|d) \tag{4.60}$$

$$\varepsilon_n (n|d) = \varepsilon_d (n|d) + \sum_{\boldsymbol{k}} V(n|\boldsymbol{k}) \tag{4.61}$$

によって決められる。式 (4.58) を逆に解くと、

$$\sum_n (n|\boldsymbol{k})^* c_{n\sigma}^\dagger = c_{\boldsymbol{k}\sigma}^\dagger \tag{4.62}$$

$$\sum_n (n|d)^* c_{n\sigma}^\dagger = d_\sigma^\dagger \tag{4.63}$$

である。この $\mathcal{H}_0$ を対角化する表示を用いると、アンダーソン・ハミルトニアン (4.1) は

$$\mathcal{H} = \sum_{n\sigma} \varepsilon_n c_{n\sigma}^\dagger c_{n\sigma} + U \sum_{n_1,n_2,n_3,n_4} (n_1|d)^* (n_2|d)$$
$$\times (n_3|d)^* (n_4|d) \ c_{n_1\uparrow}^\dagger c_{n_2\uparrow} c_{n_3\downarrow}^\dagger c_{n_4\downarrow} \tag{4.64}$$

となる。フェルミ流体理論の出発点 (3.2) との類似性は明らかであろう。

(1) 散乱の T 行列への電子間相互作用の影響

4.4. 弱い相互作用の極限から見たアンダーソン・モデル

まず、相互作用 U が散乱の T 行列 (4.48) に与える効果を考える[8]。電子間相互作用は d 準位に入ったときだけ働くから、式 (4.46) あるいは式 (4.48) において、相互作用の効果は ε_d を $\varepsilon_d + \Sigma_d(\varepsilon + i\delta)$ でおき換えることによって表せる。ここで、相互作用の効果を記述する $\Sigma_d(\varepsilon + i\delta)$ は「自己エネルギー部分」とよばれる量で、$\Sigma_d(\varepsilon + i\delta)$ の実部は電子間相互作用による d 準位のずれを、虚部は d 準位の幅を表す。このおき換えによって、T 行列は

$$T(\varepsilon + i\delta) = \frac{1}{N_A} \frac{V^2}{\varepsilon - \varepsilon_d - \Sigma_d(\varepsilon + i\delta) + i\Delta} \quad (4.65)$$

(ここで $\delta \to +0$) と書ける。

U の 1 次の効果は ε_d を定数ずらすだけなので、それはすでに ε_d に含まれているとする。すると、$\Sigma_d(\varepsilon + i\delta)$ の摂動の最低次は U の 2 次になり、その具体的表式は式 (4.64) を用いて、

$$\Sigma_d(\varepsilon + i\delta) = U^2 \sum_{n_1, n_2, n_3} |(n_1|d)|^2 |(n_2|d)|^2 |(n_3|d)|^2$$
$$\times \frac{(1 - f_{n_1})(1 - f_{n_2})f_{n_3} + f_{n_1} f_{n_2}(1 - f_{n_3})}{\varepsilon + \varepsilon_{n_3} - \varepsilon_{n_1} - \varepsilon_{n_2} + i\delta}$$
$$(4.66)$$

で与えられる。ここで $f_n = f(\varepsilon_n)$ はフェルミ分布関数である。前項に登場した d 準位のエネルギー分布 $N_d(\varepsilon)$ は

$$N_d(\varepsilon) = \sum_n |(n|d)|^2 \delta(\varepsilon - \varepsilon_n) \quad (4.67)$$

がその定義であるが、この量は式 (4.49) に与えられているローレンツ型関数にほかならない。式 (4.67) の $N_d(\varepsilon)$ の定義を用いると、式 (4.66) は

$$\Sigma_d(\varepsilon + i\delta) = U^2 \int_{-\infty}^{\infty} d\varepsilon_1 d\varepsilon_2 d\varepsilon_3 N_d(\varepsilon_1) N_d(\varepsilon_2) N_d(\varepsilon_3)$$

---

[8]前項では 1 電子問題を考えてきたので、本当は、多電子問題としての定式化が必要である。多電子問題としての摂動論の定式化は「グリーン関数法」(特に、「松原グリーン関数」を用いるもの) が最適であり、[7,8] に詳しく説明されている。ここでは考え方の筋道をスケッチするので基礎の部分の説明をスキップしている。できれば [7,8] で補っていただきたい。

$$\times \frac{(1-f_1)(1-f_2)f_3 + f_1 f_2 (1-f_3)}{\varepsilon + \varepsilon_3 - \varepsilon_1 - \varepsilon_2 + i\delta} \quad (4.68)$$

と表せる。ここで $f_i = f(\varepsilon_i)$ である。簡単のため今後は $n_d = 1$ の場合、すなわち、フェルミ・エネルギーに関して d 準位が対称な場合 ($\varepsilon_d + U/2 = 0$ に対応し、$N_d(\varepsilon) = (1/\pi)\cdot \Delta/(\varepsilon^2 + \Delta^2)$ である) に限ることにしよう。その場合は、$T = 0$ K では

$$\begin{aligned}
\Sigma_d&(\varepsilon + i\delta) \\
&= U^2 \int_0^\infty \mathrm{d}\varepsilon_1 \int_0^\infty \mathrm{d}\varepsilon_2 \int_0^\infty \mathrm{d}\varepsilon_3 N_d(\varepsilon_1) N_d(\varepsilon_2) N_d(\varepsilon_3) \\
&\quad \times \left(\frac{1}{\varepsilon - \varepsilon_1 - \varepsilon_2 - \varepsilon_3 + i\delta} + \frac{1}{\varepsilon + \varepsilon_1 + \varepsilon_2 + \varepsilon_3 + i\delta} \right)
\end{aligned} \quad (4.69)$$

で与えられる。$\Sigma_d(\varepsilon + i\delta)$ の虚部は ε の偶関数であり、$\varepsilon = 0$ では虚部はゼロであるから、ε の小さい所で、

$$\mathrm{Im}\Sigma_d(\varepsilon + i\delta) \propto \varepsilon^2 \quad (4.70)$$

のように ε^2 に比例することが分かる[9]。$\Sigma_d(\varepsilon + i\delta)$ の実部は ε の奇関数で、ε の小さいところでは ε の1次に比例する。その比例係数は

$$\begin{aligned}
\frac{\partial \Sigma_d(\varepsilon + i\delta)}{\partial \varepsilon}\bigg|_{\varepsilon=0} \\
= -2U^2 \int_0^\infty \mathrm{d}\varepsilon_1 \int_0^\infty \mathrm{d}\varepsilon_2 \int_0^\infty \mathrm{d}\varepsilon_3 \frac{N_d(\varepsilon_1) N_d(\varepsilon_2) N_d(\varepsilon_3)}{(\varepsilon_1 + \varepsilon_2 + \varepsilon_3)^2}
\end{aligned} \quad (4.71)$$

である。

こうして、ε 程度の低エネルギーでは $\Sigma_d(\varepsilon + i\delta)$ の虚部は実部に比べて無視できるので、実部の ε に比例する寄与だけを考慮すると、T 行列 (4.65) は

$$T(\varepsilon + i\delta) = \frac{1}{N_\mathrm{A}} \frac{1}{\pi N(\varepsilon_\mathrm{F})} \frac{\tilde{\Delta}}{\varepsilon + i\tilde{\Delta}} \quad (4.72)$$

---

[9] 電子間相互作用による非弾性散乱で状態の幅が ε^2 に比例するのは 3.1 節のフェルミ流体論の基礎付けの際に出てきた関係である。ε 程度の低エネルギーを考えるときには虚部は無視できる点が重要である。フェルミ流体論とのこの対応から、アンダーソン・モデルの場合には「局所フェルミ流体論」とよばれる。

4.4. 弱い相互作用の極限から見たアンダーソン・モデル

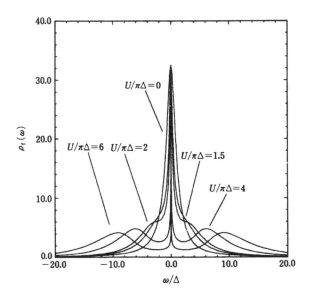

図 4.10: $T = 0$ K における T 行列の虚部 $\mathrm{Im} T(\varepsilon + i\delta)$ の U 依存性 [17]

となる。ここで、
$$\tilde{\Delta} = \Delta \left[1 - \left. \frac{\partial \Sigma_d(\varepsilon + i\delta)}{\partial \varepsilon} \right|_{\varepsilon = 0} \right]^{-1}$$
である。T 行列は $\varepsilon = 0$ で伝導電子の状態密度 $N(\varepsilon_{\mathrm{F}})$ だけで決まる値をとり、電子間相互作用の強さ U には依らない。電子間相互作用の効果は共鳴散乱の幅を減少させるところに反映している。ε の大きいところは $\Sigma_d(\varepsilon + i\delta)$ の ε 依存性を正確に考慮しなければならない。その結果、U が大きくなると $\omega \sim \pm U/2$ にサイドピークが現れる。T 行列の虚部の U 依存性の計算結果の例を図 4.10 に示す。$\varepsilon = 0$ の近くでは式 (4.72) で表されることがわかるであろう。図 4.10 の結果は単純な 2 次摂動ではなく U の大きいときにも使える方法に基づいている。

(2) 不純物によるスピン帯磁率と電荷感受率

アンダーソン・ハミルトニアンに摂動項

$$\mathcal{H}' = -\sum_\sigma h_\sigma d_\sigma^\dagger d_\sigma \tag{4.73}$$

を加えよう。h_σ は σ に依存する摂動を意味している。この摂動による h_σ の 1 次の範囲での d 電子数の変化分は

$$\left.\frac{\partial n_\sigma}{\partial h_{\sigma'}}\right|_{h \to 0} = \frac{\partial}{\partial h_{\sigma'}} \frac{\text{Tr}\left[n_{d\sigma} e^{-\beta(\mathcal{H}+\mathcal{H}')}\right]}{\text{Tr}\left[e^{-\beta(\mathcal{H}+\mathcal{H}')}\right]}\bigg|_{h \to 0} \tag{4.74}$$

である。ここで、よく用いられる関係

$$e^{-\beta(\mathcal{H}+\mathcal{H}')} = e^{-\beta\mathcal{H}} + e^{-\beta\mathcal{H}} \int_0^\beta d\tau e^{\tau\mathcal{H}}(-\mathcal{H}')e^{-\tau\mathcal{H}}$$
$$+ O(h^2) \tag{4.75}$$

を使って、式 (4.74) の右辺を書き直すと、

$$\left.\frac{\partial n_\sigma}{\partial h_{\sigma'}}\right|_{h \to 0} = \int_0^\beta d\tau \langle \tilde{n}_{d\sigma}(\tau) \tilde{n}_{d\sigma'}(0)\rangle \tag{4.76}$$

が得られる。$\tilde{n}_{d\sigma} \equiv n_{d\sigma} - \langle n_{d\sigma}\rangle$ はスピン σ の電子数の揺らぎ、$\langle \cdots \rangle = \text{Tr}[e^{-\beta\mathcal{H}}\cdots]/\text{Tr}[e^{-\beta\mathcal{H}}]$、$n_{d\sigma}(\tau) \equiv e^{\tau\mathcal{H}} n_{d\sigma} e^{-\tau\mathcal{H}}$ である。

式 (4.76) より、不純物のスピン帯磁率 χ_{ds}、電荷感受率 χ_{dc} は

$$\chi_{ds} = \int_0^\beta d\tau \langle \frac{1}{2}(\tilde{n}_{d\uparrow} - \tilde{n}_{d\downarrow})(\tau) \frac{1}{2}(\tilde{n}_{d\uparrow} - \tilde{n}_{d\downarrow})(0)\rangle \tag{4.77}$$

$$\chi_{dc} = \int_0^\beta d\tau \langle \frac{1}{2}(\tilde{n}_{d\uparrow} + \tilde{n}_{d\downarrow})(\tau) \frac{1}{2}(\tilde{n}_{d\uparrow} + \tilde{n}_{d\downarrow})(0)\rangle \tag{4.78}$$

で与えられる。χ_{ds} はスピンの揺らぎを、χ_{dc} は電荷の揺らぎを表している。$\chi_{\uparrow\uparrow}$ と $\chi_{\uparrow\downarrow}$ は

$$\chi_{\uparrow\uparrow} \equiv \int_0^\beta d\tau \langle \tilde{n}_{d\uparrow}(\tau)\tilde{n}_{d\uparrow}(0)\rangle = \chi_{ds} + \chi_{dc} \tag{4.79}$$

$$\chi_{\uparrow\downarrow} \equiv \int_0^\beta d\tau \langle \tilde{n}_{d\uparrow}(\tau)\tilde{n}_{d\downarrow}(0)\rangle = -\chi_{ds} + \chi_{dc} \tag{4.80}$$

4.4. 弱い相互作用の極限から見たアンダーソン・モデル

である。山田耕作は対称なアンダーソン・モデルに対して $T=0$ K での $\chi_{\uparrow\uparrow}$, $\chi_{\uparrow\downarrow}$ を摂動論によって計算した [18]。その計算によれば

$$\pi\Delta \cdot \chi_{\uparrow\uparrow} = 1 + \left(3 - \frac{\pi^2}{4}\right)u^2 + 0.0553 u^4 + O(u^6) \quad (4.81)$$

$$-\pi\Delta \cdot \chi_{\uparrow\downarrow} = u + \left(15 - \frac{3\pi^2}{2}\right)u^3 + O(u^5) \quad (4.82)$$

である[10]。ここで $u \equiv U/\pi\Delta$ である。対称なアンダーソン・モデルでは、電子・ホール対称性から、$\chi_{\uparrow\uparrow}$ では u の偶数次項のみ、$\chi_{\uparrow\downarrow}$ では u の奇数次項のみが残る。したがって、$\chi_{ds}(-u) = \chi_{dc}(u)$ が成り立つ。

式 (4.79) と式 (4.80) より、

$$2\pi\Delta \cdot \chi_{ds} = 1 + u + \left(3 - \frac{\pi^2}{4}\right)u^2$$
$$+ \left(15 - \frac{3\pi^2}{2}\right)u^3 + 0.0553 u^4 + \cdots \quad (4.83)$$

となる。このような正確な摂動計算でなく、分子場近似で χ_{ds} を計算すると、

$$2\pi\Delta \cdot \chi_{ds} = \frac{1}{1-u} = 1 + u + u^2 + u^3 + \cdots \quad (4.84)$$

となり、$u=1$ で発散する。一方、正しい χ_{ds} では u の高次の係数が急速に小さくなっている。式 (4.83) と式 (4.84) を比べると、分子場近似では χ_{ds} が過大評価されていることがわかる。分子場近似で無視されている寄与が分子場近似の寄与をほとんど打ち消すように働いているのである。

U についての摂動論では U の大きいところのふるまいは正確には分からないが、式 (4.78) の電荷の揺らぎは $u \to \infty$ では抑えられるはずだから、$\chi_{dc} \to 0$ となると期待される。このことに注意すると、式 (4.79) と式 (4.80) より、$u \to \infty$ では $\chi_{\uparrow\downarrow}/\chi_{\uparrow\uparrow} \to -1$ が成り立つはずである。

---

[10]式 (4.81) の u^4 の係数は数値計算で求められた近似値である。いまではアンダーソン・モデルのベーテ仮説を用いた厳密解が得られていて、$\chi_{\uparrow\uparrow}$, $\chi_{\uparrow\downarrow}$ の U での展開係数は完全にわかっている [19,5]。それによれば u^4 の係数は $105 - 45\pi^2/4 + \pi^4/16$ である。

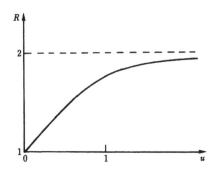

図 4.11: ウィルソン比の u 依存性

(3) 低温比熱への不純物の寄与

不純物による比熱への寄与 ΔC は、熱力学ポテンシャルへの不純物の寄与 $\Delta \Omega$ から、$\Delta C = -T \partial^2 \Delta \Omega / \partial T^2$ によって求めることができる。T が十分低いときには、低温展開して、

$$\Delta C = \Delta \gamma T + O(T^3) \tag{4.85}$$

$$\Delta \gamma = \frac{2\pi^2}{3} k_{\mathrm{B}}^2 \frac{1}{\pi \tilde{\Delta}} \tag{4.86}$$

によって与えられる [5,8]。ここで、$\tilde{\Delta}$ は式 (4.72) に登場する量である。式 (4.86) では対称なアンダーソン・モデルを考えている。再び、摂動展開によると、

$$1 - \left.\frac{\partial \Sigma_d(\varepsilon + i\delta)}{\partial \varepsilon}\right|_{\varepsilon=0} = 1 - \left(3 - \frac{\pi^2}{4}\right)u^2 + 0.0553 u^4 + \cdots \tag{4.87}$$

となる。2 次の項は式 (4.71) の積分から得られる[11]。4 次の項は数値計算の結果である [18]。式 (4.87) と式 (4.81) を比べると、

$$\chi_{\uparrow\uparrow} = \frac{1}{\pi \tilde{\Delta}} \tag{4.88}$$

---

[11]u^2 の係数の計算はここでの議論に重要でないので省略した。興味がある読者は森北出版 Web ページの『新版 固体の電子論』への補足』をご覧頂きたい。

が成り立っていることが推測されるが、実際、式 (4.88) の関係式は電子間相互作用 U についての摂動展開の各次数で成り立つ関係であることが証明できる [18,7,8]。式 (4.88) は低温比熱の T に比例する項の係数と $\chi_{\uparrow\uparrow}$ が関係していることを示す重要な関係である。

式 (4.86) と式 (4.88) から、ウィルソン比

$$R \equiv \frac{\chi_{ds}/\Delta\gamma}{[\chi_{ds}/\Delta\gamma]|_{U=0}} = 1 - \frac{\chi_{\uparrow\downarrow}}{\chi_{\uparrow\uparrow}} \tag{4.89}$$

は $\chi_{\uparrow\downarrow}/\chi_{\uparrow\uparrow}$ だけで決まる。こうして、$U=0$ で $R=1$、$U \to +\infty$ で $R \to 2$ となることがわかる（図 4.11）。これは局所フェルミ流体理論の重要な結論である。

ここで述べた局所フェルミ流体理論は近藤効果と電子の遍歴性の問題とが深く関連していることを示している。電子間相互作用が無視できるときの電子の遍歴性は第 1 章で述べたようによくわかっている。しかし、電子間相互作用が強い場合は自明でない。強い電子間相互作用は電子の遍歴性を妨げるように働くからである。局所フェルミ流体理論は電子間相互作用に比べて波動関数の混成が弱い場合でも、低温では必ず後者が生き残って、電子の遍歴性の証であるフェルミ縮退が物性を支配することを示している。その意味で第 3 章のフェルミ流体理論とも関係している。Ce 化合物や U 化合物での「重い電子」の遍歴性もそのような問題であると考えられる [7, 8, 32]。

近藤効果において「局所フェルミ流体」以外の可能性、すなわち、「非フェルミ流体」の可能性がまったくないのか、という疑問をもつ読者があるかもしれない。そのような可能性は存在するとしても極めて例外的なケースと思われる [20]。

4.5　金属による X 線の吸収、放出のフェルミ端異常

金属による X 線の吸収、放出スペクトルの実験は伝導電子の状態についての情報を与える。図 4.12 に示すように、X 線の吸収

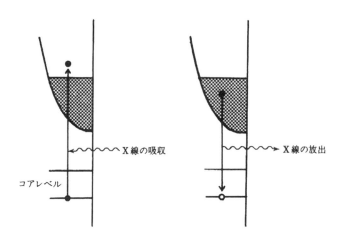

図 4.12: 金属による X 線の吸収、放出の過程。網目をつけたのはフェルミ準位以下の伝導電子の詰った状態である。

過程では、X線によってコアレベルの電子がフェルミ準位より上の空いた状態へ移るので、フェルミ準位より上の状態の情報が含まれている。それに対して、X線の放出では金属に電子を当てるとコアレベルに孔ができ、詰っている準位から空いたコアレベルの孔に電子が落ちるときX線が放出されるので、フェルミ準位より下の詰った状態のようすを知ることができる。フェルミ準位までの状態が詰っていてそれより上の状態が空いていることは、X線の放出、吸収スペクトルのシャープなスペクトル端の存在として反映すると期待される。

このようなX線のスペクトルの実験的な研究は 1930 年代初めよりなされ、それは 1936 年出版のモットとジョーンズの教科書 [21] に取り上げられて議論されている。そこに掲載されている放出スペクトルの実験結果を見ると、フェルミ端付近のスペクトルのエネルギー依存性は奇妙である (図 4.13 により新しい実験結果の一例を示す)。実はこの奇妙な結果の中に、金属特有の重要な問題が潜んでいることがわかったのは近藤理論が出され

4.5. 金属によるX線の吸収、放出のフェルミ端異常

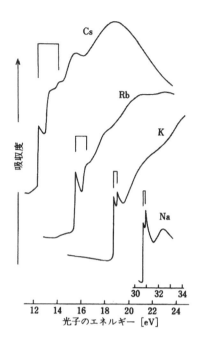

図 4.13: アルカリ金属の p 殻電子によるX線の $L_{II,III}$ 吸収スペクトル [27]。二つのピークの対はスピン軌道相互作用による分裂である。

た後のことで、マハン [22] と水野、石川 [23] が、独立に、初めて明らかにした。以下にその理論の基本的部分を述べる。なお、この問題は、後に、ノジェールとド・ドミニシス [24] によって完全に解かれた[12]。

ここではX線の吸収を考えることにしよう。終状態ではコアに孔ができていることに注意する。この孔は伝導電子を引きつけるのでそれを考慮しなければならない。このように、終状態で働く相互作用のことを**終状態相互作用**（final state interaction）といい、これは物理においてしばしば重要な役割を演ずる。

さて、スペクトル $I(\omega)$ は、始状態を $|i\rangle$、終状態を $|f\rangle$ とする

---

[12] ノジェールとド・ドミニシスの解法はやや高度なのでここでは省略する。解説としては [5,25,26] があるので興味のある読者は参照して頂きたい。

と、フェルミの黄金則によって、

$$I(\omega) = \frac{2\pi}{\hbar} \sum_f |\langle f|\mathcal{H}'|i\rangle|^2 \delta(\varepsilon_f - \varepsilon_i - \omega) \tag{4.90}$$

で与えられる。遷移のプロセスを記述するハミルトニアン $\mathcal{H}'$ は

$$\mathcal{H}' = \sum_{\bm{k}} (M_{\bm{k}} c_{\bm{k}}^\dagger b + \text{h.c.}) \tag{4.91}$$

である。$c_{\bm{k}}^\dagger$ は伝導電子の生成演算子、b はコア電子の消滅演算子である。ここで、簡単のため電子のスピンは無視する。スペクトルには、関与するレベルに応じて次のように名前がついている。

$1s$ 電子：	K
$2s$ 電子：	L_I
$2p$ 電子：	L_II ($n=2$, $\ell=1$, $j=1/2$)
$2p$ 電子：	L_III ($n=2$, $\ell=1$, $j=3/2$)

図 4.13 は $\text{L}_\text{II,III}$ のスペクトルである。$M_{\bm{k}}$ の $\bm{k}$ 依存性は、次に示すように、関与するコア電子の軌道に依存する。遷移を引き起こす摂動は $(e/mc)\bm{p}\cdot\bm{A}$（$\bm{A}$ は電磁波のベクトル・ポテンシャル）だから、

$$M_{\bm{k}}^* \propto \int d\bm{r}\, \phi_{\text{core}}^*(\bm{r}) \frac{1}{i} \bm{\nabla} \psi_{\bm{k}}(\bm{r}) \tag{4.92}$$

で与えられる。ここで、$\phi_{\text{core}}(\bm{r})$ はコアの軌道、$\psi_{\bm{k}}(\bm{r})$ は伝導電子の波動関数である。例えば、K 放出の場合には、$\phi_{\text{core}}(\bm{r})$ として $1s$ 軌道の波動関数を、$\psi_{\bm{k}}(\bm{r})$ としては平面波を代入すると、

$$M_{\bm{k}}^* \propto \int d\bm{r}\, e^{-r/a} \frac{1}{i} \frac{\partial}{\partial x} e^{i\bm{k}\cdot\bm{r}} = k_x \frac{8\pi a^3}{(1+k^2 a^2)^2} \tag{4.93}$$

となる。すなわち、伝導電子の平面波のうち、いま着目している原子の中心から見て p 波の成分が取り出される。また、L_II、L_III では、伝導電子の s 波の成分（$\bm{k}$ に依存しない）と d 波の成分が取り出される。

4.5. 金属によるX線の吸収、放出のフェルミ端異常

ここでは L_{II}、L_{III} 吸収を考えることにし、$M_{\bm{k}}$ を $\bm{k}$ に依存しない定数 M としよう。系のハミルトニアンは

$$\mathcal{H} = \sum_{\bm{k}} \varepsilon_{\bm{k}} c_{\bm{k}}^\dagger c_{\bm{k}} + \sum_{\bm{k}\bm{k}'} V c_{\bm{k}}^\dagger c_{\bm{k}'} bb^\dagger + E_0 b^\dagger b \tag{4.94}$$

である。第1項は伝導電子系のエネルギー、第3項はコア軌道の電子のエネルギー、第2項はコア軌道に生じたホールと伝導電子との相互作用である。簡単のため δ 関数型のポテンシャルとしているので V は伝導電子の波数に依存しない。コア軌道のホールと伝導電子との相互作用は引力であるから、$V < 0$ が期待される。

スペクトル $I(\omega)$ は、

$$\pi \delta(\omega - \varepsilon_f + \varepsilon_i) = \mathrm{Re}\, \frac{i}{\omega - \varepsilon_f + \varepsilon_i + i\delta}$$

$$= \mathrm{Re} \int_0^\infty \mathrm{d}t\, e^{i(\omega - \varepsilon_f + \varepsilon_i + i\delta)t} \tag{4.95}$$

($\delta \to +0$) を式 (4.90) に代入して、

$$I(\omega) = \frac{2}{\hbar} |M|^2 \mathrm{Re} \int_0^\infty \mathrm{d}t\, e^{i(\omega - \varepsilon_f + \varepsilon_i + i\delta)t}$$
$$\times \sum_f \langle i| \sum_{\bm{k}} b^\dagger c_{\bm{k}} |f\rangle \langle f| \sum_{\bm{k}'} c_{\bm{k}'}^\dagger b |i\rangle$$
$$\equiv \frac{2}{\hbar} |M|^2 \mathrm{Re} \int_0^\infty \mathrm{d}t\, e^{i(\omega + i\delta)t} F(t) \tag{4.96}$$

$$F(t) \equiv \sum_{\bm{k}\bm{k}'} \langle i| e^{i\mathcal{H}_0 t} c_{\bm{k}} e^{-i\mathcal{H}_1 t} c_{\bm{k}'}^\dagger |i\rangle \tag{4.97}$$

と書ける。ここで、$|i\rangle$ は始状態で、始状態ではコアにホールがなく、終状態ではホールがあるので、$\mathcal{H}_0, \mathcal{H}_1$ は

$$\mathcal{H}_0 = \sum_{\bm{k}} \varepsilon_{\bm{k}} c_{\bm{k}}^\dagger c_{\bm{k}}$$

$$\mathcal{H}_1 = \sum_{\bm{k}} \varepsilon_{\bm{k}} c_{\bm{k}}^\dagger c_{\bm{k}} + V \sum_{\bm{k}\bm{k}'} c_{\bm{k}}^\dagger c_{\bm{k}'} = \mathcal{H}_0 + \mathcal{V} \tag{4.98}$$

である。問題は $F(t)$ の計算に帰着する[13]。

ここでは、$F(t)$ を $\mathcal{V}$ についての摂動展開から最初の数項を具体的に計算する。そのための準備として、まず、

$$
\begin{aligned}
e^{i\mathcal{H}_0 t} c_{\boldsymbol{k}} e^{-i\mathcal{H}_1 t} &= e^{i\mathcal{H}_0 t} c_{\boldsymbol{k}} e^{-i\mathcal{H}_0 t} U(t) \\
&= e^{-i\varepsilon_{\boldsymbol{k}} t} c_{\boldsymbol{k}} U(t)
\end{aligned}
\tag{4.99}
$$

としておく。$U(t)$ は

$$
U(t) = e^{i\mathcal{H}_0 t} e^{-i(\mathcal{H}_0 + \mathcal{V})t} \tag{4.100}
$$

で定義される。$U(t)$ の表式を求めるには、その時間微分が

$$
\begin{aligned}
\frac{dU(t)}{dt} &= e^{i\mathcal{H}_0 t}(-i)\mathcal{V} e^{-i(\mathcal{H}_0+\mathcal{V})t} \\
&= (-i)\mathcal{V}(t) e^{i\mathcal{H}_0 t} e^{-i(\mathcal{H}_0+\mathcal{V})t} \\
&= (-i)\mathcal{V}(t) U(t)
\end{aligned}
\tag{4.101}
$$

$$
\mathcal{V}(t) \equiv e^{i\mathcal{H}_0 t} \mathcal{V} e^{-i\mathcal{H}_0 t} \tag{4.102}
$$

を満たすことに着目し、式 (4.101) を積分すればよい。結果は、

$$
\begin{aligned}
U(t) &= 1 + (-i)\int_0^t dt_1 V(t_1) \\
&\quad + (-i)^2 \int_0^t dt_1 \int_0^{t_1} dt_2 V(t_1)V(t_2) + \cdots \\
&\equiv T \exp\Big(-i \int_0^t dt' V(t')\Big)
\end{aligned}
\tag{4.103}
$$

である。T は時間の順序に従って演算子を右から左へ並べる操作を意味する演算子である。結局、$F(t)$ の表式は

$$
F(t) = \sum_{\boldsymbol{k}\boldsymbol{k}'} e^{-i\varepsilon_{\boldsymbol{k}} t} \langle \mathrm{F} | c_{\boldsymbol{k}} U(t) c_{\boldsymbol{k}'}^\dagger | \mathrm{F} \rangle \tag{4.104}
$$

となる。$|\mathrm{F}\rangle$ はフェルミ球が詰った状態を表す。

この式を用いて、$\mathcal{V}$ について摂動展開して計算をする。

---

[13] $\mathcal{H}_0$ も $\mathcal{H}_1$ も 2 次形式で書かれているから、本質的に一体問題であって、$\mathcal{H}_0$ と $\mathcal{H}_1$ の二つのハミルトニアンの固有関数（スレーター行列で与えられる）の重なり積分の計算の問題に帰着する。このことを利用してスペクトルの計算を行なうこともできる [28]。

4.5. 金属によるX線の吸収、放出のフェルミ端異常

$\mathcal{V}$ の 0 次は、

$$F^{(0)}(t) = \sum_{\bm{k}} e^{-i\varepsilon_{\bm{k}}t} \langle \mathrm{F}|c_{\bm{k}}c_{\bm{k}}^{\dagger}|\mathrm{F}\rangle = \sum_{\bm{k}} e^{-i\varepsilon_{\bm{k}}t}(1-f_{\bm{k}})$$

(4.105)

$$\tilde{F}^{(0)}(\omega+i\delta) = \int_0^{\infty} \mathrm{d}t\, e^{i(\omega+i\delta)t} F^{(0)}(t)$$
$$= i\sum_{\bm{k}} \frac{1-f_{\bm{k}}}{\omega-\varepsilon_{\bm{k}}+i\delta} \quad (4.106)$$

である。次に、$\mathcal{V}$ の 1 次は、

$$F^{(1)}(t) = (-i)\int_0^t \mathrm{d}t_1 \sum_{\bm{k}\bm{k}'} e^{-i\varepsilon_{\bm{k}}t}$$
$$\times \langle \mathrm{F}|c_{\bm{k}}V \sum_{\bm{k}_1 \bm{k}_2} c_{\bm{k}_1}^{\dagger}(t)c_{\bm{k}_2}(t)c_{\bm{k}'}^{\dagger}|\mathrm{F}\rangle$$
$$= (-i)\int_0^t \mathrm{d}t_1 \sum_{\bm{k}\bm{k}'} e^{-i\varepsilon_{\bm{k}}t}V$$
$$\times \Big[(1-f_{\bm{k}})(1-f_{\bm{k}'})e^{i(\varepsilon_{\bm{k}}-\varepsilon_{\bm{k}'})t_1}$$
$$+\delta_{\bm{k},\bm{k}'}\sum_{\bm{k}''} f_{\bm{k}''}(1-f_{\bm{k}})\Big]$$

$$\tilde{F}^{(1)}(\omega+i\delta) = iV\Big(\sum_{\bm{k}} \frac{1-f_{\bm{k}}}{\omega-\varepsilon_{\bm{k}}+i\delta}\Big)^2$$
$$+ iV\Big(\sum_{\bm{k}''} f_{\bm{k}''}\Big)\sum_{\bm{k}} \frac{1-f_{\bm{k}}}{(\omega-\varepsilon_{\bm{k}}+i\delta)^2} \quad (4.107)$$

となる。ここで、第2項はレベルのずれを入れた

$$i\sum_{\bm{k}} \frac{1-f_{\bm{k}}}{\omega-\varepsilon_{\bm{k}}-V\sum_{\bm{k}'} f_{\bm{k}'}+i\delta} \quad (4.108)$$

の V についての展開の1次に相当するので、レベルのずれとして取り入れる。

伝導電子の状態密度はフェルミ・エネルギー ε_{F} をはさんで、幅 ε_{F} で一定値 $N(\varepsilon_{\mathrm{F}})$ をもつとして積分する。結果は

$$\mathrm{Re}\tilde{F}^{(0)}(\omega+i\delta) = \pi N(\varepsilon_{\mathrm{F}})\theta(\omega-\varepsilon_{\mathrm{F}})$$

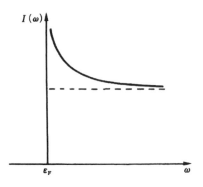

図 4.14: X 線吸収スペクトルのフェルミ端での振舞い

$$\mathrm{Re}\tilde{F}^{(1)}(\omega + i\delta) \simeq \pi N(\varepsilon_\mathrm{F})\theta(\omega - \varepsilon_\mathrm{F}) \times (-2L) \tag{4.109}$$

となる。$\theta(\omega - \varepsilon_\mathrm{F})$ は階段関数である。ここで

$$L = VN(\varepsilon_\mathrm{F})\log\left|\frac{\varepsilon_\mathrm{F}}{\omega - \varepsilon_\mathrm{F}}\right| \tag{4.110}$$

である。

V の 2 次以上の計算はかなり面倒なのでここでは示さないが、2 次では ε_F 近傍で最も発散の強い項は L^2 に比例する項である。V が小さいときはそのような最強発散項が ε_F の近くでのスペクトルを決めるので、最強発散項のみを残すと

$$\begin{aligned}\mathrm{Re}\tilde{F}(\omega) &= \pi N(\varepsilon_\mathrm{F})\theta(\omega - \varepsilon_\mathrm{F}) \\ &\quad \times [1 - 2L + 2L^2 - \frac{4}{3}L^3 + \cdots] \\ &= \pi N(\varepsilon_\mathrm{F})\theta(\omega - \varepsilon_\mathrm{F})\exp(-2L)\end{aligned} \tag{4.111}$$

がえられる。よって、X 線の吸収スペクトルは

$$I(\omega) \propto \left(\frac{1}{\omega - \varepsilon_\mathrm{F}}\right)^\alpha \tag{4.112}$$

となる (図 4.14)。指数 α は $\alpha = -2VN(\varepsilon_\mathrm{F})$ であり、$V < 0$ だから α は正の数である。このようにスペクトルはフェルミ・エ

4.5. 金属によるX線の吸収、放出のフェルミ端異常

ネルギー近傍で増大する。これを**フェルミ端異常**とよぶ。この異常は、コアにホールができたという新しい状況にフェルミ球内の電子が適応しようとするとき低エネルギーの励起が関与するプロセスが引き起こすものである。

抵抗極小と金属によるX線のフェルミ端異常の二つの問題を振り返ってみると、共通の物理が背後にある。ゼロから連続的に分布する励起エネルギーをもつところに金属の一つの特徴があり、時間や場所に依存する摂動を受けたときこの低エネルギー励起の応答が重要な役割を演ずるということである (これらは「フェルミ面効果」とよばれることもある [29])。ここでは触れないが、

(1) アンダーソンの直交定理 [5,8,30]

(2) 金属中の軽い粒子 (ミュー中間子やプロトン) の運動への伝導電子の影響 [29〜31]

も上に述べた金属の特徴が現れる問題である。

問題

4.1 式 (4.6) で表される不純物スピンによる散乱確率は、不純物スピンに磁場がかかっているとき、磁場によってどう影響を受けるか。

4.2 4.3節では相互作用 $\mathcal{V}$ が軸対称性をもつ場合 (z 軸だけ特別で、x 軸と y 軸は等価) を考えた。この議論を一般化して、x 軸と y 軸とが非等価で、相互作用が

$$\mathcal{V} = -\frac{1}{N_A} \sum_{\bm{k}\bm{k}'\sigma\sigma'} \Big[J_x c^\dagger_{\bm{k}\sigma} c_{\bm{k}'\sigma'} (s_x)_{\sigma\sigma'} S_x \\ + J_y c^\dagger_{\bm{k}\sigma} c_{\bm{k}'\sigma'} (s_y)_{\sigma\sigma'} S_y + J_z c^\dagger_{\bm{k}\sigma} c_{\bm{k}'\sigma'} (s_z)_{\sigma\sigma'} S_z \Big]$$

で与えられる場合の J_x, J_y, J_z の繰り込み方程式を導き、バンド幅の変化とともにどう変化するか、を議論せよ。

4.3 図 4.7 の結果は、伝導電子系を大きさが $1/2$ のスピン s で代

表させ、不純物スピン $S=1/2$ と

$$\mathcal{H} = -\left[\frac{J_\perp}{2}(S_+s_- + S_-s_+) + J_z S_z s_z\right]$$

で結合している系の基底状態が、縮退のない一重項か、それとも縮退しているか、を分ける境界に対応していることを確認せよ。

参考文献

[1] A. A. Abrikosov: *Fundamentals of the Theory of Metals* (North-Holland, 1988); 川畑有郷:「固体物理学」(朝倉書店、2007 年).

[2] J. P. Franck, F. D. Manchester and D. L. Martin: Proc. Roy. Soc. London A**263**, 494 (1961).

[3] G. J. van den Berg: Prog. Low Temp. Phys. Vol.4, p.194 (1964) [近藤理論の出る直前に出版された希薄磁性合金の示すさまざまな異常についての実験の詳細なレヴューである].

[4] J. Kondo: Prog. Theor. Phys. **32**, 37 (1964).

[5] 芳田 奎:「磁性」(岩波書店, 1991 年).

[6] 近藤 淳:「金属電子論」(裳華房, 1983 年) [近藤効果のウィルソン理論とベーテ仮説による厳密解が丁寧に解説されている].

[7] A. C. Hewson: *The Kondo Problem to Heavy Fermions* (Cambridge Univ. Prss, 1993).

[8] 山田耕作:岩波講座「現代の物理学」第16巻「電子相関」(岩波書店, 1993 年).

[9] P. W. Anderson: Phys. Rev. **124**, 41 (1961).

[10] J. R. Schrieffer and P. A. Wolff: Phys. Rev. **149**, 491 (1966).

[11] P. W. Anderson: J. Phys. C**3**, 2436 (1970).

[12] H. Shiba: Prog. Theor. Phys. **43**, 601 (1970).

[13] A. A. Abrikosov and A. B. Migdal: J. Low Temp. Phys. **3**, 519 (1970).

[14] M. Fowler and A. Zawadowski: Solid State Comm. **9**, 471 (1971).

4.5. 金属によるX線の吸収、放出のフェルミ端異常

[15] K. Wilson: Rev. Mod. Phys. **47**, 774 (1975).

[16] J. Friedel: Nuovo Cimento Suppl. **7**, 287 (1958).

[17] T. A. Costi and A. C. Hewson: Phil. Mag. B**65**, 1165 (1992).

[18] K. Yamada: Prog. Theor. Phys. **53**, 970 (1975).

[19] P. B. Wiegmann and A. M. Tsvelick: J. Phys. C**12**, 2281, 2321 (1983); A. Okiji: *Fermi Surface Effects*, ed. by J. Kondo and A. Yoshimori (Springer, 1988), p.63.

[20] P. Nozières and A. Blandin: J. Phys. (Paris) **41**, 193 (1980).

[21] N. F. Mott and H. Jones: *The Theory of the Properties of Metals and Alloys* (Dover, 1958).

[22] G. D. Mahan: Phys. Rev. **163**, 612 (1967).

[23] Y. Mizuno and K. Ishikawa: J. Phys. Soc. Jpn. **25**, 627 (1968).

[24] P. Nozières and C. de Dominicis: Phys. Rev. **178**, 1097 (1969).

[25] 芳田 奎：日本物理学会誌 **25**, 434 (1970) [Nozières と de Dominicis の理論を含め、X線の放出、吸収のフェルミ端異常の問題が丁寧に解説されている].

[26] K. Ohtaka and Y. Tanabe: Rev. Mod. Phys. **62**, 929 (1990) [フェルミ端異常の研究の総合報告で、参考文献が豊富である].

[27] T. Ishii, Y. Sakisaka, S. Yamaguchi, T. Hanyu and H. Ishii: J. Phys. Soc. Jpn. **42**, 876 (1977).

[28] 例えば、C. A. Swarts, J. D. Dow and C. P. Flynn: Phys. Rev. Lett. **43**, 158 (1979).

[29] J. Kondo and A. Yoshimori (eds.): *Fermi Surface Effects* (Springer, 1988).

[30] 山田耕作：物理学最前線 第20巻 「金属中の荷電粒子」（共立出版、1988年）.

[31] 近藤 淳：「磁性理論の進歩」（裳華房、1983年), p.213.

[32] 上田和夫、大貫惇睦：「重い電子系の物理」（裳華房、1998年）.

第5章 超伝導

　　　　超伝導は、金属の電気抵抗が低温でどうなるかを追求していたカマリング・オネス（H. Kamerlingh-Onnes）によって1911年に発見された。固体電子の示すさまざまな性質の中でも、超伝導は最も不思議で魅力的なものであるが、発見から40年以上の間そのメカニズムはなぞであった。それゆえ、超伝導の機構の基本的部分を解明したバーディーン（J. Bardeen）、クーパー（L. N. Cooper）、シュリーファー（J. R. Schrieffer）3人による理論（BCS理論）は、固体電子論における最も輝かしい成果である。BCS理論によって超伝導の理解は急速に進んだが、1986年に超伝導転移温度が極めて高い「銅酸化物高温超伝導体」が発見され、超伝導は再び固体電子論の重要な問題になった。この事情を背景に、この章では、BCS理論を中心に超伝導の基礎的事柄を述べる[1]。

5.1　超伝導：実験が示す基本的性質と現象論

　　　　最初に超伝導についての基本的な実験事実を述べ、その意味するところを現象論によって考えよう。

(1) 抵抗の消失、永久電流

　　　　金属が超伝導状態になったことを示す実験的な特徴の一つは抵抗がなくなることである（図5.1）。ゼロ抵抗の結果、超伝導になった金属のリングに適当な方法で電流を流すと、その電流は

---

[1] 超伝導については多くの解説書があるが、その代表的なものとしては章末の参考文献 [1-9] がある。また、超伝導の研究の歴史についての読物としては [10] がある。

減衰することがない（永久電流）。実際、永久電流が1年以上流れ続けていることを確認した実験がある（超伝導状態にはない通常の金属では、抵抗が有限だから、電流は熱を発生してすぐに減衰する）。

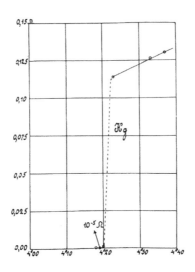

図 5.1: カマリング・オネスによる Hg での超伝導の発見 [11]

(2) 比熱の異常

温度を下げながら比熱を測ると、通常の金属状態（ノーマル状態、あるいは、常伝導状態という）から超伝導状態になる温度 (転移温度) で比熱のとびが見られる (図 5.2)。このような比熱の異常は液体 ^{4}He が超流動状態になる温度や磁性体が強磁性になるキュリー温度でも見られ、超伝導への転移が超流動状態への転移や磁気転移と同じような一つの相転移であって、転移温度 T_c 以下では「ある種の秩序状態」になっていることを意味している。

(3) マイスナー効果

超伝導体を磁場の中に置き、磁場の強さを次第に増してゆく。磁

5.1. 超伝導：実験が示す基本的性質と現象論

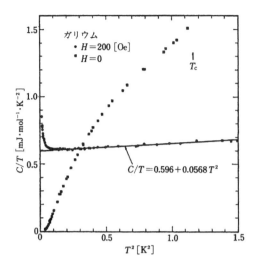

図 5.2: 金属ガリウムの超伝導状態とノーマル状態での比熱 [12]。十分低温でのノーマル状態の比熱の上昇は核スピンの比熱によるものである。

場が弱い間は超伝導体から磁束が完全に排除されて、超伝導体の内部で

$$B = 0 \tag{5.1}$$

となる (完全反磁性、図 5.3(a))。この現象は 1933 年マイスナーとオクセンフェルトによって発見され、**マイスナー効果**とよばれている。$B = 0$ はバルクの超伝導体で成り立つ関係で、磁場は超伝導体の表面に**磁場の侵入の長さ** λ 程度侵入できる。λ は $10^2 \sim 10^3 \text{Å}$ 程度である。

(4) **臨界磁場**

磁場がある臨界値 (**臨界磁場** H_c) を越えると超伝導状態は壊れ、ノーマル状態になり、磁束が中に侵入する。$H_c(T)$ は温度の上昇と共に減少し、T_c で 0 になる。図 5.3(a) のように磁束を完全に排除すると、磁場のエネルギーに関しては $H^2/8\pi$ だけ超伝導状態の方が損をしていることになる。したがって、磁場のエ

ネルギーを除いた超伝導状態、ノーマル状態の自由エネルギー（単位体積あたり）を $F_s(T)$, $F_n(T)$ とすると、臨界磁場 $H_c(T)$ は

$$F_s(T) = F_n(T) - \frac{H_c(T)^2}{8\pi} \tag{5.2}$$

を満たす。エントロピーは $S = -\partial F/\partial T$ から、

$$S_s(T) = S_n(T) + \frac{1}{4\pi} H_c(T) \frac{\mathrm{d}H_c(T)}{\mathrm{d}T} \tag{5.3}$$

比熱は $C = T\partial S/\partial T$ から

$$C_s(T) = C_n(T) + \frac{T}{4\pi}\left[H_c(T)\frac{\mathrm{d}^2 H_c(T)}{\mathrm{d}T^2} + \left(\frac{\mathrm{d}H_c(T)}{\mathrm{d}T}\right)^2\right] \tag{5.4}$$

が得られ、臨界磁場の温度変化と関係している。特に、図 5.2 に例を示した比熱の転移温度でのとびの大きさは、式 (5.4) より

$$C_s(T_c - 0) - C_n(T_c + 0) = \frac{T_c}{4\pi}\left(\frac{\mathrm{d}H_c(T)}{\mathrm{d}T}\right)^2\bigg|_{T\to T_c - 0} \tag{5.5}$$

で、臨界磁場の転移温度直下での H_c の温度変化と結びついている。

上に述べたように H_c で超伝導状態からノーマル状態へ転移するものを**第1種超伝導体**といい（図 5.3(b)）、Al, Sn, Hg, Pb などの単体の超伝導体がその例である。これに対して、**第2種超伝導体**では H_c より低い**下部臨界磁場** H_{c1} から磁束が超伝導体に入りはじめ、**上部臨界磁場** $H_{c2}(> H_c)$ でノーマル状態へ転移する[2]（図 5.3(c)）。

(5) 同位元素効果

超伝導体を構成する原子をその同位体で置換すると、化学的には違いがないにもかかわらず超伝導転移温度が変化すること（同位元素効果）がある。転移温度 T_c の原子の質量 M への依存性を

$$T_c \propto M^{-\beta} \tag{5.6}$$

---

[2] 第1種と第2種超伝導体の区別は磁場の侵入の長さ λ とコヒーレンスの長さ ξ（5.4 節を参照）の比 $\kappa = \lambda/\xi$ の大きさによって決まる。$\kappa < 1/\sqrt{2}$ のときには第1種超伝導体に、$\kappa > 1/\sqrt{2}$ の場合には第2種超伝導体になる [1~3]。

5.1. 超伝導：実験が示す基本的性質と現象論   127

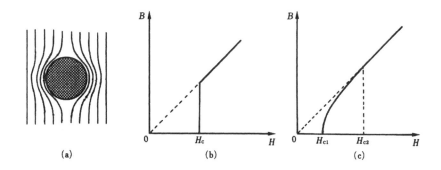

図 5.3: (a) 超伝導体からの磁束の排除 (マイスナー効果)、(b) 第 1 種超伝導体での B と H の関係、(c) 第 2 種超伝導体での B と H の関係。

とするとき、典型的超伝導体では $\beta \sim 0.5$ である。超伝導体によっては、β の値がほとんど 0 のものもある。T_c が M に依存するということは、固体内での原子の運動、すなわち、格子振動が超伝導に影響を与えている証拠であり、超伝導の微視的理論の建設に重要なヒントを与える。

(6) **励起のエネルギー・ギャップ**

典型的超伝導体では励起エネルギーに有限のギャップが存在する。そのような超伝導体では、超伝導転移温度に比べて十分低温 ($T \ll T_c$) で、比熱など多くの物理量が指数関数的温度依存性を示す[3]。

(7) **ジョセフソン効果**

これについては 5.8 節で詳しく述べる。現在では超伝導のさまざまな性質の中で最も基本的なものと考えられている。

(8) **超伝導になる物質と超伝導転移温度**

長い間の研究の積み重ねによって、超伝導は例外的現象というよりは金属が低温で示す普遍的現象とみなされるようになって

---

[3] エネルギー・ギャップの存否は常に超伝導の重要なポイントであるが、有限のエネルギー・ギャップがあることは必ずしも超伝導の必要条件ではない、と現在では考えられている。これはギャップレス超伝導というものの存在が確認されたことによる。

Li	Be 0.026										B	C	N	O	F	Ne	
Na	Mg										Al 1.2	Si	P	S	Cl	Ar	
K	Ca	Sc	Ti 0.39	V 5.3	Cr	Mn	Fe	Co	Ni	Cu	Zn	Ga 0.9	Ge	As	Se	Br	Kr
Rb	Sr	Y	Zr 0.52	Nb 9.2	Mo 0.92	Tc 8.8	Ru 0.49	Rh	Pd	Ag	Cd 0.56	In 3.41	Sn 3.75	Sb	Te	I	Xe
Cs	Ba	La 6.0	Hf 0.09	Ta 4.48	W 0.01	Re 1.70	Os 0.66	Ir 0.11	Pt	Au	Hg 4.16	Ti 2.4	Pb 7.2	Bi	Po	At	Rn
Fr	Ra	Ac															

Ce	Pr	Nd	Pm	Sm	Eu	Gd	Tb	Dy	Ho	Er	Tm	Yb	Lu 0.1
Th 1.37	Pa 1.4	U 1.8	Np	Pu	Am 0.79	Cm	Bk	Cf	Es	Fm	Md	No	Lr

図 5.4: 単体で超伝導になる元素。数字は転移温度 (K) を示す。斜線は圧力下で超伝導になる元素、網かけをした元素は磁性体になる元素である。この表には 1996 年までの結果が示されている。1996 年以後も圧力下での超伝導の発見が続いている ([26] を見よ)。

きた。このことは、図 5.4 の周期表が示すように、単体金属で超伝導になる元素が非常に多いこと、また、常圧では超伝導にならなくても、圧力をかけると超伝導になる元素が多く、その数が増えていることから理解できる。

1970 年代の終わりころから新しい物質を合成する研究が進み、その中から超伝導体としても新顔が次々と登場してきた。重い電子系とよばれる希土類化合物とアクチナイド化合の超伝導体、Cu イオンを含む酸化物（銅酸化物高温超伝導体）がそれである[4]。これらは、それまでの常識からは、超伝導が期待されていなかった物質群である。しかも、銅酸化物高温超伝導体の転移温度は極めて高い。図 5.5 に超伝導転移温度の最高値が年と共にどう上昇したかを示す。1986 年の銅酸化物高温超伝導体の発見の意義はこの図からも明瞭である。21 世紀に入ってから日

---
[4]解説書、総合報告として [8,13, 27] を参照して頂きたい。

5.1. 超伝導：実験が示す基本的性質と現象論

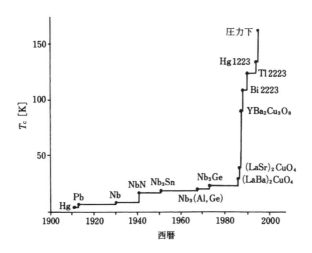

図 5.5: 超伝導転移温度の最高値はどう上昇したか

本の研究者による新しい超伝導体の発見が続いている [27]。大きい発見としては、2001 年の MgB_2 ($T_c = 39$ K) の超伝導の発見、2008 年の Fe プニクトゲン系超伝導体の発見 [28] (これまでのところこのグループの T_c の最高値は 55 K) がある。T_c の高さに関する限り、銅酸化物高温超伝導体の T_c の最高記録を超えるものは見つかっていない。

現象論からみたマイスナー効果

以上の実験事実はどう理解できるだろうか? もちろん、それこそ次節以降の課題であるが、ここでは現象論の立場 (F. ロンドンによる) からマイスナー効果が起こるにはどのような条件が必要かを簡単に考えてみよう。

磁場のベクトル・ポテンシャルを A とすると、電流密度 j は電子の速度を v、電子密度を n として

$$j = n(-e)v = \frac{n(-e)}{m}\left(p + \frac{e}{c}A\right) \tag{5.7}$$

と書ける。p は正準運動量である。いま、超伝導状態が基底状

態で実現しているとし、$A \neq 0$ での基底状態で式 (5.7) の期待値を求めると、

$$\langle j \rangle = \frac{n(-e)}{m}(\langle p \rangle + \frac{e}{c}A) \tag{5.8}$$

であるが、何かの理由で $\langle p \rangle = 0$ であると仮定しよう（$A = 0$ のときは $\langle p \rangle = 0$ は自然である。ここでの仮定は、$A \neq 0$ であっても、超伝導状態の波動関数は"硬く"、A の影響を受けない、と仮定していることになる。もちろん、普通のノーマル状態では $\langle p \rangle$ は A に比例する寄与があり、0 ではない）。もし、この仮定が許されるならば、電流 $j_s \equiv \langle j \rangle$ は

$$j_s = -\frac{1}{\Lambda c}A \qquad (1/\Lambda = ne^2/m) \tag{5.9}$$

を満たす。式 (5.9) は**ロンドン方程式**とよばれる。

式 (5.9) の回転をとり、マックスウェルの方程式

$$\nabla \times B = \frac{4\pi}{c}j_s \tag{5.10}$$

と組み合せると、

$$\nabla^2 B = \frac{1}{\lambda^2}B \qquad \left(\lambda = \sqrt{\frac{c^2\Lambda}{4\pi}} = \sqrt{\frac{mc^2}{4\pi ne^2}}\right) \tag{5.11}$$

が得られる。ここで $\nabla \cdot B = 0$ を考慮している。式 (5.11) から、超伝導体の表面が $x = 0$ にあり、$x > 0$ に超伝導体があるとすると、磁場は $\exp(-x/\lambda)$ に比例して減少し、十分内部では $B = 0$ となる。λ は磁場の侵入の長さに対応している。n に典型的な金属の電子密度を代入すると λ は実験値の大きさに近い。温度が転移温度になるとノーマル状態に移行しなければならないから、ここに登場する電子密度 n は本来は「超伝導電子の密度」n_s というべき量であって、$T \to T_c$ で $n_s \to 0$ となるはずである。こうして一応マイスナー効果が示されたことになる。この現象論から、超伝導状態の波動関数がベクトル・ポテンシャルによる摂動に対して変化しにくい（A の 1 次での波動関数の変化が無視できる）という奇妙な性質をもつことがわかった。5.8 節でこの問題を再び考える。

5.2　電子と格子振動との相互作用

　第 1 章で述べたように、周期的に原子が並んでいるときの電子状態はブロッホ関数で記述され、波数ベクトル $\boldsymbol{k}$ がよい量子数になっている。格子振動は原子の並び方に乱れを起こすから、異なる $\boldsymbol{k}$ をもつブロッホ状態間の混合が起こる。これを「電子と格子振動との相互作用」という。以下では、簡単な金属を念頭において、電子と格子振動との相互作用とその効果について考えよう [1,4,14,15]。

　格子点 $\boldsymbol{r}$ の原子の変位を $\boldsymbol{u}(\boldsymbol{r})$ とする。格子点は離散的な値しかとれないが、原子の変位が長波長の緩やかに空間変化するものであれば、連続体近似を適用して $\boldsymbol{r}$ を連続変数とみなせるであろう。このとき $\boldsymbol{u}(\boldsymbol{r})$ の発散 $\boldsymbol{\nabla} \cdot \boldsymbol{u}(\boldsymbol{r}) = \Delta(\boldsymbol{r})$ は格子の局所的膨張に対応する量である。格子が膨張するとイオン (正の電荷をもつ) の密度が減少し、平均より負に帯電するので、負の電荷を持つ電子を遠ざけることになる。この効果は

$$\mathcal{H}' = \frac{1}{v} \int d\boldsymbol{r} C \Delta(\boldsymbol{r}) n(\boldsymbol{r}) \tag{5.12}$$

のような相互作用として書けるであろう。ここで、$v = \Omega/N_\mathrm{A}$ は単位胞の体積、$n(\boldsymbol{r})$ は電子密度の演算子

$$n(\boldsymbol{r}) = \sum_\sigma \psi_\sigma^\dagger(\boldsymbol{r}) \psi_\sigma(\boldsymbol{r}), \tag{5.13}$$

C は結合定数である[5]。$\boldsymbol{u}(\boldsymbol{r})$ と $\psi_\sigma(\boldsymbol{r})$ のフーリエ変換

$$\boldsymbol{u}(\boldsymbol{r}) = \frac{1}{\sqrt{N_\mathrm{A}}} \sum_{\boldsymbol{q}} \boldsymbol{u}_{\boldsymbol{q}}\, e^{i\boldsymbol{q}\cdot\boldsymbol{r}}$$

$$\psi_\sigma(\boldsymbol{r}) = \frac{1}{\sqrt{N_\mathrm{A}}} \sum_{\boldsymbol{k}} c_{\boldsymbol{k}\sigma} e^{i\boldsymbol{k}\cdot\boldsymbol{r}} \tag{5.14}$$

を代入すると、

$$\mathcal{H}' = \frac{1}{\sqrt{N_\mathrm{A}}} \sum_{\boldsymbol{q}\boldsymbol{k}\sigma} iC\boldsymbol{q} \cdot \boldsymbol{u}_{\boldsymbol{q}}\, c_{\boldsymbol{k}+\boldsymbol{q}\sigma}^\dagger c_{\boldsymbol{k}\sigma} \tag{5.15}$$

---
[5]であり、C の大きさはフェルミ・エネルギー ε_F の程度である [1]。

と書ける。格子変位 $u(r)$ は格子振動の量子（フォノン）の生成、消滅演算子 $b_q^\dagger, b_q$ を用いて

$$u(r) = \frac{1}{\sqrt{N_A}} \sum_q \varepsilon_q \sqrt{\frac{\hbar}{2M\omega_q}} (b_q - b_{-q}^\dagger) e^{iq\cdot r} \tag{5.16}$$

と表せる。ω_q は格子振動の振動数、$\varepsilon_q = q/|q|$ は格子振動での原子変位の方向（偏り）を示し、いまの場合変位が q の方向を向いているから縦波である。式 (5.16) を式 (5.15) に代入して

$$\mathcal{H}' = \frac{1}{\sqrt{N_A}} \sum_{kq\sigma} i\alpha_q (b_q - b_{-q}^\dagger) c_{k+q\sigma}^\dagger c_{k\sigma} \tag{5.17}$$

となる。ここで $\alpha_q = C|q|\sqrt{\hbar/2M\omega_q}$ である。式 (5.17) は (k, σ) の電子が波数 q のフォノンを吸収して $(k+q, \sigma)$ になるプロセスと、$-q$ のフォノンを放出して $(k+q, \sigma)$ になるプロセスを表している。

一方、イオンの格子振動のエネルギーは、

$$\mathcal{H}_{\text{ph}} = \sum_q \hbar\omega_q \left(b_q^\dagger b_q + \frac{1}{2} \right) \tag{5.18}$$

である。

電子と格子振動との相互作用のさまざまな効果

電子と格子振動との相互作用の影響を見るには、$\mathcal{H}'$ が弱いとして摂動論を適用して考えるとよい [14, 15]。

(1) 電子の散乱

電子は熱的に励起された格子振動によって散乱される。散乱の前後で運動量とエネルギーが保存していなければならないから、式 (5.17) でフォノンの吸収のときは $\varepsilon_k + \hbar\omega_q = \varepsilon_{k+q}$、フォノンの放出のときは $\varepsilon_k = \hbar\omega_{-q} + \varepsilon_{k+q}$ が満たされる必要がある。格子振動による散乱は通常の金属の電気抵抗の主たる原因である。

(2) 電子の自己エネルギー

5.2. 電子と格子振動との相互作用

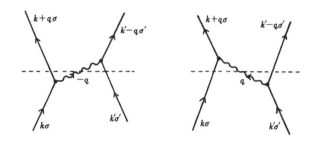

図 5.6: 格子振動を媒介にした電子間相互作用

電子が格子振動を励起する 2 次のプロセスで、中間状態でエネルギーが保存しないプロセスは電子のエネルギー変化を与える。物理的には、これは電子が格子変位を引きずりながら運動することに対応し、電子の有効質量を増大させる効果をもつ。

(3) 格子振動への影響

格子振動と電子との相互作用の結果、格子振動の振動数 ω_q も影響を受ける。ここでは詳しく触れないが、この効果は Pb などで観測されている。ω_q への影響は「コーン異常」(Kohn anomaly) とよばれる。

(4) 電子間の有効相互作用

電子が格子振動を励起し、その励起を別の電子が受け取る 2 次のプロセスから電子間の相互作用が生ずる (図 5.6)。この 2 次のプロセスを具体的に書くと、

$$\sum_{kk'q\sigma\sigma'} \frac{\alpha_q^2}{\varepsilon_k - \varepsilon_{k+q} - \hbar\omega_q} c^\dagger_{k'-q\sigma'} c_{k'\sigma'} c^\dagger_{k+q\sigma} c_{k\sigma}$$

$$+ \sum_{kk'q\sigma\sigma'} \frac{\alpha_q^2}{\varepsilon_{k'} - \varepsilon_{k'-q} - \hbar\omega_q} c^\dagger_{k+q\sigma} c_{k\sigma} c^\dagger_{k'-q\sigma'} c_{k'\sigma'}$$

$$= \sum_{kk'q\sigma\sigma'} \left(\frac{\alpha_q^2}{\varepsilon_k - \varepsilon_{k+q} - \hbar\omega_q} + \frac{\alpha_q^2}{\varepsilon_{k'} - \varepsilon_{k'-q} - \hbar\omega_q} \right)$$

$$\times c^\dagger_{\bm{k}+\bm{q}\sigma} c^\dagger_{\bm{k}'-\bm{q}\sigma'} c_{\bm{k}'\sigma'} c_{\bm{k}\sigma} \tag{5.19}$$

となる。和を完全にとると $\bm{k}\sigma$ と $\bm{k}'\sigma'$ を 2 重に数えることになるので 1/2 をつけねばならない。よって、

$$\mathcal{H}_{\text{eff}} = \frac{1}{2} \sum_{\bm{k}\bm{k}'\bm{q}\sigma\sigma'} c^\dagger_{\bm{k}+\bm{q}\sigma} c^\dagger_{\bm{k}'-\bm{q}\sigma'} c_{\bm{k}'\sigma'} c_{\bm{k}\sigma}$$
$$\times \left(\frac{\alpha_{\bm{q}}^2}{\varepsilon_{\bm{k}} - \varepsilon_{\bm{k}+\bm{q}} - \hbar\omega_{\bm{q}}} + \frac{\alpha_{\bm{q}}^2}{\varepsilon_{\bm{k}'} - \varepsilon_{\bm{k}'-\bm{q}} - \hbar\omega_{\bm{q}}} \right) \tag{5.20}$$

が格子振動の量子（フォノン）の交換によって生ずる「有効電子間相互作用」である。$\bm{q}$ がフェルミ波数程度のとき、$\omega_{\bm{q}}$ はデバイ振動数程度である。よって、フェルミ面近傍の散乱のプロセス（$\varepsilon_{\bm{k}} - \varepsilon_{\bm{k}+\bm{q}} \sim 0$, $\varepsilon_{\bm{k}'} - \varepsilon_{\bm{k}'-\bm{q}} \sim 0$）では相互作用は負（引力）になっている。その部分だけを取り出すと、

$$\mathcal{H}_{\text{eff}} = -\sum_{\bm{k}\bm{k}'\bm{q}\sigma\sigma'} \frac{\alpha_{\bm{q}}^2}{\hbar\omega_{\bm{q}}} c^\dagger_{\bm{k}+\bm{q}\sigma} c^\dagger_{\bm{k}'-\bm{q}\sigma'} c_{\bm{k}'\sigma'} c_{\bm{k}\sigma} \tag{5.21}$$

となる。q の小さいところでは $\alpha_{\bm{q}}^2$ と $\omega_{\bm{q}}$ はともに q に比例するから、$\alpha_{\bm{q}}^2/\omega_{\bm{q}}$ は q にほとんどよらないと考えてよい。したがって、この有効相互作用は到達距離が短距離の、方向によらない引力を表している。

ここでは、フォノンの交換によって電子間に引力的相互作用が生ずることを述べたが、次節で述べるように、この引力的相互作用を最も得する状態が超伝導である。では、超伝導を引き起こす相互作用はこれだけであろうか？ それについては多くの理論的提案がある。例えば、「電気的分極」を励起として利用する可能性が提案されているが [14]、現在までのところこれを支持する実験的な証拠はない。一方、中性のフェルミ液体 ^{3}He の超流動（超伝導と同じ）、重い電子系の超伝導、銅酸化物高温超伝導体などのメカニズムとして有力視されているのは、粒子間の斥力（電子の場合にはクーロン斥力）およびそれによっ

て引き起こされる「スピンの揺らぎ」を媒介にする機構である [6,8,17,18]。

5.3 BCS理論

式 (5.21) の引力相互作用から超伝導を理論的に導くのが次のステップである。バーディーンらがどのような工夫をしたかについては原著者の書いたものに詳しく記されている [4,19,20]。主な工夫は次の通りである。

(1) 相互作用は引力であっても、フェルミ粒子特有の粒子の入れ換えに伴う符号変化のために、一般には行列要素は正になったり、負になったりする。引力を有効に利用するにはこの符号の変動を避ける必要がある。このためには「電子対」を作って、個々の電子でなく、「対がいるか、いないか」のいずれかの状態をとるようになっていればよいこと。

(2) 「電子対」として全運動量がゼロの対を作るとフェルミ面近傍で状態の組合せの数が多くなり最も有利である。この点を考慮して電子間相互作用をさらに簡略化すると、

$$\mathcal{H}' = \frac{1}{2} \sum_{\boldsymbol{k}\boldsymbol{k}'\sigma\sigma'} V(\boldsymbol{k}',\boldsymbol{k}) c^\dagger_{\boldsymbol{k}'\sigma} c^\dagger_{-\boldsymbol{k}'\sigma'} c_{-\boldsymbol{k}\sigma'} c_{\boldsymbol{k}\sigma} \tag{5.22}$$

となる。ここで、相互作用は $V(\boldsymbol{k}',\boldsymbol{k})$ という一般的な形においておく。

「対」をつくるときのスピン状態としては、**一重項対**（このとき軌道部分は粒子の入れ換えについて対称的）、**三重項対**（軌道部分は粒子の入れ換えについて反対称的）の二つの可能性があり、いずれが実現するかは $V(\boldsymbol{k}',\boldsymbol{k})$ に依存する。超伝導ではスピン一重項の対が実現していることが多いので、以下では一

重項対に限ることにしよう[6]。すると、電子間の相互作用は、

$$\mathcal{H}' = \frac{1}{2}\sum_{\bm{k}\bm{k}'} V(\bm{k}',\bm{k})(c^\dagger_{-\bm{k}'\downarrow}c^\dagger_{\bm{k}'\uparrow}c_{\bm{k}\uparrow}c_{-\bm{k}\downarrow}$$
$$+c^\dagger_{-\bm{k}'\uparrow}c^\dagger_{\bm{k}'\downarrow}c_{\bm{k}\downarrow}c_{-\bm{k}\uparrow})$$
$$= \sum_{\bm{k}\bm{k}'} V(\bm{k}',\bm{k})c^\dagger_{-\bm{k}'\downarrow}c^\dagger_{\bm{k}'\uparrow}c_{\bm{k}\uparrow}c_{-\bm{k}\downarrow} \tag{5.23}$$

このように一重項に制限したときには、$V(\bm{k}',\bm{k})$ のうち次の対称性を持つ成分のみが効くことになる。

$$V(\bm{k},\bm{k}') = V(-\bm{k},\bm{k}') = V(\bm{k},-\bm{k}') = V(\bm{k}',\bm{k})^* \tag{5.24}$$

5.3.1 擬スピン表示

電子を $(\bm{k}\uparrow,-\bm{k}\downarrow)$ のように対で考えて、
$$|0\rangle, \qquad c^\dagger_{-\bm{k}\downarrow}c^\dagger_{\bm{k}\uparrow}|0\rangle$$
で張られる状態空間では、すべての演算子がパウリ演算子（擬スピン）を使って表現することができる。実際、$|0\rangle$ を擬スピンの上向きに、$c^\dagger_{-\bm{k}\downarrow}c^\dagger_{\bm{k}\uparrow}|0\rangle$ を下向きに対応させると、

$$\begin{aligned}1 - c^\dagger_{\bm{k}\uparrow}c_{\bm{k}\uparrow} - c^\dagger_{-\bm{k}\downarrow}c_{-\bm{k}\downarrow} &= \sigma^z_{\bm{k}} \\ c_{\bm{k}\uparrow}c_{-\bm{k}\downarrow} &= \frac{1}{2}(\sigma^x_{\bm{k}} + i\sigma^y_{\bm{k}}) \\ c^\dagger_{-\bm{k}\downarrow}c^\dagger_{\bm{k}\uparrow} &= \frac{1}{2}(\sigma^x_{\bm{k}} - i\sigma^y_{\bm{k}})\end{aligned} \tag{5.25}$$

という対応関係がある。この表示では、ハミルトニアンは

$$\mathcal{H} = -\sum_{\bm{k}}(\varepsilon_{\bm{k}} - \varepsilon_{\mathrm{F}})\sigma^z_{\bm{k}} + \sum_{\bm{k}\bm{k}'} V(\bm{k}',\bm{k})\frac{1}{4}\left(\sigma^x_{\bm{k}'}\sigma^x_{\bm{k}} + \sigma^y_{\bm{k}'}\sigma^y_{\bm{k}}\right) \tag{5.26}$$

となる。ここで、第 1 項は電子の運動エネルギー

$$\mathcal{H}_0 = \sum_{\bm{k}\sigma}(\varepsilon_{\bm{k}} - \varepsilon_{\mathrm{F}})c^\dagger_{\bm{k}\sigma}c_{\bm{k}\sigma} \tag{5.27}$$

---
[6]三重項対は液体 ^{3}He で実現している。金属の超伝導では $\mathrm{Sr_2RuO_4}$ がスピン三重項対の例である [8,18]。

5.3. BCS 理論

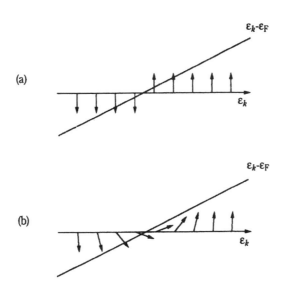

図 5.7: 擬スピン表示で見た BCS モデル。(a) ハミルトニアン (5.26) の第 1 項を最低にする状態 (ノーマル状態に対応)、(b) 第 1 項と第 2 項の和を最低にする状態 (超伝導状態に対応)。

の書き換えで、定数項は落している。第 2 項では、簡単のため、$W(k', k)$ は実数であると仮定している。式 (5.26) を**擬スピン表示**という。対の有無だけの部分空間で成り立つ関係である。運動エネルギー項は磁場の中の「擬スピンのゼーマン・エネルギー」に対応し、相互作用項は「擬スピンの xy 成分間の相互作用」に対応している。この表示はアンダーソンによって提唱された [19]。イメージのわきにくい超伝導の問題をイメージがつかみやすいスピン系におき換えていて、BCS 理論を理解するには有用である (図 5.7) 。

擬スピン表示では、$V(k', k)$ は擬スピン間の相互作用を表すが、各擬スピンが相互作用している相手の擬スピンの数は電子総数のうちの $\hbar\omega_D/\varepsilon_F (\sim 10^{-2})$ 程度 (ω_D はデバイ振動数) であり、非常に多い。したがって、平均場近似が正確な解を与え

る (これに対して、通常の磁性体では、相互作用している相手の数は最近接原子数程度で少ないので、平均場近似からのずれが常に見られる)。

平均場近似では式 (5.26) は

$$
\begin{aligned}
\mathcal{H} = &-\sum_{\bm{k}}(\varepsilon_{\bm{k}} - \varepsilon_{\mathrm{F}})\sigma_{\bm{k}}^z \\
&+ \sum_{\bm{k}\bm{k}'} V(\bm{k}',\bm{k})\frac{1}{4}\Big[2\big(\langle\sigma_{\bm{k}'}^x\rangle\sigma_{\bm{k}}^x + \langle\sigma_{\bm{k}'}^y\rangle\sigma_{\bm{k}}^y\big) \\
&\qquad - \big(\langle\sigma_{\bm{k}'}^x\rangle\langle\sigma_{\bm{k}}^x\rangle + \langle\sigma_{\bm{k}'}^y\rangle\langle\sigma_{\bm{k}}^y\rangle\big)\Big] \quad (5.28)
\end{aligned}
$$

でおき換えられる。式 (5.25) を使って元のフェルミオンの表示にもどすと、

$$
\begin{aligned}
\mathcal{H} = &\sum_{\bm{k}\sigma}\xi_{\bm{k}}c_{\bm{k}\sigma}^\dagger c_{\bm{k}\sigma} - \sum_{\bm{k}}\Big(\Delta_{\bm{k}}c_{-\bm{k}\downarrow}^\dagger c_{\bm{k}\uparrow}^\dagger + \mathrm{h.c.}\Big) \\
&+ \sum_{\bm{k}}\Delta_{\bm{k}}\langle c_{-\bm{k}\downarrow}^\dagger c_{\bm{k}\uparrow}^\dagger\rangle \quad (5.29)
\end{aligned}
$$

となる。ここで、$\xi_{\bm{k}} = \varepsilon_{\bm{k}} - \varepsilon_{\mathrm{F}}$、また、

$$
\Delta_{\bm{k}} = -\sum_{\bm{k}'} V(\bm{k},\bm{k}')\langle c_{\bm{k}'\uparrow}c_{-\bm{k}'\downarrow}\rangle, \quad (5.30)
$$

である。式 (5.29) と式 (5.30) に登場する $\langle\cdots\rangle$ は式 (5.29) のハミルトニアンについての統計平均を表す。$\Delta_{\bm{k}}$ は、擬スピン表示では擬スピンに働く「分子場」に対応する複素数の量である。また、$\langle c_{\bm{k}\uparrow}c_{-\bm{k}\downarrow}\rangle$ は電子対の波動関数の振幅を表し、**対の振幅**とよばれる。

式 (5.29) を対角化するには、ボゴリューボフ変換

$$
\begin{aligned}
\alpha_{\bm{k}\uparrow} &= u_{\bm{k}}c_{\bm{k}\uparrow} - v_{\bm{k}}c_{-\bm{k}\downarrow}^\dagger \\
\alpha_{-\bm{k}\downarrow}^\dagger &= u_{\bm{k}}c_{-\bm{k}\downarrow}^\dagger + v_{\bm{k}}^* c_{\bm{k}\uparrow}
\end{aligned}
\quad (5.31)
$$

を適用すればよい。$u_{\bm{k}}$ は実数にとっても一般性を失わない。$[\alpha_{\bm{k}\uparrow},\ \alpha_{\bm{k}\uparrow}^\dagger]_+ = \alpha_{\bm{k}\uparrow}\alpha_{\bm{k}\uparrow}^\dagger + \alpha_{\bm{k}\uparrow}^\dagger\alpha_{\bm{k}\uparrow} = 1$ を要請すると、係数は

$$
u_{\bm{k}}^2 + |v_{\bm{k}}|^2 = 1 \quad (5.32)
$$

5.3. BCS 理論

を満たさねばならない。式 (5.31) の逆変換は

$$c_{\bm{k}\uparrow} = u_{\bm{k}}\alpha_{\bm{k}\uparrow} + v_{\bm{k}}\alpha^{\dagger}_{-\bm{k}\downarrow}$$
$$c^{\dagger}_{-\bm{k}\downarrow} = u_{\bm{k}}\alpha^{\dagger}_{-\bm{k}\downarrow} - v^{*}_{\bm{k}}\alpha_{\bm{k}\uparrow} \tag{5.33}$$

である。これを代入して、式 (5.29) が $\alpha_{\bm{k}\uparrow}$, $\alpha^{\dagger}_{-\bm{k}\downarrow}$ について対角的になるようにするため、$\alpha_{-\bm{k}\downarrow}\alpha_{\bm{k}\uparrow}$ および $\alpha^{\dagger}_{\bm{k}\uparrow}\alpha^{\dagger}_{-\bm{k}\downarrow}$ の項の係数が 0 になるように選ぶ。それには $u_{\bm{k}}$, $v_{\bm{k}}$ が

$$2\xi_{\bm{k}}u_{\bm{k}}v^{*}_{\bm{k}} - \Delta_{\bm{k}}v^{*2}_{\bm{k}} + \Delta^{*}_{\bm{k}}u^{2}_{\bm{k}} = 0 \tag{5.34}$$

を満たすようにすればよい。

複素数 $\Delta_{\bm{k}}$ は $\bm{k}$ の方向によって符号をかえる可能性がある。また、$\bm{k}$ に依らない位相因子をもちうる (後者は擬スピン表示では xy 面内での擬スピンの平均値の xy 面内での向きに対応している)。両者を含めて $\Delta_{\bm{k}} = |\Delta_{\bm{k}}|e^{i\phi_{\bm{k}}}$ とおき、式 (5.32) と式 (5.34) を解くと

$$u_{\bm{k}}^{2} = \frac{1}{2}\left(1 + \frac{\xi_{\bm{k}}}{E_{\bm{k}}}\right), \quad |v_{\bm{k}}|^{2} = \frac{1}{2}\left(1 - \frac{\xi_{\bm{k}}}{E_{\bm{k}}}\right) \tag{5.35}$$

$$E_{\bm{k}} = \sqrt{\xi_{\bm{k}}^{2} + |\Delta_{\bm{k}}|^{2}} \tag{5.36}$$

が得られる。こうして、ハミルトニアン (5.29) は

$$\mathcal{H} = E_g + \sum_{\bm{k}} E_{\bm{k}}(\alpha^{\dagger}_{\bm{k}\uparrow}\alpha_{\bm{k}\uparrow} + \alpha^{\dagger}_{-\bm{k}\downarrow}\alpha_{-\bm{k}\downarrow}) \tag{5.37}$$

$$E_g = \sum_{\bm{k}}\left(2\xi_{\bm{k}}|v_{\bm{k}}|^{2} + \Delta_{\bm{k}}u_{\bm{k}}v^{*}_{\bm{k}} + \Delta^{*}_{\bm{k}}u_{\bm{k}}v_{\bm{k}}\right.$$
$$\left. + \Delta_{\bm{k}}\langle c^{\dagger}_{-\bm{k}\downarrow}c^{\dagger}_{\bm{k}\uparrow}\rangle\right) \tag{5.38}$$

となり、対角化できた。E_g は $T=0$ では基底エネルギーになる量である。$\alpha^{\dagger}_{\bm{k}\uparrow}\alpha_{\bm{k}\uparrow}$, $\alpha^{\dagger}_{-\bm{k}\downarrow}\alpha_{-\bm{k}\downarrow}$ は準粒子 (素励起) の数、$E_{\bm{k}}$ は励起エネルギーである。素励起としての準粒子 (フェルミ統計に従う) の有限温度での平均数は、式 (5.37) より

$$\langle\alpha^{\dagger}_{\bm{k}\uparrow}\alpha_{\bm{k}\uparrow}\rangle = \langle\alpha^{\dagger}_{-\bm{k}\downarrow}\alpha_{-\bm{k}\downarrow}\rangle = f(E_{\bm{k}}) \tag{5.39}$$

となる。$f(x)$ はフェルミ分布関数 $f(x) = 1/(e^{\beta x} + 1)$ である。

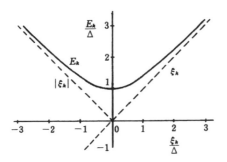

図 5.8: 超伝導状態での励起スペクトル。$|\Delta_{\boldsymbol{k}}| = \Delta = $ 定数 の場合。

5.3.2 ギャップ方程式とその解

準粒子のエネルギー $E_{\boldsymbol{k}} = \sqrt{\xi_{\boldsymbol{k}}^2 + |\Delta_{\boldsymbol{k}}|^2}$ はフェルミ・エネルギー上 ($\xi_{\boldsymbol{k}} = 0$) では $E_{\boldsymbol{k}} = |\Delta_{\boldsymbol{k}}|$ となるので $|\Delta_{\boldsymbol{k}}|$ はエネルギー・ギャップに対応する (図 5.8)。$\Delta_{\boldsymbol{k}}$ は式 (5.30) によって決まるが、この式の右辺の平均 $\langle \cdots \rangle$ は式 (5.37) の $\mathcal{H}$ を用いてとる。式 (5.39) を用いると、

$$\langle c_{\boldsymbol{k}\uparrow} c_{-\boldsymbol{k}\downarrow} \rangle = \frac{\Delta_{\boldsymbol{k}}}{2E_{\boldsymbol{k}}} \tanh\left(\frac{1}{2}\beta E_{\boldsymbol{k}}\right) \tag{5.40}$$

となるので、$\Delta_{\boldsymbol{k}}$ は

$$\Delta_{\boldsymbol{k}} = -\sum_{\boldsymbol{k}'} V(\boldsymbol{k},\boldsymbol{k}') \frac{\Delta_{\boldsymbol{k}'}}{2E_{\boldsymbol{k}'}} \tanh\left(\frac{1}{2}\beta E_{\boldsymbol{k}'}\right) \tag{5.41}$$

から決まる。この式を BCS の**ギャップ方程式**という。

式 (5.21) にもどって、フェルミ・エネルギーの近傍 $\hbar\omega_{\mathrm{D}}$ の幅の中でのみ引力が効いているとして、$V(\boldsymbol{k},\boldsymbol{k}')$ を次のように簡単化しよう。

$$V(\boldsymbol{k},\boldsymbol{k}') = \begin{cases} -V & (|\xi_{\boldsymbol{k}}|, |\xi_{\boldsymbol{k}}'| < \hbar\omega_{\mathrm{D}} \text{のとき}) \\ 0 & (\text{それ以外のとき}) \end{cases} \tag{5.42}$$

5.3. BCS 理論

この簡単化で落ちている効果や関連する問題は 5.5 節、5.6 節で議論する。

まず、$T = 0$ K を考える。式 (5.42) の仮定の下では相互作用は方向に依らないから $|\Delta_{\boldsymbol{k}}| = \Delta = $ 定数 である。$T = 0$ K では式 (5.41) は

$$\Delta = V N(\varepsilon_{\mathrm{F}}) \int_{-\hbar\omega_{\mathrm{D}}}^{\hbar\omega_{\mathrm{D}}} \mathrm{d}\xi \frac{\Delta}{2\sqrt{\xi^2 + \Delta^2}} \ . \tag{5.43}$$

となる。この方程式には自明な解 $\Delta = 0$ のほかに $\Delta \neq 0$ の解がありうる (解がある限り、前者より自由エネルギーが低い)。後者は

$$\begin{aligned}1 &= V N(\varepsilon_{\mathrm{F}}) \int_0^{\hbar\omega_{\mathrm{D}}} \mathrm{d}\xi \frac{1}{\sqrt{\xi^2 + \Delta^2}} \\ &\simeq V N(\varepsilon_{\mathrm{F}}) \log \frac{2\hbar\omega_{\mathrm{D}}}{\Delta}\end{aligned} \tag{5.44}$$

である。したがって、$T = 0$ K でのエネルギー・ギャップは

$$\Delta(0) = 2\hbar\omega_{\mathrm{D}} \exp\left(-\frac{1}{V N(\varepsilon_{\mathrm{F}})}\right) \tag{5.45}$$

で与えられる。

次に、超伝導転移温度 T_c を決める。それは、BCS のギャップ方程式 (5.41) で $\Delta \to 0$ とおいて、

$$\begin{aligned}1 &= V N(\varepsilon_{\mathrm{F}}) \int_0^{\hbar\omega_{\mathrm{D}}} \mathrm{d}\xi \frac{1}{\xi} \tanh\left(\frac{1}{2}\beta_c \xi\right) \\ &= V N(\varepsilon_{\mathrm{F}}) \left(\log\xi \tanh\xi \Big|_0^{\beta_c \hbar\omega_{\mathrm{D}}/2} - \int_0^{\beta_c \hbar\omega_{\mathrm{D}}/2} \mathrm{d}\xi \frac{\log\xi}{\cosh^2\xi} \right)\end{aligned} \tag{5.46}$$

から得られる。ここで、$\beta_c = 1/k_{\mathrm{B}} T_c$ である。$V N(\varepsilon_{\mathrm{F}}) \ll 1$ であれば $\beta_c \hbar \omega_{\mathrm{D}} \gg 1$ が期待できるから、第 2 項の積分の上限は ∞ とおいてよく、式 (4.17) に出てきた積分

$$\int_0^{\infty} \mathrm{d}\xi \frac{\log\xi}{\cosh^2\xi} = -\log\frac{4e^\gamma}{\pi} \tag{5.47}$$

($\gamma = 0.577\cdots$ はオイラーの定数)を用いて

$$\begin{aligned}k_B T_c &= \frac{2e^\gamma \hbar \omega_D}{\pi} e^{-1/VN(\varepsilon_F)} \\ &= 1.13\hbar\omega_D e^{-1/VN(\varepsilon_F)}\end{aligned} \quad (5.48)$$

となる。結晶の振動数 ω_D は結晶を構成する原子の質量 M と $\omega_D \propto M^{-1/2}$ のように関係しているから、T_c は

$$T_c \propto M^{-1/2} \quad (5.49)$$

のように M に依存する(同位元素効果)。

$2\Delta(0)$ と T_c の比をとると、

$$\frac{2\Delta(0)}{k_B T_c} = \frac{2\pi}{e^\gamma} = 3.53 \quad (5.50)$$

となり、物質に依らない定数である。これは BCS 理論の重要な結論の一つである。典型的な超伝導体に対する実験結果との比較を表 5.1 に示す。Hg と Pb が上の値よりやや大きいが、他はほぼ BCS の理論値と合っている。

表 5.1：典型的超伝導体の性質

	T_c(K)	$\theta_D = \hbar\omega_D/k_B$(K)	$2\Delta(0)/k_B T_c$	$(C_s - C_n)/C_n\vert_{T_c}$
Al	1.2	375	3.53	1.29〜1.59
In	3.4	109	3.65	1.73
Zn	0.9	235	3.44	1.30
Sn	3.75	195	3.57〜3.61	1.60
V	5.3	338	3.50	1.49
Nb	9.2	320	3.65	1.87
Hg	4.16	70	3.95	2.37
Pb	7.22	96	3.95	2.71
BCS 理論			3.53	1.43

ここで、$2\Delta(0)/k_B T_c = 3.53$ の関係のもつ意味を考えてみよう。この関係は $T = 0$ K で常伝導状態から測った超伝導状態でのエネルギーの低下 ΔE_g を決めているものと、T_c を決める

5.3. BCS 理論

エントロピーを支配している励起とが同一のものであることを示す。BCS 理論ではエントロピーは $E_{\bm{k}}$ で与えられる「個別励起」が決め、$T = 0$ K での ΔE_g もまた $E_{\bm{k}}$ によって決っているのでこのように比が定数となる[7]。

最後に、T_c 近傍でのギャップ方程式の解を求めよう。BCS のギャップ方程式は

$$\begin{aligned}
1/VN&(\varepsilon_{\mathrm{F}}) \\
&= \int_{-\hbar\omega_{\mathrm{D}}}^{\hbar\omega_{\mathrm{D}}} \mathrm{d}\xi \; \frac{1}{2E_k} \tanh\left(\frac{1}{2}\beta E_k\right) \\
&= \int_{-\hbar\omega_{\mathrm{D}}}^{\hbar\omega_{\mathrm{D}}} \mathrm{d}\xi \; \frac{1}{2\xi} \tanh\left(\frac{1}{2}\beta\xi\right) \\
&\quad + \int_{-\hbar\omega_{\mathrm{D}}}^{\hbar\omega_{\mathrm{D}}} \mathrm{d}\xi \Big[\frac{1}{2E_k} \tanh\left(\frac{1}{2}\beta E_k\right) - \frac{1}{2\xi} \tanh\left(\frac{1}{2}\beta\xi\right)\Big] \\
&= \log \frac{2e^{\gamma}\hbar\omega_{\mathrm{D}}}{\pi k_{\mathrm{B}} T} \\
&\quad + \int_{-\infty}^{\infty} \mathrm{d}\xi \Big[\frac{1}{2E_k} \tanh\left(\frac{1}{2}\beta E_k\right) - \frac{1}{2\xi} \tanh\left(\frac{1}{2}\beta\xi\right)\Big]
\end{aligned} \tag{5.51}$$

であるが、最後の積分に公式

$$\tanh\frac{x}{2} = \sum_{n=0}^{\infty} \frac{4x}{x^2 + (2n+1)^2\pi^2} \tag{5.52}$$

を用い、さらに、Δ について展開して、ξ 積分を実行すると、

$$\begin{aligned}
\frac{1}{VN(\varepsilon_{\mathrm{F}})} &= \log \frac{2e^{\gamma}\hbar\omega_{\mathrm{D}}}{\pi k_{\mathrm{B}}T} - \pi \sum_{n=0}^{\infty} \frac{\beta^2 \Delta^2}{(2n+1)^3 \pi^3} + O(\Delta^4) \\
&= \log \frac{2e^{\gamma}\hbar\omega_{\mathrm{D}}}{\pi k_{\mathrm{B}}T} - \frac{\Delta^2}{\pi^2(k_{\mathrm{B}}T)^2} \frac{7}{8}\zeta(3) + O(\Delta^4)
\end{aligned} \tag{5.53}$$

---

[7] この問題については 5.4 節も参照のこと。一般に、電子と格子振動の結合が強くなると、上の比は 3.53 より大きい値になる。また、銅酸化物高温超伝導体では、上の値は BCS の値より大きく、8 程度の値が多くの実験家により報告されている。

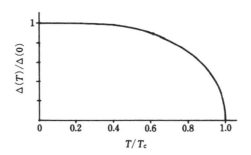

図 5.9: エネルギー・ギャップの温度依存性

となる。最後の式ではゼータ関数 $\zeta(x) = \sum_{n=1}^{\infty} n^{-x}$ を使った。これを書き直して、

$$\log \frac{T}{T_c} = -\frac{\Delta^2}{\pi^2 (k_B T)^2} \frac{7}{8} \zeta(3) \tag{5.54}$$

$$\Delta = \pi k_B T_c \left(\frac{8}{7\zeta(3)}\right)^{1/2} \left(\frac{T_c - T}{T_c}\right)^{1/2} \tag{5.55}$$

エネルギー・ギャップ Δ が T_c 以下で $T_c - T$ の 1/2 乗の特異性を示すというのは、2 次相転移の平均場理論の一般的特徴である。式 (5.51) から計算された Δ の温度依存性の全体を図 5.9 に示す。

5.3.3 エントロピー、自由エネルギー、比熱

式 (5.37) より、励起はフェルミ統計に従う準粒子の気体とみなせるから、エントロピーは

$$S = -2k_B \sum_{\boldsymbol{k}} \Big\{ [1 - f(E_{\boldsymbol{k}})] \log [1 - f(E_{\boldsymbol{k}})] \\ + f(E_{\boldsymbol{k}}) \log f(E_{\boldsymbol{k}}) \Big\} \tag{5.56}$$

で与えられる。2 は準粒子が 2 種類あるためである。$f(E_{\boldsymbol{k}})$ はフェルミ分布関数 $f(E_{\boldsymbol{k}}) = 1/(e^{\beta E_{\boldsymbol{k}}} + 1)$ である。熱力学の関

5.3. BCS 理論

係式 $C = T(\partial S/\partial T)$ に式 (5.56) を代入して得られる関係

$$
\begin{aligned}
C &= 2 \sum_{\bm{k}} E_{\bm{k}} \frac{\partial f(E_{\bm{k}})}{\partial T} \\
&= 2 \frac{1}{T} \sum_{\bm{k}} \left(E_{\bm{k}}^2 - \frac{1}{2} T \frac{\mathrm{d}\Delta^2}{\mathrm{d}T} \right) \left[-\frac{\partial f(E_{\bm{k}})}{\partial E_{\bm{k}}} \right]
\end{aligned} \tag{5.57}
$$

から比熱 C の温度変化を決めることができる。

まず、十分低温 ($k_\mathrm{B} T \ll \Delta$) では、比熱 C はエネルギー・ギャップの存在によって指数関数的に

$$
C \propto T^{-3/2} e^{-\Delta/k_\mathrm{B} T} \tag{5.58}
$$

に従って減少することは容易に確かめることができる。一方、T_c 直下での値とノーマル状態との差

$$
\Delta C = (C_\mathrm{s} - C_\mathrm{n}) \Big|_{T=T_c-0} \tag{5.59}
$$

には式 (5.57) の $\mathrm{d}\Delta^2/\mathrm{d}T$ からの寄与だけが残って

$$
\Delta C = \frac{1}{T_c} \sum_{\bm{k}} \frac{\partial f(\xi_{\bm{k}})}{\partial \xi_{\bm{k}}} T_c \frac{\mathrm{d}\Delta^2}{\mathrm{d}T} \Big|_{T=T_c-0} \tag{5.60}
$$

となり、これに式 (5.55) を用いて

$$
\Delta C = k_\mathrm{B}^2 T_c N(\varepsilon_\mathrm{F}) \frac{8\pi^2}{7\zeta(3)} \tag{5.61}
$$

となる。他方、ノーマル状態の T_c での比熱は

$$
C_\mathrm{n}(T_c) = \frac{2\pi^2}{3} N(\varepsilon_\mathrm{F}) k_\mathrm{B}^2 T_c \equiv \gamma T_c \tag{5.62}
$$

であるから、

$$
\frac{C_\mathrm{s} - C_\mathrm{n}}{C_\mathrm{n}} \Big|_{T_c} = \frac{12}{7\zeta(3)} = 1.43 \tag{5.63}
$$

は物質に依存しない定数である。実験との比較は表 5.1 に示されている。すでに述べた $2\Delta(0)/k_\mathrm{B} T_c$ の比較と同様、Hg と Pb で BCS 理論からのずれが見られる。

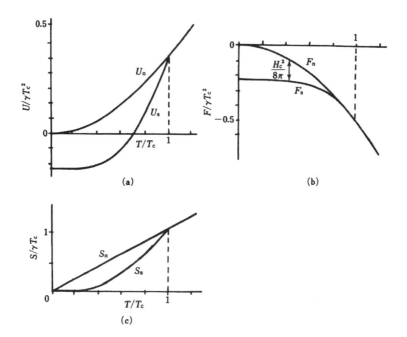

図 5.10: (a) 内部エネルギー、(b) 自由エネルギー、(c) エントロピーの温度変化

内部エネルギーと比熱とは $C(T) = \partial U(T)/\partial T$ で結ばれているので、超伝導状態における内部エネルギー $U_\mathrm{s}(T)$ は

$$U_\mathrm{s}(T) = U_\mathrm{n}(T_c) + \int_{T_c}^{T} dT' C_\mathrm{s}(T') \tag{5.64}$$

よって、比熱 $C_\mathrm{s}(T)$ から求められる。$U_\mathrm{n}(T_c)$ はノーマル状態の T_c での内部エネルギーで、$k_\mathrm{B} T_c \ll \varepsilon_\mathrm{F}$ では、

$$U_\mathrm{n}(T_c) = U_\mathrm{n}(0) + \frac{1}{2}\gamma T_c^2 \tag{5.65}$$

である。$U_\mathrm{s}(T)$ の T 依存性を図 5.10(a) に示す。

同様に、自由エネルギーは

$$F_\mathrm{s}(T) = F_\mathrm{n}(T_c) - \int_{T_c}^{T} dT' S_\mathrm{s}(T') \tag{5.66}$$

5.3. BCS理論

$$F_{\mathrm{n}}(T) = F_{\mathrm{n}}(T_c) - \int_{T_c}^{T} \mathrm{d}T' S_{\mathrm{n}}(T') \tag{5.67}$$

で与えられる。ここで、

$$F_{\mathrm{n}}(T) = U_{\mathrm{n}}(0) - \frac{1}{2}\gamma T^2 \tag{5.68}$$

$$S_{\mathrm{n}}(T) = \gamma T \tag{5.69}$$

である。5.1節ですでに述べたが、超伝導状態では磁束が排除されるから、磁場の中に置かれた超伝導体はノーマル状態よりも磁場のエネルギーに関しては $H^2/8\pi$ だけ高い。よって、式 (5.2) で決まる臨界磁場 $H_c(T)$ でノーマル状態と超伝導状態の全自由エネルギーが等しくなる。自由エネルギー $F_{\mathrm{s}}(T)$ の T 依存性を図 5.10(b) に示す。また、T_c での超伝導転移は 2 次相転移であるので $S_{\mathrm{s}}(T_c) = S_{\mathrm{n}}(T_c)$、すなわち、

$$\int_0^{T_c} \mathrm{d}T \frac{1}{T}\bigl[C_{\mathrm{s}}(T) - C_{\mathrm{n}}(T)\bigr] = 0 \tag{5.70}$$

が成り立つ。これはエントロピー・バランスの式で実用上有用な関係である (図 5.2 に示されている例もこの関係を満たしているはずである)。

5.3.4 基底状態、励起状態の波動関数

基底状態 Ψ_g は準粒子の真空であるから、任意の $\bm{k}$ について、

$$\alpha_{\bm{k}\uparrow}\Psi_g = 0, \qquad \alpha_{-\bm{k}\downarrow}\Psi_g = 0 \tag{5.71}$$

を満たさねばならない。この条件から Ψ_g を決めることができる。式 (5.71) を書き直して、

$$\begin{aligned}(u_{\bm{k}}c_{\bm{k}\uparrow} - v_{\bm{k}}c^\dagger_{-\bm{k}\downarrow})\Psi_g &= 0 \\ (u_{\bm{k}}c_{-\bm{k}\downarrow} + v_{\bm{k}}c^\dagger_{\bm{k}\uparrow})\Psi_g &= 0\end{aligned} \tag{5.72}$$

となる。これを満たす Ψ_g は

$$\Psi_g = \prod_{\bm{k}}(u_{\bm{k}} + v_{\bm{k}}c^\dagger_{\bm{k}\uparrow}c^\dagger_{-\bm{k}\downarrow})|0\rangle \tag{5.73}$$

であることは容易に確認できる。$|0\rangle$ は真空である。Ψ_g が基底状態の波動関数で、BCS 理論の中で最も重要な結果である。Psi_g は、また、次のようにも変形できる。

$$\Psi_g = \Bigl(\prod_{\boldsymbol{k}} u_{\boldsymbol{k}}\Bigr) \prod_{\boldsymbol{k}}\Bigl(1 + \frac{v_{\boldsymbol{k}}}{u_{\boldsymbol{k}}} c^\dagger_{\boldsymbol{k}\uparrow} c^\dagger_{-\boldsymbol{k}\downarrow}\Bigr)|0\rangle$$
$$= \Bigl(\prod_{\boldsymbol{k}} u_{\boldsymbol{k}}\Bigr) \exp\Bigl(\sum_{\boldsymbol{k}} \frac{v_{\boldsymbol{k}}}{u_{\boldsymbol{k}}} c^\dagger_{\boldsymbol{k}\uparrow} c^\dagger_{-\boldsymbol{k}\downarrow}\Bigr)|0\rangle \tag{5.74}$$

$v_{\boldsymbol{k}}/u_{\boldsymbol{k}} \equiv a(\boldsymbol{k})$ と定義すると、

$$\Psi_g \propto \exp\Bigl(\sum_{\boldsymbol{k}} a(\boldsymbol{k}) c^\dagger_{\boldsymbol{k}\uparrow} c^\dagger_{-\boldsymbol{k}\downarrow}\Bigr)|0\rangle , \tag{5.75}$$

となるが、$v_{\boldsymbol{k}}/u_{\boldsymbol{k}}$ の表式から

$$a(\boldsymbol{k}) = \frac{\Delta}{\xi_{\boldsymbol{k}} + E_{\boldsymbol{k}}} \tag{5.76}$$

である。波動関数 (5.75) では粒子数が揺らいでいる（しかし、その揺らぎの大きさは粒子数の大きい極限では無視できる。章末の問題を参照）。正確に N (=偶数) 個の電子を含む波動関数は、式 (5.75) から対が $N/2$ 個ある状態だけを取り出して、

$$\Bigl(\sum_{\boldsymbol{k}} a(\boldsymbol{k}) c^\dagger_{\boldsymbol{k}\uparrow} c^\dagger_{-\boldsymbol{k}\downarrow}\Bigr)^{N/2}|0\rangle \tag{5.77}$$

となる。

式 (5.75) の波動関数はボース凝縮の波動関数と密接な関係がある。これを見るために、液体 ^{4}He のようなボース粒子系を考え、運動量 $\boldsymbol{k}$ のボース粒子の生成、消滅演算子を $b^\dagger_{\boldsymbol{k}}$, $b_{\boldsymbol{k}}$ としよう。相互作用のないボース粒子系では $T = 0$ K で運動量 0 の状態にすべての粒子が落ち込む**ボース凝縮**が起こるが、このボース凝縮状態は、運動量 0 のボース粒子の生成演算子 $b^\dagger_0$ を用いて式 (5.75) と同じ形の

$$\Psi_g = e^{-|\phi|^2/2} e^{\phi b^\dagger_0}|0\rangle \tag{5.78}$$
$$= \sum_{n=0}^{\infty} \frac{\phi^n}{n!} e^{-|\phi|^2/2} (b^\dagger_0)^n |0\rangle \tag{5.79}$$

5.3. BCS 理論

によって表すことができるからである[8]。式 (5.78) の Ψ_g は規格化されている。ここで、ϕ は複素数の定数で、式 (5.78) より、b_0 の期待値は

$$\langle \Psi_g | b_0 | \Psi_g \rangle = \phi \qquad (5.80)$$

である。ϕ はボース凝縮の秩序パラメーターである。式 (5.78) と式 (5.75) を比較してわかるように、$\phi b_0 \leftrightarrow \sum_{\bm{k}} a(\bm{k}) c^\dagger_{\bm{k}\uparrow} c^\dagger_{-\bm{k}\downarrow}$ という対応関係にある。電子対の演算子 $\sum_{\bm{k}} a(\bm{k}) c^\dagger_{\bm{k}\uparrow} c^\dagger_{-\bm{k}\downarrow}$ は $\sum_{\bm{k}} a^*(\bm{k}) c_{-\bm{k}\downarrow} c_{\bm{k}\uparrow}$ と正確にボース粒子としての交換関係を満たすわけではないが、BCS の波動関数はボース凝縮の波動関数と密接な関係があることはわかる。

次に、励起状態の波動関数は、Ψ_g に $\alpha^\dagger_{\bm{k}\uparrow}$, $\alpha^\dagger_{-\bm{k}\downarrow}$ を作用して得られる。実際、

$$\begin{aligned}
\alpha^\dagger_{\bm{k}\uparrow} \Psi_g &= c^\dagger_{\bm{k}\uparrow} \prod_{\bm{k}'(\neq \bm{k})} (u_{\bm{k}'} + v_{\bm{k}'} c^\dagger_{\bm{k}'\uparrow} c^\dagger_{-\bm{k}'\downarrow}) |0\rangle \\
\alpha^\dagger_{-\bm{k}\downarrow} \Psi_g &= c^\dagger_{-\bm{k}\downarrow} \prod_{\bm{k}'(\neq \bm{k})} (u_{\bm{k}'} + v_{\bm{k}'} c^\dagger_{\bm{k}'\uparrow} c^\dagger_{-\bm{k}'\downarrow}) |0\rangle \\
\alpha^\dagger_{\bm{k}\uparrow} \alpha^\dagger_{-\bm{k}\downarrow} \Psi_g &= (-v^*_{\bm{k}} + u_{\bm{k}} c^\dagger_{\bm{k}\uparrow} c^\dagger_{-\bm{k}\downarrow}) \\
&\quad \times \prod_{\bm{k}'(\neq \bm{k})} (u_{\bm{k}'} + v_{\bm{k}'} c^\dagger_{\bm{k}'\uparrow} c^\dagger_{-\bm{k}'\downarrow}) |0\rangle
\end{aligned} \qquad (5.81)$$

が成り立つ。この結果は次のように見ることができる。一組の状態 $(\bm{k}\uparrow, -\bm{k}\downarrow)$ を考えると、それぞれに電子がいる、いないの二つの可能性があるから、全部で $2 \times 2 = 4$ 通りの可能性があるが、それらは、

基底状態：$u_{\bm{k}} + v_{\bm{k}} c^\dagger_{\bm{k}\uparrow} c^\dagger_{-\bm{k}\downarrow}$

励起状態：$c^\dagger_{\bm{k}\uparrow}$, $\quad c^\dagger_{-\bm{k}\downarrow}$, $\quad -v^*_{\bm{k}} + u_{\bm{k}} c^\dagger_{\bm{k}\uparrow} c^\dagger_{-\bm{k}\downarrow}$

のように分類される。式 (5.81) は、この三つの励起状態が基底状態に $\alpha^\dagger_{\bm{k}\uparrow}$ または $\alpha^\dagger_{-\bm{k}\downarrow}$（あるいは両方）を作用して得られる

---

[8] このような形の波動関数を**コヒーレント状態**という。コヒーレント状態は消滅演算子の固有状態で、$b_0 \Psi_g = \phi \Psi_g$ が成り立ち、ϕ は b_0 の固有値である。コヒーレント状態は古典的状態に最も近い量子力学的状態である [22]。

ことを示している。したがって、$\alpha_{\boldsymbol{k}\uparrow}^{\dagger}$ と $\alpha_{-\boldsymbol{k}\downarrow}^{\dagger}$ が基本的励起の生成演算子である。

5.4 電子対のボース凝縮とクーパー対

BCS 理論での電子対（クーパー対）はフェルミ・エネルギー近くの Δ 程度の幅の中にある状態から作られているので、対の半径（すなわち、コヒーレンスの長さ ξ）は不確定性関係から

$$\xi \sim \hbar v_\mathrm{F}/\Delta \tag{5.82}$$

で与えられる。典型的な超伝導体では Δ は数 K で、ξ は 10^4Å 程度になる。電子間の平均距離 d はフェルミ・エネルギー ε_F と

$$d \sim \hbar v_\mathrm{F}/\varepsilon_\mathrm{F} \tag{5.83}$$

で関係しているので、BCS 理論で前提にしている $\varepsilon_\mathrm{F} \gg \Delta$ の場合には $\xi \gg d$ である。

仮に引力が非常に強く、電子密度がかなり低いとすると、ξ と d の大小関係は逆転する。引力が強ければ、まず、二つの電子が対を作るだろう。こうしてできた対が液体状態にあるならば（対が集まって「固体」を作ってしまう可能性もある。その場合は「相分離」である）、対は二つのフェルミ粒子からなるのでボース粒子としてふるまい、ボース凝縮を起こすであろう。ボース凝縮の転移温度 T_c を評価するため、相互作用のない理想ボース粒子系の表式を借用しよう。理想ボース粒子系（質量 M、密度 n とする）のボース凝縮の転移温度 T_c は、統計力学で習うように、

$$k_\mathrm{B} T_c = \frac{\hbar^2}{M} 2\pi \left(\frac{n}{2.612}\right)^{2/3} \tag{5.84}$$

で与えられる。この式で $M \to 2m$（m は電子の質量）、$n \to n/2$ とおき換えて、電子対のボース凝縮温度は

$$k_\mathrm{B} T_c \sim n^{2/3} \frac{\hbar^2}{m} \sim \frac{\hbar^2}{m d^2} \tag{5.85}$$

と予想される。この温度はフェルミ縮退温度と同程度である。このような場合には T_c での比熱の温度依存性は液体 ^{4}He でのそれと似た「ラムダ形」になり、$\Delta(0)$ は二つのフェルミ粒子の束縛エネルギーに対応するので大きく、$\Delta(0)/k_\mathrm{B}T_c \gg 1$ が期待される（これは 5.3.2 項で述べた BCS 理論の $2\Delta(0)/k_\mathrm{B}T_c = 3.53$ と比較すべきものである）。引力が強くなると多少ともこのような傾向を示すと考えられる。

ここに述べた BCS 状態からボース凝縮までの移り換わりの問題は引力を連続的に変えることのできる「中性フェルミ原子気体の超流動」で現実的な問題になっている[9]。

5.5　等方的超伝導体におけるクーロン斥力の効果

BCS の議論では格子振動を媒介にした引力がフェルミ・エネルギーの近傍の幅 $\hbar\omega_\mathrm{D}$ の範囲で働く場合を考えている。しかし、実際にはクーロン相互作用もあって、それは、普通、広いエネルギー領域で斥力的効果を与える。そこで、その効果を考えよう [1]。以下の議論では、超伝導はエネルギー・ギャップ $\Delta_{\boldsymbol{k}}$ が $\boldsymbol{k}$ の方向に依らない「等方的超伝導」であることを仮定する。

式 (5.41) から、BCS の T_c に対する方程式（Δ の 1 次の項のみを残した、線形化されたギャップ方程式）を

$$\Delta(\xi) = -N(\varepsilon_\mathrm{F}) \int \mathrm{d}\xi' V(\xi - \xi')\Delta(\xi')\frac{1 - 2f(\xi')}{2\xi'} \quad (5.86)$$

と書く。$\Delta_{\boldsymbol{k}}$ が $\boldsymbol{k}$ の方向に依らないので、エネルギー $\xi_{\boldsymbol{k}}$ 依存性だけを $\Delta(\xi)$ と表現している。簡単のため、相互作用 $V(\xi - \xi')$ が次のような形をとるとしよう。

$$V(\xi) = \begin{cases} V_1 & (\,|\xi| < \hbar\omega_\mathrm{D} \text{のとき}) \\ V_2 & (\,\hbar\omega_\mathrm{D} < |\xi| < \hbar\omega_c \text{のとき}) \end{cases} \quad (5.87)$$

---

[9]例えば、大橋洋士：固体物理 **41**, 445 (2006) を参照。実験は M. Bartenstein *et al*.: Phys. Rev. Lett. **92**, 120401 (2004); M. W. Zwierlein *et al*.: Phys. Rev. Lett. **92**, 120403 (2004).

$\hbar\omega_c$ はクーロン相互作用に対応する上限で、ε_F 程度を考えている。これを代入すると、

$$\Delta(\xi) = -N(\varepsilon_\mathrm{F}) \int \mathrm{d}\xi' V_2 \theta(\hbar\omega_c - |\xi - \xi'|) \frac{1-2f(\xi')}{2\xi'} \Delta(\xi')$$
$$- N(\varepsilon_\mathrm{F}) \int \mathrm{d}\xi' V_p(\xi - \xi') \frac{1-2f(\xi')}{2\xi'} \Delta(\xi') \quad (5.88)$$

ここで、$V_p(\xi) = V_1 - V_2$ ($|\xi| < \hbar\omega_\mathrm{D}$ の場合), 0 (それ以外の場合) である。また、$\theta(x)$ は階段関数である。

右辺第 1 項は広い範囲についての積分であるから、あまり ξ によらないと期待されるので、ξ の値を $\xi = 0$ とおき、それを A と定義すると

$$\Delta(\xi) = -N(\varepsilon_\mathrm{F}) \int \mathrm{d}\xi' V_p(\xi - \xi') \frac{1-2f(\xi')}{2\xi'} \Delta(\xi') + A,$$
$$A = -N(\varepsilon_\mathrm{F}) \int \mathrm{d}\xi' V_2 \theta(\hbar\omega_c - |\xi'|) \frac{1-2f(\xi')}{2\xi'} \Delta(\xi')$$
$$(5.89)$$

となる。この線形の積分方程式の近似解を求める。$|\xi| \gg \hbar\omega_\mathrm{D}$ では、$V_p(\xi)$ の定義より、

$$\Delta(\xi) \simeq A \quad (5.90)$$

である。$|\xi|$ が小さいところでは積分が重要になる。$|\xi| \ll \hbar\omega_\mathrm{D}$ での $\Delta(\xi)$ の平均を B とすると、

$$B \simeq -N(\varepsilon_\mathrm{F}) \bar{V}_p B \int_0^{\hbar\omega_\mathrm{D}} \mathrm{d}\xi' \frac{1-2f(\xi')}{\xi'} + A, \quad (5.91)$$

$$A \simeq -N(\varepsilon_\mathrm{F}) V_2 \Big(B \int_0^{\hbar\omega_\mathrm{D}} \mathrm{d}\xi \frac{1-2f(\xi)}{\xi}$$
$$+ A \int_{\hbar\omega_\mathrm{D}}^{\hbar\omega_c} \mathrm{d}\xi \frac{1-2f(\xi)}{\xi} \Big). \quad (5.92)$$

ここで、$\bar{V}_p \equiv V_1 - V_2$ である。さらに、

$$\int_0^{\hbar\omega_\mathrm{D}} \mathrm{d}\xi \frac{1-2f(\xi')}{\xi} = \log\frac{1.13\hbar\omega_\mathrm{D}}{k_\mathrm{B}T_c} \quad (5.93)$$

5.5. 等方的超伝導体におけるクーロン斥力の効果

を代入すると、式 (5.92) から

$$A = -\frac{N(\varepsilon_F)V_2 \log(1.13\hbar\omega_D/k_B T_c)}{1 + N(\varepsilon_F)V_2 \log(\omega_c/\omega_D)} B \tag{5.94}$$

が得られる。V_2 はクーロン斥力を表しているので $V_2 > 0$ である。よって、A と B は異なる符号をもつ。式 (5.94) を式 (5.91) に代入すると、A, B が有限値を持つための条件 (T_c の式) は、

$$1 = N(\varepsilon_F)\left[-\bar{V}_p - \frac{V_2}{1 + N(\varepsilon_F)V_2 \log(\omega_c/\omega_D)}\right]$$
$$\times \log\frac{1.13\hbar\omega_D}{k_B T_c} \tag{5.95}$$

となる。したがって、超伝導の起こる条件は、

$$-\bar{V}_p > \frac{V_2}{1 + N(\varepsilon_F)V_2 \log(\omega_c/\omega_D)} \tag{5.96}$$

である。V_2 の効果は分母の $1 + N(\varepsilon_F)V_2 \log(\omega_c/\omega_D)$ によって弱められている点に注意してほしい。なお、式 (5.96) の条件は V_1 が正であっても満たされる可能性がある。

次に T_c の同位元素効果を調べよう。イオンの質量 M への依存性を

$$T_c \propto M^{-\beta}, \quad \omega_D \propto M^{-1/2} \tag{5.97}$$

とおくと、式 (5.95) より、

$$\beta = \frac{1}{2}\left\{1 - \frac{V_2^2}{\tilde{V}_p^2\left[1 + N(\varepsilon_F)V_2 \log(\omega_c/\omega_D)\right]^2}\right\} \tag{5.98}$$

となる。ここで、

$$\tilde{V}_p \equiv \bar{V}_p + \frac{V_2}{1 + N(\varepsilon_F)V_2 \log(\omega_c/\omega_D)} \tag{5.99}$$

である。β はクーロン相互作用によって 1/2 より小さくなることがわかる。

比較のため β の実験値をいくつか挙げる。0.50 ± 0.10 (Cd)、0.47 ± 0.02 (Sn)、0.50 ± 0.03 (Hg)、0.48 ± 0.01 (Pb)、0.33 ± 0.05 (Mo)、0.0 ± 0.10 (Ru)、0.20 ± 0.05 (Os) である。遷移金属 Mo, Ru, Os で 0.5 からのずれが大きい。

5.6 異方的超伝導

5.3.2項と5.5節では、式(5.41)において対相互作用 $V(\boldsymbol{k}, \boldsymbol{k}')$ が $\boldsymbol{k}'$ や $\boldsymbol{k}$ の方向に依存しない場合を考えた。この節では $V(\boldsymbol{k}, \boldsymbol{k}')$ が $\boldsymbol{k}, \boldsymbol{k}'$ に強く依存するときの超伝導の性格を考えてみよう。

超伝導転移温度 T_c を決める式は、式(5.41)より

$$\Delta_{\boldsymbol{k}} = -\sum_{\boldsymbol{k}'} V(\boldsymbol{k}, \boldsymbol{k}') \Delta_{\boldsymbol{k}'} \frac{\tanh(\xi_{\boldsymbol{k}'}/2k_B T_c)}{2\xi_{\boldsymbol{k}'}} \tag{5.100}$$

で与えられる。この式をみると $V(\boldsymbol{k}, \boldsymbol{k}')$ が $\boldsymbol{k}, \boldsymbol{k}'$ によらず負であれば、$\Delta_{\boldsymbol{k}}$ がすべて同符号であるときに T_c が最も高くなることがわかる。このような超伝導は s 波超伝導である。$V(\boldsymbol{k}, \boldsymbol{k}')$ が正の場合には、$\Delta_{\boldsymbol{k}}$ がすべての $\boldsymbol{k}$ で同符号であれば解になれないが、$\Delta_{\boldsymbol{k}}$ が $\boldsymbol{k}$ の方向によって符号を変える解 (異方的超伝導) は可能である。

具体的に次の簡単な例を考えてみよう。系は2次元的で、正方晶対称性（すなわち、正方形のような対称性）をもち、そのフェルミ面上の4点 ($j = 1, 2, 3, 4$) 近傍の状態だけがとくに式(5.100)への寄与が大きく、重要であると仮定し、$\boldsymbol{k}$ 点を4点で代表させることにしよう。対相互作用としては、$j \to j \pm 1$（ただし5は1と等価）の間の $-V(\boldsymbol{k}, \boldsymbol{k}')$ を $-V$ とする。このときは $-V(\boldsymbol{k}, \boldsymbol{k}')$ は 4×4 の行列

$$\begin{pmatrix} 0 & -V & 0 & -V \\ -V & 0 & -V & 0 \\ 0 & -V & 0 & -V \\ -V & 0 & -V & 0 \end{pmatrix} \tag{5.101}$$

で表される。この4行4列の行列を対角化すると、4つの固有値は $-2V$ (s 波)、0 (p 波で2重縮退している)、$2V$ (d 波) である。p 波の固有関数（すなわち、$\Delta_{\boldsymbol{k}}$）は $180°$ の回転により符号を変える。d 波では $\Delta_{\boldsymbol{k}}$ が $90°$ の回転で符号を変える。s 波はこれらの操作で $\Delta_{\boldsymbol{k}}$ が符号を変えないケースである。V が負（引力）の場合には s 波に対応する固有値が正で、s 波超伝導が

5.7. ミクロな干渉現象

期待される。一方、V が正（斥力）であるときには d 波に対応する固有値が正で、したがって、d 波超伝導が起こると期待される。

$\boldsymbol{k}, \boldsymbol{k}'$ の方向に強く依存する $V(\boldsymbol{k}, \boldsymbol{k}')$ は、クーロン相互作用の 2 次あるいはそれ以上の高次プロセスから起こる可能性が高い[10]。強い反強磁性的スピン揺らぎが見られるとき、反強磁性の秩序ベクトル $\boldsymbol{Q}$ が方向依存性の強い $V(\boldsymbol{k}, \boldsymbol{k}')$ を与える。実際、クーロン相互作用の効果が大きく、反強磁性の寸前にある重い電子系や銅酸化物高温超伝導体では d 波超伝導が実現しているものが多い。

$\Delta_{\boldsymbol{k}}$ が $\boldsymbol{k}$ の方向によって符号を変える「異方的超伝導」を実験的に検証するにはさまざまな方法がある。次節のミクロな干渉現象や 5.9 節のジョセフソン効果などが利用できる。

5.7　ミクロな干渉現象

5.3.4 項で述べたように、BCS 理論の最も重要なところはその波動関数にある。したがって、その波動関数がどれほど真実に近いかを実験で検証するのは重要である。BCS の波動関数は $u_{\boldsymbol{k}} + v_{\boldsymbol{k}} c^{\dagger}_{\boldsymbol{k}\uparrow} c^{\dagger}_{-\boldsymbol{k}\downarrow}$ という形で、電子のない状態と対の状態が一次結合になっている。一般に、波動関数が一次結合の形になっていると干渉効果が現れることは量子力学でよく知られている。ここでは遷移確率に現れる干渉効果について述べる。

遷移確率が顔を出す測定としては、超音波吸収、核スピン緩和率などがある。後に示すように、それらの温度依存性には波動関数が鋭敏に反映する。まず、電子系の摂動ハミルトニアンを

$$\mathcal{H}' = \sum_{\boldsymbol{k}\boldsymbol{k}'\sigma\sigma'} B_{\boldsymbol{k}\sigma,\boldsymbol{k}'\sigma'} c^{\dagger}_{\boldsymbol{k}\sigma} c_{\boldsymbol{k}'\sigma'} \tag{5.102}$$

と書くことにする。$B_{\boldsymbol{k}\sigma,\boldsymbol{k}'\sigma'}$ は摂動演算子の行列要素である。

---

[10] 興味のある読者は、例えば、J. Kondo: J. Phys. Soc. Jpn. **70**, 808 (2001); Y. Yanase *et al.*: Phys. Rep. **387**, 1 (2003) を参照のこと。

今後、話を簡単にするため、式 (5.102) でスピン反転のない場合に限る（後に記すことも見よ）。

$B_{\bm{k}\uparrow,\bm{k}'\uparrow}$ と $B_{-\bm{k}'\downarrow,-\bm{k}\downarrow}$ は波数ベクトルとスピンが逆向きで、時間反転の関係にあるので、

$$B_{-\bm{k}'\downarrow,-\bm{k}\downarrow} = \eta B_{\bm{k}\uparrow,\bm{k}'\uparrow} \tag{5.103}$$

としよう。ここで、η は $+1$ または -1 で、以後、$\eta = +1$ をタイプ I、$\eta = -1$ をタイプ II とよぶことにする。すると、

$$\begin{aligned}
&\sum_{\bm{k}\bm{k}'} \Big(B_{\bm{k}\uparrow,\bm{k}'\uparrow} c^\dagger_{\bm{k}\uparrow} c_{\bm{k}'\uparrow} + B_{-\bm{k}'\downarrow,-\bm{k}\downarrow} c^\dagger_{-\bm{k}'\downarrow} c_{-\bm{k}\downarrow} \Big) \\
&= \sum_{\bm{k}\bm{k}'} \Big[(u_{\bm{k}} u_{\bm{k}'} - \eta v_{\bm{k}} v^*_{\bm{k}'}) \alpha^\dagger_{\bm{k}\uparrow} \alpha_{\bm{k}'\uparrow} \\
&\qquad + (\eta u_{\bm{k}} u_{\bm{k}'} - v^*_{\bm{k}} v_{\bm{k}'}) \alpha^\dagger_{-\bm{k}'\downarrow} \alpha_{-\bm{k}\downarrow} \\
&\qquad + (u_{\bm{k}} v_{\bm{k}'} + \eta v_{\bm{k}} u_{\bm{k}'}) \alpha^\dagger_{\bm{k}\uparrow} \alpha^\dagger_{-\bm{k}'\downarrow} \\
&\qquad + (v^*_{\bm{k}} u_{\bm{k}'} + \eta u_{\bm{k}} v^*_{\bm{k}'}) \alpha_{-\bm{k}\downarrow} \alpha_{\bm{k}'\uparrow} \Big] B_{\bm{k}\uparrow,\bm{k}'\uparrow} \tag{5.104}
\end{aligned}$$

となる。式 (5.104) の中には $\alpha^\dagger \alpha$ タイプの項と、$\alpha^\dagger \alpha^\dagger$（あるいは $\alpha\alpha$）タイプの項と 2 種類ある。後者の摂動で遷移が起こるには 2Δ 以上のエネルギーが必要である。外部からの摂動の振動数が十分小さく $\hbar\omega < 2\Delta$ であれば、遷移に寄与する項は $\alpha^\dagger \alpha$ タイプである。

単位時間あたりの $\bm{k}'\uparrow \to \bm{k}\uparrow$ の遷移と逆遷移の差を $\dot{\nu}$ と書くと、

$$\begin{aligned}
\dot{\nu} = \frac{2\pi}{\hbar} & |B_{\bm{k}\uparrow,\bm{k}'\uparrow}|^2 |u_{\bm{k}} u_{\bm{k}'} - \eta v_{\bm{k}} v^*_{\bm{k}'}|^2 \\
& \times \Big\{ f(E_{\bm{k}'})[1 - f(E_{\bm{k}})] - f(E_{\bm{k}})[1 - f(E_{\bm{k}'})] \Big\} \\
& \times \delta(E_{\bm{k}} - E_{\bm{k}'} - \hbar\omega) \tag{5.105}
\end{aligned}$$

単位時間あたり吸収されるエネルギー $W_1 = \sum_{\bm{k}\bm{k}'} \dot{\nu}\hbar\omega$ は

$$\begin{aligned}
W_1 = 2\pi\omega |B|^2 \sum_{\bm{k},\bm{k}'} & |u_{\bm{k}} u_{\bm{k}'} - \eta v_{\bm{k}} v^*_{\bm{k}'}|^2 \Big[f(E_{\bm{k}'}) - f(E_{\bm{k}}) \Big] \\
& \times \delta(E_{\bm{k}} - E_{\bm{k}'} - \hbar\omega) \tag{5.106}
\end{aligned}$$

5.7. ミクロな干渉現象

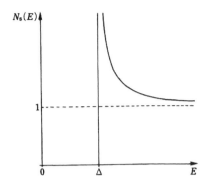

図 5.11: 超伝導状態での状態密度をノーマル状態での状態密度で規格化した量 $N_s(E)$ のエネルギー依存性

で与えられる。ここで、$|B_{\bm{k}\uparrow,\bm{k}'\uparrow}|^2$ は、$\bm{k},\bm{k}'$ にあまり依存しないと仮定し、フェルミ面近傍での平均値（それを $|B|^2$ と書く）でおき換えた。ところで、行列要素は

$$|u_{\bm{k}}u_{\bm{k}'} - \eta v_{\bm{k}}v_{\bm{k}'}^*|^2 = \frac{1}{2}\left(1 + \frac{\xi_{\bm{k}}\xi_{\bm{k}'}}{E_{\bm{k}}E_{\bm{k}'}} - \eta\frac{\Delta^2}{E_{\bm{k}}E_{\bm{k}'}}\right) \tag{5.107}$$

である。また、$\bm{k}$ についての和は

$$\sum_{\bm{k}} = \int d\xi N(\varepsilon_F + \xi) \simeq N(\varepsilon_F)\int dE \frac{d\xi}{dE} \tag{5.108}$$

$$\frac{d\xi}{dE} = \mathrm{sgn}(\xi)\frac{E}{\sqrt{E^2 - \Delta^2}} \equiv \mathrm{sgn}(\xi)N_s(E) \tag{5.109}$$

と書き直すことができる。$\mathrm{sgn}(\xi)$ は ξ の符号を示す。$N_s(E)$ は超伝導状態での状態密度をノーマル状態での状態密度で規格化した量である (図 5.11)。

以上の結果を代入して、W_1 は

$$W_1 = 2\pi\omega|B|^2\left[N(\varepsilon_F)\right]^2\int_\Delta^\infty dE\int_\Delta^\infty dE' N_s(E)N_s(E')$$

$$\times 2\Big(1 - \eta\frac{\Delta^2}{EE'}\Big)\big[f(E') - f(E)\big]\delta(E - E' - \hbar\omega) \tag{5.110}$$

と表すことができる。$\hbar\omega > 2\Delta$ では $\alpha^\dagger\alpha^\dagger$ タイプの項が寄与する。それを W_2 とかくと、

$$\begin{aligned}W_2 &= \sum_{kk'} \dot{\nu}\hbar\omega \\ &= 2\pi\omega|B|^2 \sum_{\bm{k},\bm{k}'} |u_{\bm{k}}v_{\bm{k}'} + \eta v_{\bm{k}}u_{\bm{k}'}|^2 \\ &\quad \times \Big\{\big[1 - f(E_{\bm{k}})\big]\big[1 - f(E_{\bm{k}'})\big] - f(E_{\bm{k}})f(E_{\bm{k}'})\Big\} \\ &\quad \times \delta(E_{\bm{k}} + E_{\bm{k}'} - \hbar\omega)\end{aligned} \tag{5.111}$$

である。ここで、$[1-f(E)][1-f(E')] - f(E)f(E') = f(-E') - f(E)$ に注意し、W_1 と同じように書き直すと、次の結果を得る。

$$\begin{aligned}W_2 &= 2\pi\omega|B|^2 \big[N(\varepsilon_{\rm F})\big]^2 \int_\Delta^\infty {\rm d}E \int_\Delta^\infty {\rm d}E' N_s(E)N_s(E') \\ &\quad \times 2\Big(1 + \eta\frac{\Delta^2}{EE'}\Big)\big[f(-E') - f(E)\big] \\ &\quad \times \delta(E + E' - \hbar\omega)\end{aligned} \tag{5.112}$$

結局、W_2 は W_1 において $E' \to -E'$ とおき換えたものになっている。W_1 と W_2 の和に、式 (5.104) の第 2 項と第 4 項の寄与を加えると、全体の寄与 W は

$$\begin{aligned}W &= 4\pi\omega|B|^2\big[N(\varepsilon_{\rm F})\big]^2 \int_{|E|>\Delta} {\rm d}E \int_{|E'|>\Delta} {\rm d}E' \\ &\quad \times N_s(E)N_s(E')\Big(1 - \eta\frac{\Delta^2}{EE'}\Big)\big[f(E') - f(E)\big] \\ &\quad \times \delta(E - E' - \hbar\omega)\end{aligned} \tag{5.113}$$

で与えられる。上の積分では $E, E' < 0$ にも拡げられているが、$|E|, |E'| < \Delta$ は除く。

$\Delta \to 0$ の極限 (すなわち、ノーマル状態) では、

$$W_{\rm N} = 4\pi\omega|B|^2\big[N(\varepsilon_{\rm F})\big]^2 \int_{-\infty}^\infty {\rm d}E \int_{-\infty}^\infty {\rm d}E' \big[f(E') - f(E)\big]$$

5.7. ミクロな干渉現象

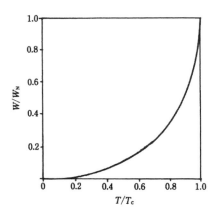

図 5.12: タイプ I の場合の遷移確率の温度変化。これは超音波吸収に対応する。Δ の T_c 以下での急激な増大を反映して、W/W_N は急激に減少する。

$$\times \delta(E - E' - \hbar\omega)$$
$$= 4\pi\omega |B|^2 [N(\varepsilon_\mathrm{F})]^2 \hbar\omega \tag{5.114}$$

であるから、比 W/W_N は

$$\frac{W}{W_\mathrm{N}} = \frac{1}{\hbar\omega} \int_{|E|>\Delta} dE \int_{|E'|>\Delta} dE' N_s(E) N_s(E')$$
$$\times \left(1 - \eta \frac{\Delta^2}{EE'}\right) [f(E') - f(E)] \delta(E - E' - \hbar\omega) \tag{5.115}$$

と表せる。

特に、ω が十分小さい場合を調べる。

(1) タイプ I (図 5.12)

$$\frac{W}{W_\mathrm{N}} = \int_{|E|>\Delta} dE \left[-\frac{\partial f(E)}{\partial E} \right] = 2f(\Delta) \tag{5.116}$$

(2) タイプ II (図 5.13)

$$\frac{W}{W_\mathrm{N}} = \int_{|E|>\Delta} dE \frac{E}{\sqrt{E^2 - \Delta^2}} \frac{E + \hbar\omega}{\sqrt{(E + \hbar\omega)^2 - \Delta^2}}$$

$$\times \left[-\frac{\partial f(E)}{\partial E} \right] \tag{5.117}$$

これは $\omega \to 0$ で 対数発散する。しかし、もし $\Delta_{\bm{k}}$ が $\bm{k}$ の方向に依存するならば（固体中では程度の差こそあれ、そのような依存性は必ずあるはずである）、それによって発散は必ず抑えられる。通常の超伝導体では $\Delta_{\bm{k}}$ の $\bm{k}$ 依存性はあまり大きくなく、W は T_c 直下でピーク（**ヘーベル・スリクター ピーク**とよばれる）をもつ。

超音波吸収はタイプ I に対応し、核スピン緩和率はタイプ II に対応する（核スピン緩和率はスピン反転過程によって起こるが、スピンへの磁場効果が無視できる限り、タイプ II の計算が使える）。この 2 種の異なる温度依存性を説明できることは、BCS 波動関数の正しさへの強いサポートになる。

銅酸化物高温超伝導体についても核スピン緩和率が調べられている。その結果は図 5.13 の Al の結果とは異なり、T_c 直下のピークが観測されない。その原因については、銅酸化物高温超伝導体では 5.6 節で述べたような「異方的超伝導」が実現しているとする解釈が他の実験とも辻妻が合い、支持されている。

5.8　マイスナー効果

5.1 節では現象論によってマイスナー効果を考えたが、それによれば、マイスナー効果を説明するには超伝導状態の波動関数がベクトルポテンシャルによって変化しにくい、すなわち、超伝導の波動関数が"硬い"ことを仮定する必要があった。ここではその意味を微視的理論により明らかにする。

準備として、まず磁場のベクトルポテンシャル $\bm{A}(\bm{r})$ に対する電子系の応答の一般論から始めよう [24]。ベクトルポテンシャルによって電子系の受ける摂動ハミルトニアンは、ベクトルポ

5.8. マイスナー効果

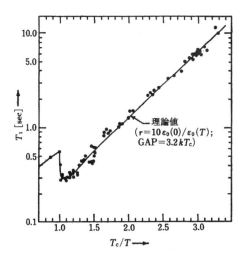

図 5.13: 核スピン緩和率 $1/T_1 \propto W$ の温度依存性の Al での実験との比較 [22]。実線は $\Delta_{\boldsymbol{k}}$ に 10% 程度の k 依存性による分布を仮定したときの理論値。

テンシャルの 1 次まででは

$$\mathcal{H}_1 = -\frac{1}{c}\int d\boldsymbol{r}\; \boldsymbol{j}_1(\boldsymbol{r})\cdot \boldsymbol{A}(\boldsymbol{r}) \tag{5.118}$$

である。ここで

$$\boldsymbol{j}_1(\boldsymbol{r}) = -\frac{e\hbar}{2mi}\sum_\sigma \left\{\psi^\dagger_\sigma(\boldsymbol{r})\boldsymbol{\nabla}\psi_\sigma(\boldsymbol{r}) - \left[\boldsymbol{\nabla}\psi^\dagger_\sigma(\boldsymbol{r})\right]\psi_\sigma(\boldsymbol{r})\right\} \tag{5.119}$$

は電流である。また、ベクトルポテンシャルの下での電流密度の演算子は

$$\begin{aligned}
\boldsymbol{j}(\boldsymbol{r}) = -\frac{e}{2m}\sum_\sigma &\left\{\psi^\dagger_\sigma(\boldsymbol{r})\left(\frac{\hbar}{i}\boldsymbol{\nabla}+\frac{e}{c}\boldsymbol{A}\right)\psi_\sigma(\boldsymbol{r})\right.\\
&\left.-\left[\left(\frac{\hbar}{i}\boldsymbol{\nabla}-\frac{e}{c}\boldsymbol{A}\right)\psi^\dagger_\sigma(\boldsymbol{r})\right]\psi_\sigma(\boldsymbol{r})\right\}\\
\equiv \boldsymbol{j}_1(\boldsymbol{r}) &+ \boldsymbol{j}_2(\boldsymbol{r})
\end{aligned} \tag{5.120}$$

で、$\boldsymbol{j}_2$ は $\boldsymbol{A}$ に比例する項である。

フーリエ分解

$$A(r) = \frac{1}{\sqrt{\Omega}} \sum_q a(q) e^{iq\cdot r}, \tag{5.121}$$

$$j_\alpha(r) = \frac{1}{\sqrt{\Omega}} \sum_q j_\alpha(q) e^{iq\cdot r} \quad (\alpha = 1,2), \tag{5.122}$$

$$\psi_\sigma(r) = \frac{1}{\sqrt{\Omega}} \sum_k c_{k\sigma} e^{ik\cdot r} \tag{5.123}$$

を用いて、今後はフーリエ成分について考えることにする。

A によって誘起される電流密度の期待値 $J(q)$

$$J(q) = \frac{\mathrm{Tr}[j(q)e^{-\beta(\mathcal{H}+\mathcal{H}_1)}]}{\mathrm{Tr}[e^{-\beta(\mathcal{H}+\mathcal{H}_1)}]} \tag{5.124}$$

を A の 1 次の範囲で求める。第 4 章の式 (4.75) の関係を用いて $e^{-\beta(\mathcal{H}+\mathcal{H}_1)}$ を $\mathcal{H}_1$ の 1 次まで展開し、それを式 (5.124) に代入すると、

$$J(q) = J_1(q) + J_2(q) \tag{5.125}$$

$$J_1(q) = -\int_0^\beta d\tau \langle \mathcal{H}_1(\tau) j_1(q) \rangle \tag{5.126}$$

$$J_2(q) = -\frac{ne^2}{mc} a(q) \tag{5.127}$$

が得られる。ここで、$\langle \cdots \rangle \equiv \mathrm{Tr}[e^{-\beta \mathcal{H}} \cdots]/\mathrm{Tr}[e^{-\beta \mathcal{H}}]$、$\mathcal{H}_1(\tau) \equiv e^{\tau \mathcal{H}} \mathcal{H}_1 e^{-\tau \mathcal{H}}$、$n$ は電子密度である。$J_1(q)$ の $\mathcal{H}_1$ に式 (5.118) を代入すると、全電流密度は

$$J_\mu(q) = \frac{1}{c} \sum_\nu S_{\mu\nu}(q) a_\nu(q) - \frac{ne^2}{mc} a_\mu(q) \tag{5.128}$$

$$S_{\mu\nu}(q) = \int_0^\beta d\tau \langle j_{1\mu}(q,\tau) j_{1\nu}(-q) \rangle \tag{5.129}$$

($\mu, \nu = x, y, z$) と表せる。$j_{1\mu}(q,\tau) = e^{\tau \mathcal{H}} j_{1\mu}(q) e^{-\tau \mathcal{H}}$ である。

測定される電流はゲージ変換 $A(r) \to A(r) + \nabla f(r)$ ($f(r)$ は任意のスカラー関数。フーリエ成分でこのゲージ変換を書く

5.8. マイスナー効果

と、$a(q) \to a(q) + iqf(q))$ に対して不変であるべきだから、式 (5.128) より

$$\sum_\nu S_{\mu\nu}(q)q_\nu = \frac{ne^2}{m}q_\mu \tag{5.130}$$

が満たされなければならない。さらに、簡単のため系が等方的であることを仮定すると、$S_{\mu\nu}$ の μ,ν 依存性は q のみから生ずるから

$$S_{\mu\nu}(q) = S_0(q)\delta_{\mu\nu} + \frac{q_\mu q_\nu}{q^2}S_2(q) \tag{5.131}$$

と表せる。よって、式 (5.130) より

$$S_0(q) + S_2(q) = \frac{ne^2}{m} \tag{5.132}$$

が成り立つことが分かる。独立なのは $S_0(q)$ あるいは $S_2(q)$ の一方である。これらの関係を用いると、最終的に、

$$J_\mu(q) = -\frac{1}{c}S_2(q)\sum_\nu \left(\delta_{\mu\nu} - \frac{q_\mu q_\nu}{q^2}\right)a_\nu(q) \tag{5.133}$$

すなわち、

$$J(q) = -\frac{1}{cq^2}S_2(q)iq \times B(q) \tag{5.134}$$

となる。ここで、$B(q) = iq \times a(q)$ を用いた。$S_2(q)$ にすべての情報が含まれていることになる。

いま、外部電流 $J_e(q)$ によって外部磁場が作られているとすると、

$$iq \times H(q) = \frac{4\pi}{c}J_e(q) \tag{5.135}$$

であり、全磁場は

$$iq \times B(q) = \frac{4\pi}{c}(J_e(q) + J(q)) \tag{5.136}$$

を満たす。これに前に得た電流の期待値を代入して、

$$iq \times B(q) = -\frac{4\pi}{(cq)^2}S_2(q)iq \times B(q) + \frac{4\pi}{c}J_e(q) \tag{5.137}$$

が得られる。この関係は、$\boldsymbol{B}(\boldsymbol{q}) = \mu(q)\boldsymbol{H}(\boldsymbol{q})$ で定義される透磁率 $\mu(q)$ を使って書くと、

$$\mu(q) = \frac{1}{1 + [4\pi/(cq)^2]S_2(q)} \tag{5.138}$$

となる。マイスナー効果は、$q \to 0$ で $\mu(q) \to 0$ のときに起こる。よって、$q \to 0$ での $S_2(q)$ の q 依存性がキーポイントである。

そこで、具体的に BCS 理論によって $S_0(q)$ あるいは $S_2(q)$ を求めてみよう。$\boldsymbol{j}_1(\boldsymbol{q})$ の表式は、ボゴリューボフ変換を代入すると

$$\begin{aligned}
\boldsymbol{j}_1(\boldsymbol{q}) &= -\frac{e\hbar}{2m\sqrt{\Omega}} \sum_{\boldsymbol{k}\sigma} (2\boldsymbol{k}+\boldsymbol{q}) c^\dagger_{\boldsymbol{k}\sigma} c_{\boldsymbol{k}+\boldsymbol{q}\sigma} \\
&= -\frac{e\hbar}{2m\sqrt{\Omega}} \sum_{\boldsymbol{k}} (2\boldsymbol{k}+\boldsymbol{q}) \\
&\quad \times \Big[(u_{\boldsymbol{k}} u_{\boldsymbol{k}+\boldsymbol{q}} + v_{\boldsymbol{k}} v_{\boldsymbol{k}+\boldsymbol{q}}) \\
&\qquad \times (\alpha^\dagger_{\boldsymbol{k}\uparrow} \alpha_{\boldsymbol{k}+\boldsymbol{q}\uparrow} - \alpha^\dagger_{-\boldsymbol{k}-\boldsymbol{q}\downarrow} \alpha_{-\boldsymbol{k}\downarrow}) \\
&\qquad + (u_{\boldsymbol{k}} v_{\boldsymbol{k}+\boldsymbol{q}} - v_{\boldsymbol{k}} u_{\boldsymbol{k}+\boldsymbol{q}}) \\
&\qquad \times (\alpha^\dagger_{\boldsymbol{k}\uparrow} \alpha^\dagger_{-\boldsymbol{k}-\boldsymbol{q}\downarrow} - \alpha_{-\boldsymbol{k}\downarrow} \alpha_{\boldsymbol{k}+\boldsymbol{q}\uparrow}) \Big]
\end{aligned} \tag{5.139}$$

である（ここでは $v_{\boldsymbol{k}}$ は実数にとっている）。これを式 (5.129) の $S_{\mu\nu}(\boldsymbol{q})$ に代入し、$\mathcal{H}$ として式 (5.37) を用いると、

$$S_{\mu\nu}(\boldsymbol{q}) = \frac{e^2\hbar^2}{2m^2} \frac{1}{\Omega} \sum_{\boldsymbol{k}} (2k_\mu + q_\mu)(2k_\nu + q_\nu) L(\xi_{\boldsymbol{k}}, \xi_{\boldsymbol{k}+\boldsymbol{q}}) \tag{5.140}$$

$$\begin{aligned}
L(\xi_{\boldsymbol{k}}, \xi_{\boldsymbol{k}+\boldsymbol{q}}) &= (u_{\boldsymbol{k}} u_{\boldsymbol{k}+\boldsymbol{q}} + v_{\boldsymbol{k}} v_{\boldsymbol{k}+\boldsymbol{q}})^2 \frac{f_{\boldsymbol{k}+\boldsymbol{q}} - f_{\boldsymbol{k}}}{E_{\boldsymbol{k}} - E_{\boldsymbol{k}+\boldsymbol{q}}} \\
&\quad + (u_{\boldsymbol{k}} v_{\boldsymbol{k}+\boldsymbol{q}} - v_{\boldsymbol{k}} u_{\boldsymbol{k}+\boldsymbol{q}})^2 \frac{1 - f_{\boldsymbol{k}+\boldsymbol{q}} - f_{\boldsymbol{k}}}{E_{\boldsymbol{k}} + E_{\boldsymbol{k}+\boldsymbol{q}}} \\
&= \frac{1}{2} \left(1 + \frac{\xi_{\boldsymbol{k}} \xi_{\boldsymbol{k}+\boldsymbol{q}} + \Delta^2}{E_{\boldsymbol{k}} E_{\boldsymbol{k}+\boldsymbol{q}}} \right) \frac{f_{\boldsymbol{k}+\boldsymbol{q}} - f_{\boldsymbol{k}}}{E_{\boldsymbol{k}} - E_{\boldsymbol{k}+\boldsymbol{q}}}
\end{aligned}$$

5.8. マイスナー効果

$$+ \frac{1}{2}\left(1 - \frac{\xi_{\bm{k}}\xi_{\bm{k}+\bm{q}} + \Delta^2}{E_{\bm{k}}E_{\bm{k}+\bm{q}}}\right)\frac{1 - f_{\bm{k}} - f_{\bm{k}+\bm{q}}}{E_{\bm{k}} + E_{\bm{k}+\bm{q}}} \tag{5.141}$$

である。式 (5.131) より、$S_0(q)$ は

$$\begin{aligned}S_0(q) &= \frac{1}{2}\sum_{\mu\nu}\left(\delta_{\mu\nu} - \frac{q_\mu q_\nu}{q^2}\right)S_{\mu\nu}(\bm{q}) \\ &= \left(\frac{e\hbar}{m}\right)^2 \frac{1}{\Omega}\sum_{\bm{k}} k^2(1 - \cos^2\theta)L(\xi_{\bm{k}}, \xi_{\bm{k}+\bm{q}})\end{aligned} \tag{5.142}$$

で与えられる。ここで、$\cos\theta = \bm{k}\cdot\bm{q}/|\bm{k}||\bm{q}|$ である。

ノーマル状態の場合には、式 (5.138) の $S_2(q)$ は q の小さいところで q^2 に比例し、

$$S_2(q) = -(cq)^2\chi \tag{5.143}$$

$$S_0(q) = \frac{ne^2}{m} + (cq)^2\chi \tag{5.144}$$

$$\chi = -\frac{2}{3}\mu_B^2 N(\varepsilon_F) \tag{5.145}$$

となることを示すことができる。χ は負で、これはノーマル状態での電子の軌道帯磁率 (ランダウ反磁性とよばれる) である。導出は問題 5.2 として残しておく。

次に、超伝導状態を考えよう。式 (5.142) の $S_0(q)$ の式で $q \to 0$ の極限に注目する。式 (5.141) の表式より

$$\lim_{q \to 0} L(\xi_{\bm{k}}, \xi_{\bm{k}+\bm{q}}) = -\frac{\partial f(E_{\bm{k}})}{\partial E_{\bm{k}}} \tag{5.146}$$

であるから、

$$\begin{aligned}S_0(q) &\to \left(\frac{e\hbar}{m}\right)^2 \frac{2}{3\Omega}\sum_{\bm{k}} k^2\left[-\frac{\partial f(E_{\bm{k}})}{\partial E_{\bm{k}}}\right] \\ &\equiv (n - n_s)\frac{e^2}{m}\end{aligned} \tag{5.147}$$

によって「超伝導電子密度」n_s を定義しておく。これから、$T \to 0$ の極限では、エネルギー・ギャップによって

$$S_0(q) \to 0, \qquad S_2(q) \to \frac{ne^2}{m}, \qquad n_s \to n \tag{5.148}$$

となること、また、$T \to T_c$ の極限ではノーマル状態になるから

$$S_0(q) \to \frac{ne^2}{m}, \qquad S_2(q) \to 0, \qquad n_s \to 0 \tag{5.149}$$

となることを確かめることができる。

結局、超伝導状態では $q \to 0$ で $S_2(q)$ がゼロでない有限値をもつことになる。導出をたどると、これはエネルギー・ギャップの存在によってベクトルポテンシャルによる状態の変化（$J_1(q)$ の寄与がそれである）が抑えられているのが原因である。こうしてロンドンの現象論の仮定である「超伝導状態の波動関数の硬さ」に対するミクロな基礎が与えられたことになる。

5.9 ジョセフソン効果、磁束の量子化、量子干渉効果

5.9.1 ジョセフソン効果

ここで超伝導の「擬スピン表示」(図 5.7) を思い出そう。この擬スピン表示の優れた点は、超伝導体と強磁性体を対応づけることによって、超伝導体の直観的な描像を与えるところにある。擬スピンの平均値の xy 面内での向きは超伝導の位相に対応していることに注意しよう。

いま、磁化が M_1, M_2 である二つの強磁性体があるとし、孤立しているとき M_1, M_2 が向きやすい方向（容易軸方向）はないと仮定する[11]。二つを接触させたとしよう（図 5.14(a)）。このとき、境界を通して働く M_1 と M_2 の間の角度に依存する相互作用によって、M_1 と M_2 は互いに平行（あるいは、反平行）になろうとするであろう。二つの超伝導体を接触したときも同じ現象が起こるはずである。それぞれの超伝導体の擬スピンの間の角度 (すなわち、超伝導の位相差) に依存する「境界

---

[11]現実の磁性体では、磁気双極子相互作用やスピン軌道相互作用に起因する異方性エネルギーによって、普通、スピンには向きやすい方向がある。また、磁区が形成される。ここでは理想化された、磁区のない強磁性体を想像してほしい。超伝導体の「擬スピン」の場合、その方向を固定するエネルギーは存在しない。

5.9. ジョセフソン効果、磁束の量子化、量子干渉効果

エネルギー」が存在し、両者の位相をそろえようとするであろう。それが**ジョセフソン効果**である。

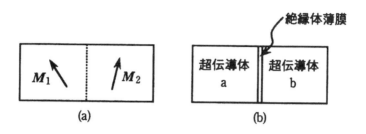

図 5.14: 境界を通じて相互作用する二つの強磁性体 (a)、二つの超伝導体 (b)

具体的にそのような状況を実現するため、図 5.14(b) のように、二つの超伝導体を薄い絶縁膜を隔てて接触させる。薄い絶縁膜を通して電子の波動関数が侵み出し、電子は移動できるようになる（あるいは、超伝導体 a の電子の波動関数が超伝導体 b の波動関数と境界を通じて混じっている、といってもよい）。それを次のハミルトニアンによって記述する。

$$
\begin{aligned}
\mathcal{H}_\mathrm{T} &= \sum_{\bm{k}\bm{\ell}\sigma}(T_{\bm{k}\bm{\ell}}a^\dagger_{\bm{k}\sigma}b_{\bm{\ell}\sigma} + \mathrm{h.c.}) \\
&\equiv T + T^\dagger
\end{aligned}
\tag{5.150}
$$

ここで、a, b は、それぞれ、左側、右側の超伝導体の電子の消滅演算子である。

左側、右側の超伝導体が孤立しているときの基底状態の波動関数を Ψ_a、Ψ_b とすると、全体の波動関数は直積 $\Psi_a\Psi_b$ で与えられる。次に、摂動 (5.150) の効果を取り入れよう。この摂動によって二つの電子を移した後の状態は基底状態と有限の重なりがある。それによる基底エネルギーのずれは

$$
\Delta E = \langle \Psi_a\Psi_b | \mathcal{H}_\mathrm{T} \frac{1}{E_0 - \mathcal{H}_0} \mathcal{H}_\mathrm{T} | \Psi_a\Psi_b \rangle
\tag{5.151}
$$

で与えられる。この式は $\mathcal{H}_\mathrm{T}$ にボゴリューボフ変換を代入して、

基底状態 Ψ_a, Ψ_b は準粒子の真空であることを利用すると容易に計算できて、次のようになる。

$$\Delta E = -2 \sum_{\bm{k}\bm{\ell}} \frac{|T_{\bm{k}\bm{\ell}}|^2}{E_{\bm{k}} + E_{\bm{\ell}}} |u_{\bm{k}} v_{\bm{\ell}} + v_{\bm{k}} u_{\bm{\ell}}|^2 \tag{5.152}$$

ここで、$T_{-\bm{k}-\bm{\ell}} = T_{\bm{k}\bm{\ell}}^*$ を使っている[12]。さらに

$$\begin{aligned}&|u_{\bm{k}} v_{\bm{\ell}} + v_{\bm{k}} u_{\bm{\ell}}|^2 \\ &= \frac{1}{2}\left(1 - \frac{\xi_{\bm{k}}\xi_{\bm{\ell}}}{E_{\bm{k}} E_{\bm{\ell}}}\right) + \frac{1}{4}\frac{\Delta_{\bm{k}}\Delta_{\bm{\ell}}^* + \Delta_{\bm{k}}^*\Delta_{\bm{\ell}}}{E_{\bm{k}} E_{\bm{\ell}}}\end{aligned} \tag{5.153}$$

と書くと、右辺第1項からの ΔE への寄与は $\mathcal{H}_\mathrm{T}$ の2次で、電子が左から右へ行き、また左へもどるプロセス(とその逆プロセス)による基底状態のエネルギーの低下であって、これはノーマル状態でも存在する寄与であるので今後無視する。右辺第2項からの寄与は、$\mathcal{H}_\mathrm{T}$ の2次で、左から右(あるいはその逆)へ電子を2度移すプロセスから生ずるもので、超伝導状態でのみ存在する。後者は次のように表せる。

$$\Delta E = -J_0 \cos(\phi_a - \phi_b) \tag{5.154}$$

ここで、

$$J_0 = 2 \sum_{\bm{k}\bm{\ell}} \frac{|T_{\bm{k}\bm{\ell}}|^2}{E_{\bm{k}} + E_{\bm{\ell}}} \frac{\tilde{\Delta}_{\bm{k}} \tilde{\Delta}_{\bm{\ell}}}{E_{\bm{k}} E_{\bm{\ell}}} \tag{5.155}$$

である。ϕ_a, ϕ_b は複素数 $\Delta_{\bm{k}} \equiv \tilde{\Delta}_{\bm{k}} e^{i\phi_a}$, $\Delta_{\bm{\ell}} \equiv \tilde{\Delta}_{\bm{\ell}} e^{i\phi_b}$ の $\bm{k}$ あるいは $\bm{\ell}$ に依らない位相を表し、$\tilde{\Delta}_{\bm{k}}, \tilde{\Delta}_{\bm{\ell}}$ は実数で、一般には $\bm{k}$ の方向によって符号をかえる。式(5.154)より、二つの超伝導体の相互作用エネルギーは位相差 $\phi_a - \phi_b$ によることがわかる。式(5.154)の物理的意味は、$\mathcal{H}_\mathrm{T}$ の2次で左側のクーパー対を右側へ移動したとき、それが右側のクーパー対になり、そのとき基底状態の波動関数と有限の重なりがあり、その重なり積分が $\Delta_{\bm{k}}, \Delta_{\bm{\ell}}$ の位相差に依存するということを示している。

---

[12] この関係は $T_{\bm{k}\bm{\ell}}$ の複素共役をとると $\bm{k}$ の平面波が $-\bm{k}$ の平面波になること、トンネル効果を引き起こすハミルトニアンは実数であることから導くことができる。

5.9. ジョセフソン効果、磁束の量子化、量子干渉効果　　　　　　　　　　169

次に、電流を調べよう。左側の電子数は

$$N_a = \sum_{\bm{k}\sigma} a^\dagger_{\bm{k}\sigma} a_{\bm{k}\sigma} \tag{5.156}$$

であるから、その時間変化は、

$$\dot{N}_a = \frac{i}{\hbar}[\mathcal{H}, N_a] = -\frac{i}{\hbar}(T - T^\dagger) \tag{5.157}$$

である。したがって、右から左へ流れる電流は、$\mathcal{H}_T$ の最低次で

$$\begin{aligned}
I &= (-e)\langle \dot{N}_a \rangle \\
&= -e\langle \Psi_a \Psi_b | \dot{N}_a \frac{1}{E_0 - \mathcal{H}_0} \mathcal{H}_T | \Psi_a \Psi_b \rangle \\
&\quad -e\langle \Psi_a \Psi_b | \mathcal{H}_T \frac{1}{E_0 - \mathcal{H}_0} \dot{N}_a | \Psi_a \Psi_b \rangle
\end{aligned} \tag{5.158}$$

によって与えられる。式 (5.157) を代入し、右辺を計算すると、

$$I = 2(-e)(-J_0)\sin(\phi_a - \phi_b) = 2e\frac{\partial \Delta E}{\partial(\phi_a - \phi_b)} \tag{5.159}$$

である。

　J_0 が正のときには、式 (5.154) から、二つの超伝導体の位相差が 0 のとき ΔE が最小になる。しかし、$J_0 < 0$ の場合も可能である。5.6 節で述べた異方的超伝導の場合には、$\tilde{\Delta}_{\bm{k}}, \tilde{\Delta}_{\bm{\ell}}$ は $\bm{k}, \bm{\ell}$ の方向に依存して、符号を変えるから、二つの超伝導体の接合面の方向によっては $J_0 < 0$ になりうる。そのときには、式 (5.154) より、位相差 $\phi_a - \phi_b$ が π の場合が境界エネルギーが最小である（これを **π 接合**という）。これは 5.9.3 節の議論で重要になる問題である。

5.9.2　磁束の量子化

　式 (5.159) では二つの異なる超伝導体の間を流れる電流を考えたが、一つの超伝導体を微少な（しかし、5.9.1 節の議論が使える程度には大きい）幅 Δx で分割し、各区間での超伝導体の位相 $\{\phi_j\}$ に同じ議論を適用してみよう。式 (5.159) から、隣り

合う区間の間に $\phi_{j+1} - \phi_j = (\nabla_x \phi)\Delta x$ に比例した電流が流れる。連続極限を取ると、位相の空間微分 $\nabla\phi(r)$ に比例して超伝導電流

$$j_s \propto \nabla\phi(r). \tag{5.160}$$

が流れる。位相 ϕ の起源をたどると、それは電子対の波動関数の位相であるから、磁場によるベクトルポテンシャル $A(r)$ が存在するときには

$$\nabla\phi(r) \to \nabla\phi(r) + \frac{2e}{\hbar c}A(r) \tag{5.161}$$

とおき換えるべきである。ここで $-e$ でなく $-2e$ が登場したのは電子対の波動関数だからである。したがって、式 (5.160) の超伝導電流 j_s は、ベクトルポテンシャルが存在するときには、

$$j_s \propto \nabla\phi(r) + \frac{2e}{\hbar c}A(r) \tag{5.162}$$

でおき換えられる。

図 5.15: 磁場中に置かれた超伝導体のリング。Φ は中を貫く磁束である。

図 5.15 のような超伝導体のリングが磁場中にあるとしよう。超伝導体の幅は磁場侵入の長さ λ に比べ十分広いとすると、超伝導体の内部では $j_s = 0$ である。よって、式 (5.162) をリングに沿って 1 周積分すると、

$$\frac{2e}{\hbar c}\oint dr \cdot A(r) = -\oint dr \cdot \nabla\phi(r) \tag{5.163}$$

5.9. ジョセフソン効果、磁束の量子化、量子干渉効果

であるが、波動関数の位相は1周したとき 2π の整数倍になるべきであるから (波動関数の一値性)、右辺は 2π の整数倍となる。一方、左辺はリングを貫く磁束 Φ によって、

$$\frac{2e}{\hbar c}\oint d\boldsymbol{r}\cdot \boldsymbol{A}(\boldsymbol{r}) = 2\pi\frac{\Phi}{\Phi_0} \tag{5.164}$$

($\Phi_0 = ch/2e = 2.07\cdot 10^{-7} \text{G}\cdot\text{cm}^2$ は磁束量子) と書けるから、リングを貫く磁束 Φ は

$$\Phi = n\Phi_0 \qquad (n \text{ は整数}) \tag{5.165}$$

のように磁束量子の整数倍に量子化される。これを**磁束の量子化**という。量子化の単位に $2e$ が現れることは超伝導状態における電子対形成の直接的証拠である[13]。

5.9.3 量子干渉効果

図 5.16(a) のような、二つの超伝導体 a, b がジョセフソン接合 1, 2 でつながれたリングを考える。電流はリング (幅は磁場侵入の長さ λ より広いとする) の上、下二つの経路を流れるようになっている。式 (5.159) より、電流は

$$I = I_1 \sin(\phi_{a1} - \phi_{b1}) + I_2 \sin(\phi_{a2} - \phi_{b2}) \tag{5.166}$$

である。ϕ_{ai}, ϕ_{bi} $(i=1,2)$ は接合 i をはさむ a, b 二つの超伝導体の位相、I_i はジョセフソン接合である。式 (5.163) を導く議論から次の関係が得られる。

$$\begin{aligned}\phi_{a2} - \phi_{a1} &= -\frac{2e}{\hbar c}\int_{a(1\to 2)} \mathrm{d}\boldsymbol{r}\cdot\boldsymbol{A},\\ \phi_{b1} - \phi_{b2} &= -\frac{2e}{\hbar c}\int_{b(2\to 1)} \mathrm{d}\boldsymbol{r}\cdot\boldsymbol{A},\end{aligned} \tag{5.167}$$

両辺を加えると、右辺の積分はリングの1周積分になり、

$$\phi_{a2} - \phi_{b2} = \phi_{a1} - \phi_{b1} - 2\pi\frac{\Phi}{\Phi_0} \tag{5.168}$$

---
[13]磁束の量子化の最も精密な実験は A. Tonomura *et al.*: Phys. Rev. Lett. **56**, 792 (1986).

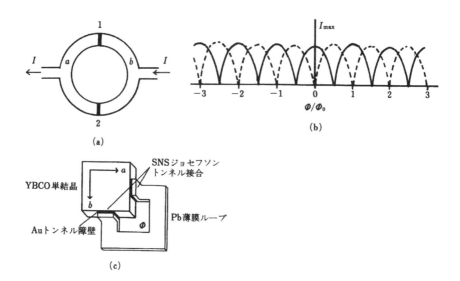

図 5.16: (a) 超伝導量子干渉計の概念図。1, 2 は超伝導体 a, b のジョセフソン接合である。(b) 最大電流の磁束依存性。実線は $I_1 I_2 > 0$ の場合に、破線は $I_1 I_2 < 0$ の場合に対応する。ここでは $|I_1| = |I_2|$ としている。(c) Pb と層状酸化物高温超伝導体 YBCO との量子干渉実験装置。ジョセフソン接合は YBCO の a 軸、b 軸に垂直になっている [25]。

が得られる。この関係を式 (5.166) に代入すると、電流は

$$I = I_{\max} \sin\phi \tag{5.169}$$

$$I_{\max} = \sqrt{I_1^2 + I_2^2 + 2I_1 I_2 \cos\left(2\pi \frac{\Phi}{\Phi_0}\right)} \tag{5.170}$$

$$\phi = \phi_{a1} - \phi_{b1} - \pi\frac{\Phi}{\Phi_0} + \arctan\left[\frac{I_1 - I_2}{I_1 + I_2}\tan\left(\pi\frac{\Phi}{\Phi_0}\right)\right] \tag{5.171}$$

となる。

　　最大電流 $I_{\max}$ は Φ の関数として振動する。これは二つの経路を通る光の干渉と同じ現象である。$I_{\max}$ は、$I_1 I_2 > 0$ のときには Φ_0 の整数倍の値で最大値をとり、$I_1 I_2 < 0$ のとき

5.9. ジョセフソン効果、磁束の量子化、量子干渉効果

には Φ_0 の整数倍の値で最小となる（図 5.16(b)）。通常の超伝導体ではジョセフソン接合で $J_0 > 0$ であるので $I_1 I_2 > 0$ のケースが当てはまる。図 5.16(a) の装置は「超伝導量子干渉計」(superconducting quantum interference device, 略称 SQUID) として磁束を高精度で測定する方法として広く利用されている。

図 5.16(a) のタイプの超伝導量子干渉法は応用ばかりでなく、ジョセフソン効果という超伝導特有の現象に基礎をおくので、超伝導自体の基礎的研究法としても威力を発揮する。層状構造をなす銅酸化物高温超伝導体ではギャップ関数 $\tilde{\Delta}_k$ が xy 面内で $k_x^2 - k_y^2$ に従って符号を変える（原子軌道の $d_{x^2-y^2}$ を思い浮かべるとよい） d 波超伝導になっている、との推論があり、その最も直接的な実験的検証に用いられている [25]。一つの実験装置の概念図が図 5.16(c) に示されている。二つあるジョセフソン接合の向きが x 方向と y 方向になっているので、$k_x^2 - k_y^2$ のような d 波の超伝導が実現していれば $I_1 I_2 < 0$ で図 5.16(b) の破線の結果が期待される。この実験を精密化した方法を用いて、IBM の Tsuei らが詳しく研究し、銅酸化物高温超伝導体では d 波超伝導が実現していることを示す結果を得ている [25]。

問題

5.1 BCS 超伝導体のスピン帯磁率を計算し、その温度変化がどうなるか考察せよ。また、結果の解釈を与えよ。

5.2 5.9 節の定式化をノーマル状態に適用し、式 (5.143) を導出し、ランダウ反磁性が導かれることを示せ。

5.3 超伝導状態とノーマル状態での基底エネルギーの差を式 (5.38) から具体的に求め、結果の意味を説明せよ。また、1 電子あたりのエネルギー差の大きさを評価せよ。

5.4 BCS の波動関数における粒子数の揺らぎは無視できることを、具体的に計算をして示せ（ヒント：粒子数は

$$\hat{N} = \sum_{\bm{k}} (c^\dagger_{\bm{k}\uparrow} c_{\bm{k}\uparrow} + c^\dagger_{-\bm{k}\downarrow} c_{-\bm{k}\downarrow}) \tag{5.172}$$

で与えられる。$\hat{N}$ の BCS 波動関数 Ψ_g での平均 $\langle\Psi_g|\hat{N}|\Psi_g\rangle$ と $\langle\Psi_g|\hat{N}^2|\Psi_g\rangle$ から、$(\langle\Psi_g|\hat{N}^2|\Psi_g\rangle - \langle\Psi_g|\hat{N}|\Psi_g\rangle^2)^{1/2}$ で定義される電子数の揺らぎの大きさがどうなるかを調べよ）。

5.5 5.6 節で述べた異方的超伝導を実験で確認するにはどんな方法が考えられるか。

参考文献

[1] P. G. de Gennes: *Superconductivity of Metals and Alloys* (Westview Press, 1999).

[2] A. A. Abrikosov: *Fundamentals of the Theory of Metals* (North-Holland, 1988).

[3] M. Tinkham: *Introduction to Superconductivity*, 2nd ed. (McGraw-Hill, 1996).

[4] J. R. Schrieffer: *Theory of Superconductivity*, revised printing (Addison-Wesley, 1983).

[5] R. Parks (ed.): *Superconductivity* I, II (Marcel Dekker, 1969) [1960 年代終りまでの超伝導研究の全成果が各問題の専門家によってくわしく解説されていて、たいへん役に立つ本である].

[6] A. J. Leggett: *Quantum Liquids - Bose Condensation and Cooper Pairing in Condensed-Matter Systems* (Oxford, 2006).

[7] 中嶋貞雄：「超伝導入門」（培風館、1971 年）．

[8] 恒藤敏彦：岩波講座「現代の物理学」第 17 巻「超伝導・超流動」（岩波書店、1993 年）．

[9] [家泰弘：「超伝導」（朝倉書店、2005 年）．

5.9. ジョセフソン効果、磁束の量子化、量子干渉効果

[10] 恒藤敏彦：「超伝導の探求」（岩波書店、1995年）．

[11] ノーベル賞講演物理学 第2巻（講談社、1979年), p.128; H. Kamerling-Onnes: Proc. Koninklijke Akad. van Wetenschappen Amsterdam, p.799 (1911).

[12] N. E. Phillips: Phys. Rev. **134**, A385 (1964)．

[13] 固体物理 特集号「高温超伝導」（アグネ、1990年）; D. Ginsberg (ed.): *Physical Properties of High Temperature Superconductors* I〜IV (World Scientific, 1989〜1994).

[14] J. Bardeen and D. Pines: Phys. Rev. **99**, 1140 (1955).

[15] C. Kittel: *Quantum Theory of Solids*, revised printing (John Wiley and Sons, 1963)．

[16] W. Little: Phys. Rev. **A134**, 1416 (1964).

[17] 例えば、Y. Yanase, T. Jujo, T. Nomura, H. Ikeda, T. Hotta and K. Yamada: Phys. Rep. **387**, 1 (2003).

[18] 例えば、A. J. Leggett: Rev. Mod. Phys. **47**, 331 (1975).

[19] J. Bardeen, L. Cooper and J. R. Schrieffer: Phys. Rev. **108**, 1175 (1957).

[20] ノーベル賞講演物理学 第11巻（講談社）[この中にBardeen, Cooper, Schriefferによる講演がある].

[21] P. W. Anderson: Phys. Rev. **112**, 1900 (1958).

[22] 花村栄一：岩波講座「現代の物理学」第8巻「量子光学」（岩波書店、1992年）．

[23] Y. Masuda and A. G. Redfield: Phys. Rev. Lett. **125**, 159 (1962).

[24] S. Nakajima: Proc. Phys. Soc. **A69**, 441 (1956).

[25] M. Sigrist and T. M. Rice: J. Phys. Soc. Jpn. **61**, 4283 (1992); D. A. Wollman *et al.*: Phys. Rev. Lett. **71**, 2134 (1993); C. C. Tsuei *et al.*: Phys. Rev. Lett. **73**, 593 (1994) [優れた総合報告として C. C. Tsuei and J. R. Kirtley: Rev. Mod. Phys. **72**, 969 (2000) がある].

[26] 図5.4に挙げた以外に、2009年までに高圧下での超伝導が発見された元素としては、Li, Ca, Fe, B, O, S, Br, I, Euがある。FeとEuが超

伝導になることは注目に値する。
- [27] 福山秀敏、秋光純 (編集):「超伝導ハンドブック」(朝倉書店、2009 年).
- [28] 日本物理学会誌 **64**, No.11 (2009) の「小特集：鉄系超伝導体」.

第6章 遍歴する電子のスピンの秩序と揺らぎ

電子系の示す秩序状態としては、超伝導のほかに、電荷の分布の秩序（電荷の密度が空間的に波打った状態、すなわち、電荷密度波など）やスピンの秩序がある。この章では金属のスピンの秩序を中心に、その基礎的事柄を述べよう。

第2章で述べたように、モット絶縁体では電荷の励起に要するエネルギーが大きいので、そのエネルギーと比べて十分低い温度では電荷は固定され、局在したスピンの向きの自由度だけを考えればよい。そこで、モット絶縁体の磁性は局在スピン間の主要な相互作用であるハイゼンベルク・ハミルトニアンを基礎にして、異方性エネルギーなどの小さい相互作用を考慮すれば理解できる [1,2]。

これに対して、電子が動き回る遍歴電子の磁性の場合には、エネルギーがゼロからフェルミ・エネルギー程度までの広いエネルギー領域にわたる電荷の励起が存在し、電荷の励起とスピンの励起が絡んでいる。このため、モット絶縁体と比べて遍歴電子系の磁性は複雑である。この章では遍歴電子系のスピンの秩序がどうして起こるかを実験事実も見ながら考察し、その後で、遍歴電子系のスピンの揺らぎにはどのような特徴があるかを考える。特に、$T=0$で磁気秩序が起こる寸前の系のスピン揺らぎの特徴にも触れる。

6.1 スピン秩序を示す金属の例

最初に、スピン秩序を示す金属にはどんなものがあるかを概観してみよう。表 6.1 に金属磁性体の例とその性質を挙げる。また、図 5.4 の周期表には単体で金属磁性体になる元素を示しているので見て頂きたい。

遷移金属の Fe, Co, Ni が強磁性体になることはよく知られている。Cr, Mn は反強磁性体である。周期表の中での位置からわかるように、これらは $3d$ 軌道が部分的につまった元素の単体金属である。$4d$ 軌道、$5d$ 軌道が部分的につまった元素の単体金属では磁気的秩序を示すものはない。Pd, Rh, Pt は常磁性ではあるが、もう少しで強磁性になる「強磁性寸前の金属」である。$4f$ 軌道が部分的につまった希土類金属はほとんどすべて磁気的秩序を示す。単体で磁気的秩序を示すものは、図 5.4 の周期表で、$3d$ 軌道、$4f$ 軌道が部分的につまった元素に限られることがわかる。$3d$、$4f$ のような比較的局在性が強い軌道上の電子が磁性の主役である[1]。軌道の局在性が強ければ、原子間の重なり積分に由来するバンド幅は狭くなり、軌道上でのクーロン相互作用の効果が顕著になるので、それが磁気的秩序の実現に寄与していると想像される。

単体でなく化合物（2元、3元、…）まで対象を広げると元素の組合せは多様で、磁性体の数は非常に多く、それらを網羅することは不可能である。表 6.1 に強磁性体の例として挙げている $ZrZn_2$、Sc_3In はその構成元素が単体では強磁性体にはならない。したがって、これらの化合物としての特有の電子状態にその強磁性の起源があると推測される。単体で磁性体になる元素（磁性元素）をふくむ化合物で磁性体になるものは非常に多い。その一例として、表 6.1 に $La_{1-x}Sr_xMnO_3$ を挙げている。この化合物では Mn の $3d$ 電子が磁性の担い手であるが、x の値

---

[1] 図 5.4 の周期表では、超伝導体と磁性体の位置関係についても注意してほしい。両者の境界近くに位置する原子の電子は、条件によっては、磁性、超伝導を示すゆえ、特に興味深い。

によって磁性と電気伝導が制御されている[2]。同じように、$4f$ 軌道が部分的につまった希土類元素をふくむ化合物で磁性体になるものも多い。このような化合物では、特に、$4f$ 軌道の占有数が少ない Ce の化合物、逆に $4f$ 軌道がほとんど詰まった Yb の化合物が、磁性と電子の運動の関係を理解する上で重要な物質である。さらに、$5f$ 軌道が部分的につまったアクチナイドの化合物（特に、U の化合物）も注目されている。

表 6.1：金属磁性体の例

磁性体	構造	磁気秩序のタイプ	転移温度	飽和磁化
Ni	fcc	強磁性	627 K	0.6 μ_B
Co	hcp, fcc	強磁性	1388 K	1.72 μ_B
Fe	bcc	強磁性	1043 K	2.22 μ_B
α-Mn	複雑	反強磁性	~100 K	1.1 μ_B
Cr	bcc	反強磁性*	312 K	0.57 μ_B
ZrZn$_2$	MgCu$_2$ 型	強磁性	22 K	0.12 μ_B
Sc$_3$In		強磁性	~6 K	0.05 μ_B
Pd	fcc	強磁性寸前の金属	—	—
Pt	fcc	〃	—	—
HfZn$_2$		〃	—	—
Gd	hcp	強磁性	289 K	7.55 μ_B
La$_{0.7}$Sr$_{0.3}$MnO$_3$	cubic	強磁性	~360 K	

* 正確には「正弦波的スピン密度波」で、反強磁性に長周期の変調がかかっている。

6.2　遷移金属の電子状態

d 軌道が主役となる遷移金属について、周期表の中でどの元素が単体で磁性体になるかを見ると、そこに一定の法則があるのに気づく。まず、周期表を横に見る。強磁性は $3d$ 軌道がほとんど満たされる寸前の Fe, Co, Ni で実現し、$3d$ 軌道が半分程

---

[2] このような酸化物については本書では詳しく触れていない。十倉好紀：岩波講座・物理の世界「強相関電子と酸化物」（岩波書店、2002 年）がこの物質群へのよい入門書である。

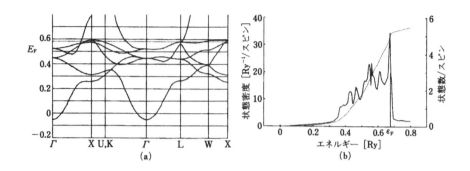

図 6.1: 常磁性 Ni のバンド構造と状態密度 [4]

度詰まっている Mn, Cr では反強磁性が実現している。$3d$ 軌道の占有数が半分以下の元素では磁気的秩序は見られない。次に、周期表を縦に、$3d$ から $4d$ へ目を移すと、$4d$ 軌道が部分的に詰まった元素では磁気的秩序は起こっていないが、Co と Ni の真下に位置する Pd と Rh は強磁性寸前になっている。

このような系統的変化は、d バンドの位置や幅の系統的変化と相関があると想像される。すなわち、$3d$ 軌道に電子が増えてゆくとき、$4s$ 電子のバンドの底から測った $3d$ 軌道の中心の位置が次第に低くなり、同時に、原子核の電荷の増大によって $3d$ 軌道は核により引きつけられて、それに伴ってバンド幅は次第に狭くなる。すでに述べたように、バンド幅が狭いほうが磁性に有利であるから、周期表を横に移動したときの傾向は定性的に理解できる。また、$4d$ 軌道の方が $3d$ 軌道より広がっているから、周期表で下の方へ移動すると、磁性には不利になることも自然に理解できる。$3d$ 金属での反強磁性と強磁性の系統的変化については、後に議論する。

より具体的に考えるために、Ni, Fe, Cr の電子状態についてのバンド計算の結果 [3〜5] を見てみよう。図 6.1〜3 に示すのはその一例である [4]。ここでは常磁性状態を仮定している。バン

6.2. 遷移金属の電子状態

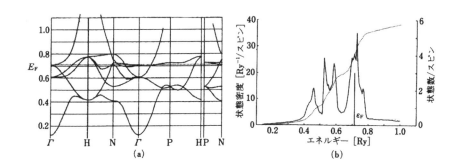

図 6.2: 常磁性 Fe のバンド構造と状態密度 [4]

ド構造を見ると、d バンドが比較的狭いエネルギー領域にあって、分散が小さく、広い s バンドと混成していることがわかる（この混成は 4.1 節のアンダーソン・モデルで記述した効果と同じものである）。5 本の d バンドの分裂は、まわりの原子からのポテンシャルの効果と、$3d$ 軌道とまわりの原子上の軌道との波動関数の混成がまわりの原子の配置に依存する効果からくるもので、ともに結晶場効果とよばれている。実際、結晶構造が fcc（Ni）の場合と bcc（Fe, Cr）の場合とを比較すると、違いが $3d$ バンドの状態密度の構造に反映している。さらに、同じ bcc 構造の Fe と Cr を比べれば、$3d$ 電子数の増加によって $3d$ バンドの幅が減少し、中心位置が下がるのが見てとれる。

注目すべき点は、Ni と Fe においては、フェルミ準位が状態密度の高い所に位置しているという共通の特徴があることである。強磁性の出現はこの事実と密接に絡んでいると想像される。Cr では、これと対照的に、フェルミ準位は状態密度の低い所に位置している。

単体ではなく、化合物の強磁性体の場合の電子状態はどうなのだろうか。表 6.1 にある $ZrZn_2$ の常磁性状態でのバンド計算の結果 [6] を見ると、フェルミ準位が状態密度の非常に高いピークに一致していて、Ni と Fe について上に述べたことがそのま

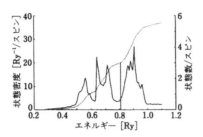

図 6.3: 常磁性 Cr の状態密度

ま当てはまるようである。

　定性的な議論を超えて、定量的な議論となると、遍歴電子の磁性はなかなか難しい理論的問題になっている。超伝導の BCS 理論のような誰もが納得する理論がないのが現状である。その理由は、電子間のクーロン相互作用と運動エネルギーとが競合関係にあり、その競合関係の信頼できる取扱いが容易でないためである。以下では、まず、電子間相互作用が弱いときの金属磁性の最も簡単な近似理論（分子場近似理論、あるいは、それを動的に拡張した乱雑位相近似（random phase approximation, RPA）理論とよばれるもの）をまず述べ、その後、強い電子間相互作用の効果について議論する[3]。

6.3　相互作用の弱い電子系：金属磁性の分子場理論

図 6.1〜3 のバンド計算を念頭に置きながら、次の最も簡単なモデルを金属磁性の問題に適用しよう。基本的仮定は次の 3 点である。

(1) d バンドのみを強く束縛された電子の近似（tight-binding approximation）で扱う。

(2) d バンドは、d 軌道が五つあることを反映して、ほとんど縮

---

[3]金属磁性全般についての参考書としては [1,2,7,8] がある。

6.3. 相互作用の弱い電子系：金属磁性の分子場理論

退した五つのバンドがあるが、それを簡単化して、一つのバンドで代表させる。

(3) クーロン相互作用は同じ原子の上でのみ働くとする。

実は、これは第2章で導入したハバード・モデルに他ならない。

ハバード・モデル (2.2) を再び書き下すと、

$$\mathcal{H} = \sum_{i,j,\sigma} t_{ij} c_{i\sigma}^{\dagger} c_{j\sigma} + U \sum_j n_{j\uparrow} n_{j\downarrow} \tag{6.1}$$

である[4]。ここで $c_{j\sigma}$ は磁性原子 j 上のスピン σ をもつ電子の消滅演算子である。フーリエ変換

$$c_{j\sigma} = \frac{1}{\sqrt{N_A}} \sum_{\bm{k}} e^{i\bm{k}\cdot\bm{R}_j} c_{\bm{k}\sigma} \tag{6.2}$$

$$t_{ij} = \frac{1}{N_A} \sum_{\bm{k}} e^{i\bm{k}\cdot(\bm{R}_i - \bm{R}_j)} \varepsilon_{\bm{k}} \tag{6.3}$$

によって、$\mathcal{H}$ の第1項 $\mathcal{H}_0$ を書けば、

$$\mathcal{H}_0 = \sum_{\bm{k}\sigma} \varepsilon_{\bm{k}} c_{\bm{k}\sigma}^{\dagger} c_{\bm{k}\sigma} \tag{6.4}$$

となる。これからの議論では $\varepsilon_{\bm{k}}$ は任意としておく。状態密度は

$$N(\varepsilon) = \frac{1}{N_A} \sum_{\bm{k}} \delta(\varepsilon - \varepsilon_{\bm{k}}) \tag{6.5}$$

で与えられる。$N(\varepsilon)$ としては、図6.1~3の状態密度のうちで d 電子の部分だけを取り出して、例えば、図6.4のように、$N(\varepsilon)$ の ε 依存性にはピーク構造があるものを想定している。

ここでは大胆な簡単化をしている。広い s バンドの存在を無視している。また、複数の軌道があるときに特徴的なフント則に対応する相互作用が含まれていない。これでは金属強磁性の大事な要素が抜け落ちていると考える研究者もいる。実際、表6.1の化合物 $La_{0.7}Sr_{0.3}MnO_3$ の強磁性では Mn イオンの複数の

---
[4]この一見簡単なモデルでも厳密には解けない。現在までのところ厳密解が得られているのは1次元ハバード・モデルだけである [9]。ただし、1次元ハバード・モデルでは強磁性は実現しない。

図 6.4: 状態密度のモデル

d 軌道間のフント則が本質的な役割を果たしていると推測されている。したがって、金属磁性の問題がすべてこの簡単なモデルで記述できるわけではない。ここでは、6.2 節で述べた単体の $3d$ 金属での反強磁性、強磁性出現の系統性の理解を目指し、それにはこの簡単なモデルで十分であろうと期待して議論を進める。

まず、相互作用が弱い極限を考える。このときは U の 1 次の効果、すなわち U の平均的効果を考える分子場近似による取扱いが主要項を与える。ハミルトニアン (6.1) の相互作用項を

$$\sum_j U n_{j\uparrow} n_{j\downarrow} = \sum_j U \left(n_{j\uparrow} \langle n_{j\downarrow} \rangle + \langle n_{j\uparrow} \rangle n_{j\downarrow} - \langle n_{j\uparrow} \rangle \langle n_{j\downarrow} \rangle \right)$$
$$+ \sum_j U (n_{j\uparrow} - \langle n_{j\uparrow} \rangle)(n_{j\downarrow} - \langle n_{j\downarrow} \rangle) \qquad (6.6)$$

と書き直してみよう。$\langle \cdots \rangle$ は平均値であるが、平均の正確な意味はこの後に定義する。右辺第 1 項は U の平均的効果を表し、第 2 項は、その形からわかるように、平均からのずれの「揺らぎの効果」に対応している。以下では、右辺第 2 項を無視するという「分子場近似」を適用する。第 2 項の揺らぎの項は自由エネルギーに U の 2 次以上の寄与を与えるので、この分子場近似は相互作用 U が弱いケースを想定した近似である。この近似の妥当性については後に議論する。

6.3. 相互作用の弱い電子系：金属磁性の分子場理論

式 (6.6) の $\langle n_{j\sigma} \rangle$ は自由エネルギーが最小になるように、その j, σ 依存性を決める。典型的な磁気秩序状態としては

(1) 強磁性状態：$\langle n_{j\uparrow} \rangle$ と $\langle n_{j\downarrow} \rangle$ は j に依存せず、しかも、$\langle n_{j\uparrow} \rangle \neq \langle n_{j\downarrow} \rangle$ である。

(2) 反強磁性状態：$\langle n_{j\uparrow} \rangle - \langle n_{j\uparrow} \rangle$ は j によって一つおきに符号を変える。$\langle n_{j\uparrow} \rangle \neq \langle n_{j\uparrow} \rangle$ とする。

があるが、それ以外の可能性も排除できない。しかし、これからしばらくの間、強磁性に話を限ることにしよう。

6.3.1 強磁性状態

強磁性状態では $\langle n_{j\sigma} \rangle$ は j に依存しないから、今後は $\langle n_\sigma \rangle$ と書く。分子場近似のハミルトニアンは

$$\mathcal{H}_{\mathrm{MF}} = \sum_{\boldsymbol{k}\sigma} \Big(\varepsilon_{\boldsymbol{k}} + U\langle n_{-\sigma}\rangle\Big) c^\dagger_{\boldsymbol{k}\sigma} c_{\boldsymbol{k}\sigma} - N_{\mathrm{A}} U \langle n_\uparrow \rangle \langle n_\downarrow \rangle \tag{6.7}$$

となる。N_{A} は原子の総数である。$\langle n_\sigma \rangle$ は $\mathcal{H}_{\mathrm{NF}}$ についての平均であるので、次のように決められる。

$$\langle n_\sigma \rangle = \frac{1}{N_{\mathrm{A}}} \sum_{\boldsymbol{k}} f\Big(\varepsilon_{\boldsymbol{k}} + U\langle n_{-\sigma}\rangle\Big) \tag{6.8}$$

この式は

$$\langle n_\sigma \rangle = \int_{-\infty}^{\infty} d\varepsilon \frac{1}{N_{\mathrm{A}}} \sum_k \delta(\varepsilon - \varepsilon_{\boldsymbol{k}} - U\langle n_{-\sigma}\rangle) f(\varepsilon) \tag{6.9}$$

とも書ける。$\langle n_\sigma \rangle = \langle n_\uparrow + n_\downarrow \rangle/2 + \sigma \langle n_\uparrow - n_\downarrow \rangle/2$ $(\sigma = \pm)$ と書き直し、$U\langle n_\uparrow + n_\downarrow \rangle/2$ は化学ポテンシャルの項に入れることにすると、式 (6.5) の状態密度を使って、

$$\langle n_\sigma \rangle = \int_{-\infty}^{\infty} d\varepsilon N\Big(\varepsilon + \frac{U}{2}\sigma\langle n_\uparrow - n_\downarrow\rangle\Big) f(\varepsilon) \tag{6.10}$$

が得られる。

(1) 強磁性 ($\langle n_\uparrow \rangle \neq \langle n_\downarrow \rangle$) 出現のための条件

$\langle n_\sigma \rangle = \langle n \rangle_0 + \sigma m$ （ここで $m = (\langle n_\uparrow \rangle - \langle n_\downarrow \rangle)/2$ である）とおいて、$\langle n \rangle_0$ と m の式を求めると、

$$\langle n \rangle_0 = \int_{-\infty}^{\infty} d\varepsilon N(\varepsilon) f(\varepsilon) + O(m^2)$$

$$m = \int_{-\infty}^{\infty} d\varepsilon f(\varepsilon) \frac{\partial N(\varepsilon)}{\partial \varepsilon} Um + O(m^3)$$

$$= \int_{-\infty}^{\infty} d\varepsilon \Big[-\frac{\partial f(\varepsilon)}{\partial \varepsilon} \Big] N(\varepsilon) Um + O(m^3) \tag{6.11}$$

となる。ここでは 2 次転移を想定して m で展開した。$N(\varepsilon)$ の ε 依存性によっては 1 次転移の可能性もあり、その場合は m の高次項も取り入れて議論を進めねばならない。

式 (6.11) から、$m \neq 0$ の解の出る条件は

$$1 = U \int_{-\infty}^{\infty} d\varepsilon \Big[-\frac{\partial f(\varepsilon)}{\partial \varepsilon} \Big] N(\varepsilon) \tag{6.12}$$

で与えられる。特に、$T = 0\,\mathrm{K}$ では

$$1 = U_{\mathrm{cr}} N(\varepsilon_\mathrm{F}) \tag{6.13}$$

が $m \neq 0$ の実現する最小の U の値を与える。すなわち、

$U < U_{\mathrm{cr}}$: $T = 0\,\mathrm{K}$ まで強磁性が起こらない。

$U > U_{\mathrm{cr}}$: $T = 0\,\mathrm{K}$ では強磁性が実現する。

U_{cr} が小さいほど強磁性に有利である。よってフェルミ・エネルギーでの状態密度が高いほどよいということになる。このことは図 6.1、図 6.2 に示した Ni、Fe のバンド計算による電子状態とは合っている。

(2) $T > T_c$ での帯磁率

帯磁率を求めるため弱い磁場をかけると、式 (6.10) は

$$\langle n_\sigma \rangle = \int_{-\infty}^{\infty} d\varepsilon N(\varepsilon - \mu_\mathrm{B} H \sigma + Um\sigma) f(\varepsilon) \tag{6.14}$$

6.3. 相互作用の弱い電子系：金属磁性の分子場理論

でおき換えられる。これから m の満たすべき式は

$$m = \frac{1}{2}\int_{-\infty}^{\infty} d\varepsilon f(\varepsilon)\Big[N(\varepsilon - \mu_B H + Um) \\ - N(\varepsilon + \mu_B H - Um)\Big] \quad (6.15)$$

となる。1 原子あたりの帯磁率は $\chi = \lim_{H\to 0}(-2\mu_B m/H)$ によって与えられるので、

$$\begin{aligned}\chi &= \frac{\mu_B}{H}\int_{-\infty}^{\infty} d\varepsilon f(\varepsilon)\frac{\partial N(\varepsilon)}{\partial \varepsilon}2(\mu_B H - Um) \\ &= 2\mu_B^2 \int_{-\infty}^{\infty} d\varepsilon\Big[-\frac{\partial f(\varepsilon)}{\partial \varepsilon}\Big]N(\varepsilon)\Big(1 - U\frac{m}{\mu_B H}\Big) \\ &= \chi_0\Big(1 + U\frac{\chi}{2\mu_B^2}\Big)\end{aligned} \quad (6.16)$$

が得られる。よって帯磁率は

$$\chi = \frac{\chi_0}{1 - U\chi_0/2\mu_B^2} \quad (6.17)$$

となる。ここで、χ_0 は相互作用のない電子系の帯磁率

$$\chi_0 = 2\mu_B^2 \int_{-\infty}^{\infty} d\varepsilon\Big[-\frac{\partial f(\varepsilon)}{\partial \varepsilon}\Big]N(\varepsilon) \quad (6.18)$$

である。式 (6.17) はフェルミ流体論における式 (3.30) に対応している。式 (6.17) が発散する条件は式 (6.12) に一致し、発散の起こる温度はキュリー温度 T_c を与える。

$T = T_c$ の近くの温度では、$\chi_0(T)$ を $T - T_c$ で展開して、

$$\begin{aligned}\frac{1}{\chi} &= \frac{1}{\chi_0(T_c)}\Big[1 - \frac{U}{2\mu_B^2}\chi_0(T_c) - \frac{1}{\chi_0(T_c)}\frac{\partial \chi_0}{\partial T}\Big|_{T_c}(T - T_c)\Big] \\ &\propto (T - T_c)\end{aligned} \quad (6.19)$$

となる。帯磁率が T_c の近傍で $(T - T_c)^{-\gamma}$ （$\gamma = 1$）に比例するのは分子場近似に普遍的な性質である（揺らぎの効果を考慮すると γ は 1 より大きくなることが知られている）。

χ の温度依存性についてさらに調べてみよう。

$$\frac{\chi_0(T=0)}{\chi(T)} = \frac{\chi_0(T=0)}{2\mu_B^2}\Big(\frac{2\mu_B^2}{\chi_0(T)} - U\Big) \quad (6.20)$$

と書くと、χ_0 の温度変化の原因は式 (6.18) のフェルミ分布関数の T 依存性と化学ポテンシャルの温度変化 $\Delta\mu$ である。低温展開をして、両者を合わせると

$$\frac{\chi_0(T)}{2\mu_\mathrm{B}^2} = N(\varepsilon_\mathrm{F}) + N'(\varepsilon_\mathrm{F})\Delta\mu + \frac{\pi^2(k_\mathrm{B}T)^2}{6}N''(\varepsilon_\mathrm{F}) \tag{6.21}$$

である。$\Delta\mu$ は、$\Delta\mu \ll \varepsilon_\mathrm{F}$ では、

$$\begin{aligned}\langle n\rangle_0 &= \int_{-\infty}^{\infty} d\varepsilon N(\varepsilon)f(\varepsilon) \\ &= \int_{-\infty}^{\varepsilon_\mathrm{F}} d\varepsilon N(\varepsilon) + \frac{\pi^2(k_\mathrm{B}T)^2}{6}N'(\varepsilon_\mathrm{F}) \\ &\quad + \frac{\partial}{\partial\mu}\int_{-\infty}^{\infty} d\varepsilon N(\varepsilon)f(\varepsilon)\Big|_{\mu=\varepsilon_\mathrm{F}}\Delta\mu \end{aligned} \tag{6.22}$$

より決められる。$T = 0$ K では

$$\frac{\partial}{\partial\mu}\int_{-\infty}^{\infty} d\varepsilon N(\varepsilon)f(\varepsilon)\Big|_{\mu=\varepsilon_\mathrm{F}} = N(\varepsilon_\mathrm{F}) \tag{6.23}$$

が成り立つから、式 (6.22) より

$$\Delta\mu = -\frac{\pi^2(k_\mathrm{B}T)^2}{6}\frac{N'(\varepsilon_\mathrm{F})}{N(\varepsilon_\mathrm{F})} \tag{6.24}$$

が得られる。これを代入すると

$$\frac{\chi_0(T)}{2\mu_\mathrm{B}^2} = N(\varepsilon_\mathrm{F})\left[1 + \frac{\pi^2(k_\mathrm{B}T)^2}{6}A\right] \tag{6.25}$$

$$A = \frac{N''(\varepsilon_\mathrm{F})}{N(\varepsilon_\mathrm{F})} - \left[\frac{N'(\varepsilon_\mathrm{F})}{N(\varepsilon_\mathrm{F})}\right]^2 \tag{6.26}$$

である。よって、帯磁率の低温での温度変化は、

$$\frac{\chi_0(T=0)}{\chi(T)} = 1 - UN(\varepsilon_\mathrm{F}) - \frac{\pi^2(k_\mathrm{B}T)^2}{6}A \tag{6.27}$$

となる。

ここで、結果について少し補足しておこう。

[1] $U < U_\mathrm{cr}$ のとき

$$\chi(T=0) = \chi_0(T=0)\Big/\left[1 - U\frac{\chi_0(T=0)}{2\mu_\mathrm{B}^2}\right] \tag{6.28}$$

において分母は帯磁率の増幅因子である。Pdの場合は、分母は0.1程度、^{3}Heでは20 atmの圧力で分母は ~ 0.25、Pt、Rhでは、Pd程ではないが、分母はやはり小さい。Pdなどが「強磁性寸前の金属」とよばれるのはこのためである。

[2] χ の温度変化

$UN(\varepsilon_F)$ が1に比べて小さいとき、χ の温度変化は A によって決まる。A は、その定義式から、ε_F が状態密度の谷にあるときには正、ピーク付近にあるときには負、と予想される。図6.3に見るように、Crでは ε_F は状態密度の谷にある。実際、Crでは χ は温度と共に上昇し、V、Nb、Taでは χ は減少する。ただし、例えばCrの場合、その温度変化が上に述べたことで定量的にも十分かどうかは完全にはわかっていない。

(3) 分子場近似の妥当性について

分子場近似では U 項を平均的に扱っているから、U の2次以上については正しくない。したがって、U が小さいときのみ信頼できるものであるが、いったい何に比べて小さければよいのか、が問題である。強磁性出現の条件は $UN(\varepsilon_F) > 1$ であるから、強磁性が起こるときには $UN(\varepsilon_F)$ は1に比べて小さくない。2次の項の大きさは、バンド構造にもよるが、2次摂動の式から、一般に、U^2/W^2 程度（W はバンド幅）と予想される。よって、$U^2/W^2 \ll 1$ ならば分子場近似は悪くないはずである。すなわち、金属強磁性の分子場近似はどんなバンドについても U さえ小さければ成り立つというものではなく、フェルミ準位が状態密度の鋭いピークに位置し、さらに上の条件を満たすような、バンド幅が広いケースについてのみ信頼できるものと推測される[5]。U の2次以上の効果は**電子相関効果**とよばれる。そ

---

[5]モット絶縁体のハイゼンベルク・モデルの場合には、分子場近似は相互作用している相手の数、すなわち、系の次元、が高いときによい近似になっている。ところが、遍歴電子の分子場近似については少し事情が異なる点に注意してほしい。ハミルトニアン (6.1) の相互作用項において相互作用の相手の数はせいぜい1個であり、それは電子の運動に伴って揺らいでいるからである。実は、

の電子相関効果の一側面については 6.7 節で述べる。

6.3.2 一般の磁気秩序

これまでは強磁性状態だけを考えてきた。しかし、式 (6.6) の後にも述べたように、スピンの秩序状態はいろいろあり、他のあらゆる可能性と比べても自由エネルギーが低く、自由エネルギー最低の状態が実現する。この問題は常磁性状態の側から、その不安定性の問題としてとらえるのが最も見通しがよい。そのために波数ベクトル $\bm{q}$ に依存する一般化された帯磁率を求めて、その発散点から議論する。

系に原子位置に依存する弱い磁場 H_j をかけてみよう。H_j によって原子 ℓ に磁化 $\mu_\ell = -\mu_\mathrm{B}\langle n_{\ell\uparrow} - n_{\ell\downarrow}\rangle$ が誘起され、U 項を通じて有効磁場 $U\mu_j/2\mu_\mathrm{B}^2$ が H_j に加わることになる。分子場近似では、両者合わせて $\tilde{H}_j \equiv H_j + U\mu_j/2\mu_\mathrm{B}^2$ という磁場の中に相互作用の効果を取り込み、それ以外では相互作用の効果を無視する。こうして、$\tilde{H}_j$ により誘起される原子 ℓ の磁化 μ_ℓ は $\tilde{H}_j$ の 1 次の範囲では

$$\mu_\ell = \sum_j \chi_0(\ell, j)\tilde{H}_j \tag{6.29}$$

と表せる。$\chi_0(\ell, j)$ は相互作用のない電子系の非局所帯磁率で、原子 j に単位磁場をかけたときに、原子 ℓ に誘起される磁化を表す量である。

フーリエ変換

$$\mu_{\bm{q}} = \frac{1}{\sqrt{N_\mathrm{A}}} \sum_\ell e^{-\mathrm{i}\bm{q}\cdot\bm{R}_\ell} \mu_\ell \tag{6.30}$$

$$H_{\bm{q}} = \frac{1}{\sqrt{N_\mathrm{A}}} \sum_\ell e^{-\mathrm{i}\bm{q}\cdot\bm{R}_\ell} H_\ell \tag{6.31}$$

$$\chi_0(\bm{q}) = \frac{1}{N_\mathrm{A}} \sum_{j,\ell} e^{-\mathrm{i}\bm{q}\cdot(\bm{R}_j - \bm{R}_\ell)} \chi_0(\ell, j) \tag{6.32}$$

遍歴電子系についても、高次元の極限（∞ 次元）では分子場近似に似た（しかし、もう少し複雑な）取り扱い（動的平均場近似とよばれる）が存在する [10]。

6.3. 相互作用の弱い電子系：金属磁性の分子場理論

を行うと、式 (6.29) は

$$\mu_{\boldsymbol{q}} = \chi(\boldsymbol{q}) H_{\boldsymbol{q}} \tag{6.33}$$

$$\chi(\boldsymbol{q}) = \frac{\chi_0(\boldsymbol{q})}{1 - U\chi_0(\boldsymbol{q})/2\mu_{\mathrm{B}}^2} \tag{6.34}$$

となる。ここで、系の並進対称性から $\chi(\ell, j)$ が $\boldsymbol{R}_\ell - \boldsymbol{R}_j$ の関数であることを利用した。式 (6.34) は式 (6.17) の $\boldsymbol{q} \neq 0$ への一般化になっている。$\chi_0(\boldsymbol{q})$ は

$$\chi_0(\boldsymbol{q}) = \frac{2\mu_{\mathrm{B}}^2}{N_{\mathrm{A}}} \sum_{\boldsymbol{k}} \frac{f_{\boldsymbol{k}+\boldsymbol{q}} - f_{\boldsymbol{k}}}{\varepsilon_{\boldsymbol{k}} - \varepsilon_{\boldsymbol{k}+\boldsymbol{q}}} \tag{6.35}$$

により与えられる。

式 (6.34) より、$\chi(\boldsymbol{q})$ の発散は

$$1 - U\chi_0(\boldsymbol{q})/2\mu_{\mathrm{B}}^2 = 0 \tag{6.36}$$

で起こり、このとき常磁性状態が波数 $\boldsymbol{q}$ のスピン密度波の形成に対して不安定になる。最も高い温度で式 (6.36) を満たす $\boldsymbol{q}$ が、常磁性状態から 2 次転移によって最初に起こる磁気秩序に対応し、その温度が転移点である。転移点以下の $\{\mu_{\boldsymbol{q}}\}$ を決めるには、式 (6.29) に、さらに、非線形項を取り入れねばならない。

$\chi_0(\boldsymbol{q})$ の $\boldsymbol{q}$ 依存性はバンドの分散関係 $\varepsilon_{\boldsymbol{k}}$ とそのバンドに電子がどれくらい詰まっているかによって決まる。ここでは三つの典型的な自由電子、すなわち、フェルミ面が

(a) 球状の場合：$\varepsilon_{\boldsymbol{k}} = \hbar^2(k_x^2 + k_y^2 + k_z^2)/2m$ の 3 次元自由電子
(b) 円筒状の場合：$\varepsilon_{\boldsymbol{k}} = \hbar^2(k_x^2 + k_y^2)/2m$ で k_z に依存しないとき、すなわち、2 次元自由電子
(c) 板状の場合：$\varepsilon_{\boldsymbol{k}} = \hbar^2 k_x^2/2m$ で k_y, k_z に依存しないとき、すなわち、1 次元自由電子

で与えられる場合について $\chi_0(\boldsymbol{q})$ の $\boldsymbol{q}$ 依存性を見ておこう。$T = 0$ K での $\chi_0(\boldsymbol{q})$ はそれぞれの場合について積分を実行して求めることができ、結果は次のようになる [11]。

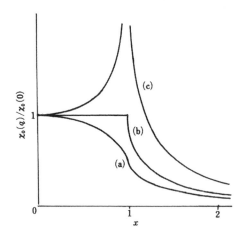

図 6.5: $T = 0$ K における $\chi_0(q)$。フェルミ面は (a) 球、(b) 円筒、(c) 板状、の場合である。

$$\frac{\chi_0(\boldsymbol{q})}{\chi_0(0)} = \begin{cases} \frac{1}{2} + \frac{1-x^2}{4x} \log\left|\frac{x+1}{x-1}\right| & \text{(a) の場合} \\ 1 - \theta(x-1)\frac{1}{x}\sqrt{x^2-1} & \text{(b) の場合} \\ \frac{1}{2x} \log\left|\frac{x+1}{x-1}\right| & \text{(c) の場合} \end{cases}$$

$\theta(x)$ は階段関数である。x は、(a)〜(c) で、それぞれ、$|\boldsymbol{q}|/2k_\mathrm{F}$, $\sqrt{q_x^2 + q_y^2}/2k_\mathrm{F}, |q_x|/2k_\mathrm{F}$ である。上の結果は図 6.5 のようになる。これらは、いずれも、$x = 1$ で特異になっているところに重要な特徴がある。この特異性は、$\boldsymbol{q}$ がフェルミ面のさしわたしに等しいとき式 (6.35) の分母がゼロになることに起因している。

特に、(c) の場合には $|q_x| = 2k_\mathrm{F}$ で $\chi_0(\boldsymbol{q})$ は発散する。この発散は $|q_x| = 2k_\mathrm{F}$ の場合に、二つの向かい合ったフェルミ面がぴたっと合う（これを**ネスティング**という）ことによる。このとき、$\chi_0(\boldsymbol{q})$ の最大値を与える $\boldsymbol{q}$ はフェルミ面の平らな部分を結ぶベクトルで決まるので格子の周期とは無関係である。このネスティング効果はいろいろな問題で重要な役割を演じている。金属 Cr では、表 6.1 に示したように、その周期が反強磁性から少しずれたスピン密度波が実現している。これは Cr のフェ

6.3. 相互作用の弱い電子系：金属磁性の分子場理論

ルミ面がネスティングを起こす構造になっているためと考えられている [12]。さらに、1次元性の強い有機導体で起こるスピン密度波、電荷密度波 [13] の起源となっている。

以上は自由電子の場合の $\chi_0(\boldsymbol{q})$ であった。遷移金属の d バンドに対して自由電子の結果をそのまま使うことはできない。しかし、次のような議論から $\chi_0(\boldsymbol{q})$ の $\boldsymbol{q}$ 依存性のようすを推測することができる [14]。$\chi_0(\boldsymbol{q})$ のブリルアン・ゾーン内での平均 $\overline{\chi_0(\boldsymbol{q})}$ は、式 (6.32) より、局所的帯磁率

$$\overline{\chi_0(\boldsymbol{q})} = \chi_0(\ell, \ell) \tag{6.37}$$

にほかならない。局所的帯磁率は、ある原子に磁場をかけたときその原子のどれくらい磁気モーメントが誘起されかを示す量である。$\overline{\chi_0(\boldsymbol{q})}$ は、式 (6.35) より

$$\overline{\chi_0(\boldsymbol{q})} = 2\mu_\mathrm{B}^2 \int \mathrm{d}\varepsilon N(\varepsilon) \int \mathrm{d}\varepsilon' N(\varepsilon') \frac{f(\varepsilon) - f(\varepsilon')}{\varepsilon' - \varepsilon} \tag{6.38}$$

と表せるので、$T = 0\,\mathrm{K}$ では状態密度 $N(\varepsilon)$ と電子の詰まり具合だけによって決まる。

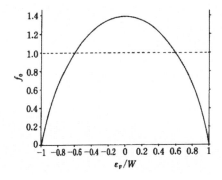

図 6.6: f_0 の ε_F 依存性。

状態密度 $N(\varepsilon)$ として最も簡単なモデル、すなわち、$N(\varepsilon)$ が $-W < \varepsilon < W$ の区間で一定値 $(2W)^{-1}$ をとり、それ以外では

0、であると仮定すると式 (6.38) は容易に積分できる。こうして求められた $\overline{\chi_0(\boldsymbol{q})}$ と $\chi_0(0) = 2\mu_\mathrm{B}^2 N(\varepsilon_\mathrm{F})$ の比 $f_0 \equiv \overline{\chi_0(\boldsymbol{q})}/\chi_0(0)$ をフェルミ・エネルギーの関数としてプロットすると図 6.6 のようになる [14]。式 (6.32) より、

$$\chi_0(0) - \overline{\chi_0(\boldsymbol{q})} = \frac{1}{N_\mathrm{A}} \sum_j \sum_{\ell \neq j} \chi_0(\ell, j) \tag{6.39}$$

であるから、左辺が正（このとき $f_0 < 1$）であるか、負（このとき $f_0 > 1$）であるかに応じて、異なる原子間の磁気モーメントは強磁性的、あるいは反強磁性的になる。図 6.6 はバンドが半分程度詰まったところでは反強磁性的傾向が強く、バンドが詰まる寸前では強磁性的傾向があることを示している。ここでは極めて簡単な状態密度を仮定したが、傾向に関する限り、結論は状態密度の詳細によらない。こうして、Cr と Mn が反強磁性、Fe、Co、Ni が強磁性になる傾向が定性的に理解できる[6]。

6.4　ストーナー励起とスピン波

次に、遍歴電子強磁性体での励起状態の特徴を調べよう。$U > U_\mathrm{cr}$ が満たされ、基底状態は分子場近似で強磁性が実現し、スピンは $+z$ 方向に分極している（$\langle n_\uparrow - n_\downarrow \rangle > 0$）と仮定しよう。

自発磁化に垂直に弱い回転磁場

$$\boldsymbol{H} = \bigl[H_1 \cos(\boldsymbol{q} \cdot \boldsymbol{r} - \omega t),\ H_1 \sin(\boldsymbol{q} \cdot \boldsymbol{r} - \omega t),\ 0 \bigr] \tag{6.40}$$

をかけ、そのとき系がどう応答するかを調べる。式 (6.40) の磁場による電子スピンのゼーマン効果は摂動ハミルトニアン

$$\mathcal{H}'(t) = 2\mu_\mathrm{B} H_1 \sum_{j\sigma\sigma'} \Bigl[c_{j\sigma}^\dagger (s_x)_{\sigma\sigma'} c_{j\sigma'} \cos(\boldsymbol{q} \cdot \boldsymbol{R}_j - \omega t) \\ + c_{j\sigma}^\dagger (s_y)_{\sigma\sigma'} c_{j\sigma'} \sin(\boldsymbol{q} \cdot \boldsymbol{R}_j - \omega t) \Bigr] e^{\delta t}$$

---

[6]この結論は、金属中の隣合う二つの遷移金属不純物のモデル（アンダーソン・モデル）[15] や $\chi_0(\boldsymbol{q})$ の直接的計算 [16] からも得られている。

6.4. ストーナー励起とスピン波

$$= \mu_B H_1 \sum_j \left[c_{j\uparrow}^\dagger c_{j\downarrow} e^{-i(\bm{q}\cdot\bm{R}_j - \omega t)} + \text{h.c.} \right] e^{\delta t}$$

$$= \mu_B H_1 (S_{\bm{q}}^+ e^{i\omega t} + \text{h.c.}) e^{\delta t} \tag{6.41}$$

で与えられる。ここで、磁場は $t=-\infty$ からゆっくり導入されていると考えて $e^{\delta t}$ $(\delta \to +0)$ という因子を入れた。また、波数ベクトル $\bm{q}$ で空間変化するスピンの揺らぎの演算子 $S_{\bm{q}}^+$ は、式 (6.2) を用いて、

$$S_{\bm{q}}^+ = \sum_j c_{j\uparrow}^\dagger c_{j\downarrow} e^{-i\bm{q}\cdot\bm{R}_j} = \sum_{\bm{k}} c_{\bm{k}\uparrow}^\dagger c_{\bm{k}+\bm{q}\downarrow} \tag{6.42}$$

で定義されている。$(S_{\bm{q}}^+)^\dagger = S_{-\bm{q}}^-$ である。

式 (6.41) の摂動によって、波数 $\bm{q}$ の 1 原子あたりの横磁気モーメント $-2\mu_B S_{\bm{q}}^+/N_A$ および $-2\mu_B (S_{\bm{q}}^+)^\dagger/N_A$ の期待値は有限になる。その大きさは線形応答の一般論から求めることができる。それについては付録 A に記す。

強磁性状態では上向きスピンと下向きスピンの電子のエネルギーは

$$\varepsilon_{\bm{k}\sigma} \equiv \varepsilon_{\bm{k}} - \sigma \frac{U}{2} \langle n_\uparrow - n_\downarrow \rangle \tag{6.43}$$

のように、スピンによって分裂した（交換分裂という）電子状態になっている。図 6.7 はそのときの状態密度の模式図である。

電子間の相互作用を式 (6.43) のように分子場だけで考慮し、それ以外では相互作用のない電子系と考えれば、付録 A の式 (A.20) と同じである。このときの系の動的帯磁率は式 (A.24) で与えられ、

$$\lim_{H_1 \to 0} \frac{1}{H_1} \langle -2\mu_B \rangle \frac{\langle S_{\bm{q}}^+ \rangle}{N_A}$$
$$\equiv \chi_0^{+-}(\bm{q}, \omega + i\delta)$$
$$= \frac{2\mu_B^2}{N_A} \sum_{\bm{k}} \frac{f_{\bm{k}+\bm{q}\downarrow} - f_{\bm{k}\uparrow}}{\hbar(\omega + i\delta) - \varepsilon_{\bm{k}+\bm{q}\downarrow} + \varepsilon_{\bm{k}\uparrow}} \tag{6.44}$$

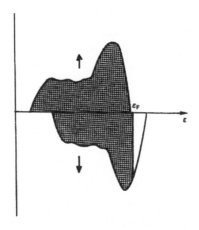

図 6.7: 強磁性状態での状態密度

となる。$\chi_0^{+-}(q, \omega + i\delta)$ は $\varepsilon_{k\sigma}$ をスペクトルとしてもつ相互作用のない電子系の波数 q、振動数 ω に対する動的帯磁率である。

実は、これだけでは相互作用の効果の取入れ方が不十分である。なぜなら、磁場によって磁気モーメントが誘起されると、それは U 項を通じて他の電子に影響を与えるからである。その誘起された磁気モーメントの q, ω の成分は式 (6.41) の H_1 項と波数、振動数が一致しているので、結果的に、H_1 に付け加わる効果となる。U 項の中でこの効果を取り入れ、それ以外を無視する近似を**乱雑位相近似**（random phase approximation, **RPA**）という[7]。これは、分子場近似をダイナミカルに拡張したものになっている。上の考え方を式で表現すると、U 項から

$$\frac{U}{N_A} \sum_{kk'q} c^\dagger_{k'\uparrow} c^\dagger_{k+q\downarrow} c_{k'+q\downarrow} c_{k\uparrow}$$

$$\rightarrow -\frac{U}{N_A} \sum_{kk'} \left(\langle c^\dagger_{k'\uparrow} c_{k'+q\downarrow} \rangle \right) c^\dagger_{k+q\downarrow} c_{k\uparrow}$$

---

[7] この近似は U の 1 次の直接的効果についてのみ正確であるが、2 次以上の効果については正しくない。これはちょうど分子場近似と同じである。

6.4. ストーナー励起とスピン波　　　　　　　　　　　　　　　　　　197

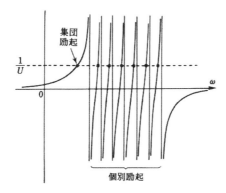

図 6.8: 式 (6.48) の解

$$+c^\dagger_{\bm{k}'\uparrow}c_{\bm{k}'+\bm{q}\downarrow}\langle c^\dagger_{\bm{k}+\bm{q}\downarrow}c_{\bm{k}\uparrow}\rangle\Big) \tag{6.45}$$

のように横磁気モーメントに比例する項を引き出す。この項を式 (6.41) といっしょにすると、$\mu_\mathrm{B} H_1 e^{-i\omega t+\delta t}$ に比例する項では、H_1 を

$$\mu_\mathrm{B}\tilde{H}_1 = \mu_\mathrm{B} H_1 - \frac{U}{N_\mathrm{A}}\langle S^+_{\bm{q}}\rangle \tag{6.46}$$

で定義される「有効振動磁場」$\tilde{H}_1 e^{-i\omega t+\delta t}$ でおき換えることと等価になる。よって、式 (6.46) と連立させて解いて、

$$\begin{aligned}
\chi^{+-}&(\bm{q},\omega+i\delta)\\
&\equiv \lim_{H_1\to 0}\frac{1}{H_1}(-2\mu_\mathrm{B})\frac{1}{N_\mathrm{A}}\langle S^+_{\bm{q}}\rangle\\
&= \frac{\chi^{+-}_0(\bm{q},\omega+i\delta)}{1-U\chi^{+-}_0(\bm{q},\omega+i\delta)/2\mu_\mathrm{B}^2}
\end{aligned} \tag{6.47}$$

が得られる。これが波数 $\bm{q}$、振動数 ω の横磁場に対する<u>相互作用の効果を含む</u>動的帯磁率 $\chi^{+-}(\bm{q},\omega+i\delta)$ である。

式 (6.47) で $\omega=0$ とおき、強磁性の自発磁化をゼロにすると、式 (6.34) に帰着する。すなわち、式 (6.47) は式 (6.34) を振動磁場の場合に拡張したものである。式 (6.47) の分母がゼロに

なるときは、$H_1 = 0$ であっても $\langle S_{\bm{q}}^+ \rangle \neq 0$ となるので、系のスピン反転励起モードの励起エネルギーに対応している。分母 $= 0$ の条件は

$$\frac{1}{U} = \frac{1}{N_A} \sum_{\bm{k}} \frac{f_{\bm{k}+\bm{q}\downarrow} - f_{\bm{k}\uparrow}}{\hbar\omega - \varepsilon_{\bm{k}+\bm{q}\downarrow} + \varepsilon_{\bm{k}\uparrow}} \tag{6.48}$$

と書ける。この方程式の解を求めるには、$\bm{q}$ を固定して、系が有限の場合を考え、波数ベクトル $\bm{k}$ が離散的な値をとるときの式 (6.48) の右辺を ω の関数としてプロットし、左辺 $1/U$ との交点を求め、その後で、系が大きくなった極限でどうなるか、を考察すればよい。図 6.8 に示すように、一般に、式 (6.48) の解は低エネルギーに孤立解があり、これは集団励起（スピン波）に対応している。一方、エネルギーの高い所にある解は系のサイズが大きくなると連続的に分布し、それらは式 (6.48) の右辺の分母のゼロ点

$$\hbar\omega = \varepsilon_{\bm{k}+\bm{q}\downarrow} - \varepsilon_{\bm{k}\uparrow} \tag{6.49}$$

からのずれは $O(1/N_A)$ である。式 (6.49) は、$\varepsilon_{\bm{k}\uparrow}$ から $\varepsilon_{\bm{k}+\bm{q}\downarrow}$ への遷移エネルギーであり、$\bm{k}$ が変ると $\hbar\omega$ が連続的に変化する個別励起である。この個別励起は**ストーナー励起**ともよばれる。

特に、$\bm{q} = 0$ のときには、式 (6.48) は

$$\frac{1}{U} = \frac{\langle n_\downarrow \rangle - \langle n_\uparrow \rangle}{\hbar\omega - U\langle n_\uparrow - n_\downarrow \rangle}$$

となるから、$\omega = 0$ が解である。$\bm{q} = 0$ のときには、$S_{\bm{q}=0}^+$ は、系の等方性より、元のハミルトニアンと可換であるので、$\omega = 0$ は当然の結果である。$\bm{q}$ が有限で小さいときには、スピン波のエネルギーは式 (6.48) で $\bm{q}$ について展開して、

$$\hbar\omega = \frac{U}{\Delta_{\mathrm{ex}}} \frac{1}{N_A} \sum_{\bm{k}} (f_{\bm{k}\uparrow} + f_{\bm{k}\downarrow}) \frac{1}{2} (\bm{q} \cdot \bm{\nabla})^2 \varepsilon_{\bm{k}}$$
$$- \frac{U}{\Delta_{\mathrm{ex}}^2} \frac{1}{N_A} \sum_{\bm{k}} (f_{\bm{k}\uparrow} - f_{\bm{k}\downarrow}) (\bm{q} \cdot \bm{\nabla}\varepsilon_{\bm{k}})^2 \tag{6.50}$$

6.4. ストーナー励起とスピン波

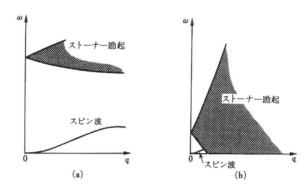

図 6.9: ストーナー励起とスピン波。(a) U が大きい場合、(b) U が小さい場合。

となる。ここで、$\Delta_{\mathrm{ex}} = U\langle n_\uparrow - n_\downarrow \rangle$ はバンドの交換分裂である。式 (6.50) の右辺が負になるときは、励起エネルギーが負であるから強磁性状態は基底状態でないことを示す。

こうして、各 q に対する集団励起（スピン波）と個別励起（ストーナー励起）が求められる。U の小さい場合と大きい場合についてそのようすを図示すると、図 6.9 のようになる。U が小さいときには、図 6.9(b) のようにストーナー励起が支配的で (q,ω) の広い領域を占め、スピン波励起の占める領域は小さい。U が大きくなると、図 6.9(a) のようにストーナー励起はエネルギーが高くなり、低エネルギーでの主要な励起はスピン波励起になる。スピン波は金属強磁性体でも、絶縁体強磁性体でも存在する。金属の特徴は個別励起（ストーナー励起）が低いエネルギーに存在することにある。

ここで述べた「スピン波」や「ストーナー励起」はどのような測定で観測できるか、また、どのような物理量に反映するかについて簡単に触れておこう [1,2,7]。$T = 0$ K から温度が上昇すると、自発磁化は減少し、キュリー温度 T_c で自発磁化は 0 になる。温度による自発磁化の減少を決めているのはスピンを反

転させる励起であるので、スピン波とストーナー励起が寄与する。また、それらは強磁性体の低温での比熱にも寄与する。図 6.9 から容易にわかるように、U が非常に大きいときには低エネルギーのスピン反転励起はスピン波だけである。しかし、U が小さくて強磁性になっているときには、図 6.9(b) より、スピン波の占めるウエイトは小さく、むしろストーナー励起が重要である。「スピン波」や「ストーナー励起」を直接測定するには中性子の非弾性散乱が最もよい。強磁性体に中性子を当て、中性子のスピンと強磁性体の電子スピンとの相互作用によって $\mathrm{Im}[\chi^{+-}(\boldsymbol{q}, \omega + i\delta)]$ を直接に見ることができる。

少し寄り道になるが、上の結果から、$U < U_{\mathrm{cr}}$ であっても、磁場の下では集団励起のスピン波が存在しうることが分かる [11]。静磁場 H が $-z$ 方向にかかっているとすると、そのモードは式 (6.48) で

$$\varepsilon_{\boldsymbol{k}\sigma} = \varepsilon_{\boldsymbol{k}} - \sigma\left(\mu_{\mathrm{B}} H + \frac{U}{2}\langle n_\uparrow - n_\downarrow \rangle\right) \tag{6.51}$$

の場合の解として与えられ、$q = 0$ のとき $\omega = 2\mu_{\mathrm{B}} H$ が解であることは容易に分かる。$\boldsymbol{q} \neq 0$ で、小さいときには、

$$\hbar\omega = 2\mu_{\mathrm{B}} H - \frac{(1 - U\chi_0/2\mu_{\mathrm{B}}^2)^2}{U\chi_0/2\mu_{\mathrm{B}}^2} \frac{\sum_{\boldsymbol{k}} f_{\boldsymbol{k}} (\boldsymbol{q} \cdot \boldsymbol{\nabla})^2 \varepsilon_{\boldsymbol{k}}}{\sum_{\boldsymbol{k}} (-\partial f_{\boldsymbol{k}}/\partial \varepsilon_{\boldsymbol{k}}) 2\mu_{\mathrm{B}} H} \tag{6.52}$$

がスピン波のエネルギーで、$\boldsymbol{q}^2$ の係数は負である。スピン波のほかにストーナー励起に対応する個別励起がある。$\boldsymbol{q} \to 0$ では個別励起のエネルギーは $\hbar\omega = \Delta_{\mathrm{ex}} = \mu_{\mathrm{B}} H/(1 - U\chi_0/2\mu_{\mathrm{B}}^2)$ で、$\boldsymbol{q}$ の増大と共に Δ_{ex} を中心にして広がる。個別励起は増強因子 $(1 - U\chi_0/2\mu_{\mathrm{B}}^2)^{-1}$ の分だけスピン波励起よりエネルギーが高い。

6.5 強磁性寸前の金属のスピンの揺らぎ

前節の終わりに $U < U_{\mathrm{cr}}$ であっても外部磁場があるときにはスピン波がよいモードとして存在しうることを示した。$U < U_{\mathrm{cr}}$

6.5. 強磁性寸前の金属のスピンの揺らぎ

で外部磁場がないときはこのモードには減衰があるが、U が $U_{\rm cr}$ に近く、強磁性出現寸前になると減衰が小さくなり、かなりよい近似で波とみなせることを以下に示す。その波のことをパラマグノンという。表 6.1 に示したように、Pd や Pt は強磁性寸前の金属であるが、これらの物質ではパラマグノンが重要な役割を果たしているはずである。

前節に回転磁場に対する応答を求めた。それは波数に依存する動的帯磁率 $\chi^{+-}(\boldsymbol{q}, \omega+i\delta)$ であって、乱雑位相近似では、式 (6.47) より

$$\chi^{+-}(\boldsymbol{q}, \omega+i\delta) = \frac{\chi_0^{+-}(\boldsymbol{q}, \omega+i\delta)}{1 - U\chi_0^{+-}(\boldsymbol{q}, \omega+i\delta)/2\mu_{\rm B}^2} \tag{6.53}$$

で与えられる。自発磁化がないときには、$\chi_0^{+-}(\boldsymbol{q}, \omega+i\delta)$ は

$$\begin{aligned}\chi_0^{+-}(\boldsymbol{q}, \omega+i\delta) &= \frac{2\mu_{\rm B}^2}{N_{\rm A}} \sum_{\boldsymbol{k}} \frac{f_{\boldsymbol{k}+\boldsymbol{q}} - f_{\boldsymbol{k}}}{\hbar(\omega+i\delta) - \varepsilon_{\boldsymbol{k}+\boldsymbol{q}} + \varepsilon_{\boldsymbol{k}}} \\ &= \chi_0'(\boldsymbol{q}, \omega) + i\chi_0''(\boldsymbol{q}, \omega) \end{aligned} \tag{6.54}$$

である。ここで、$\chi_0'(\boldsymbol{q}, \omega)$ は実部を、$\chi_0''(\boldsymbol{q}, \omega)$ は虚部を表わす。$\chi_0''(\boldsymbol{q}, \omega)$ は

$$\begin{aligned}&\chi_0''(\boldsymbol{q}, \omega)/2\mu_{\rm B}^2 \\ &= -\pi \frac{1}{N_{\rm A}} \sum_{\boldsymbol{k}} \delta(\hbar\omega - \varepsilon_{\boldsymbol{k}+\boldsymbol{q}} + \varepsilon_{\boldsymbol{k}})(f_{\boldsymbol{k}+\boldsymbol{q}} - f_{\boldsymbol{k}}) \\ &= -\pi \frac{1}{N_{\rm A}} \sum_{\boldsymbol{k}} f_{\boldsymbol{k}} \big[\delta(\hbar\omega - \varepsilon_{\boldsymbol{k}} + \varepsilon_{\boldsymbol{k}+\boldsymbol{q}}) \\ &\qquad\qquad\qquad -\delta(\hbar\omega - \varepsilon_{\boldsymbol{k}+\boldsymbol{q}} + \varepsilon_{\boldsymbol{k}})\big]\end{aligned} \tag{6.55}$$

で与えられる。$\chi_0''(\boldsymbol{q}, \omega)$ は ω の奇関数であるので、今後 $\omega > 0$ だけを考えよう。$\varepsilon_{\boldsymbol{k}} = \hbar^2 \boldsymbol{k}^2/2m$ の場合に対して、$T = 0$ K で $\chi_0''(\boldsymbol{q}, \omega)$ を具体的に計算すると次のような結果が得られる。

$$\begin{aligned}&\chi_0''(\boldsymbol{q}, \omega)/2\mu_{\rm B}^2 \\ &= -\frac{m v_0}{8\pi \hbar^2 q}\bigg\{\bigg[k_{\rm F}^2 - \bigg(\frac{\omega + \hbar q^2/2m}{\hbar q/m}\bigg)^2\bigg]\theta\bigg(qv_{\rm F} - \frac{\hbar q^2}{2m} - \omega\bigg)\end{aligned}$$

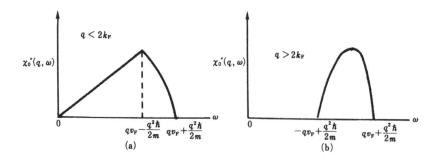

図 6.10: $\chi_0''(q,\omega)$ の ω 依存性。(a) $q < 2k_\mathrm{F}$ の場合、(b) $q > 2k_\mathrm{F}$ の場合。

$$-\Big[k_\mathrm{F}^2 - \Big(\frac{\omega - \hbar q^2/2m}{\hbar q/m}\Big)^2\Big]\theta\Big(qv_\mathrm{F} - |\omega - \frac{\hbar q^2}{2m}|\Big)\Big\} \tag{6.56}$$

v_0 は 1 原子あたりの体積である。これから、$q < 2k_\mathrm{F}$ の場合には、

$$\begin{aligned}
\chi_0''&(\boldsymbol{q},\omega)/2\mu_\mathrm{B}^2 \\
&= \frac{mv_0}{8\pi\hbar^2 q}\Big\{\frac{2m\omega}{\hbar}\theta\Big(qv_\mathrm{F} - \frac{\hbar q^2}{2m} - \omega\Big) \\
&\quad + \Big[k_\mathrm{F}^2 - \Big(\frac{\omega - \hbar q^2/2m}{\hbar q/m}\Big)^2\Big]\theta\Big(qv_\mathrm{F} + \frac{\hbar q^2}{2m} - \omega\Big) \\
&\quad \times \theta\Big(\omega - qv_\mathrm{F} + \frac{\hbar q^2}{2m}\Big)\Big\}
\end{aligned} \tag{6.57}$$

また、$q > 2k_\mathrm{F}$ の場合には、

$$\begin{aligned}
\chi_0''&(\boldsymbol{q},\omega)/2\mu_\mathrm{B}^2 \\
&= \frac{mv_0}{8\pi\hbar^2 q}\Big[k_\mathrm{F}^2 - \Big(\frac{\omega - \hbar q^2/2m}{\hbar q/m}\Big)^2\Big]\theta\Big(qv_\mathrm{F} + \frac{\hbar q^2}{2m} - \omega\Big) \\
&\quad \times \theta\Big(\omega + qv_\mathrm{F} - \frac{\hbar q^2}{2m}\Big)
\end{aligned} \tag{6.58}$$

である。$\chi_0''(\boldsymbol{q},\omega)$ のようすを図 6.10 に示す。

6.6. 量子臨界点

特に $q \ll k_\mathrm{F}$、$\omega \ll q v_\mathrm{F}$ の場合を調べると、式 (6.57) より、

$$\chi_0''(\boldsymbol{q},\omega)/2\mu_\mathrm{B}^2 \simeq \frac{\pi}{2}\frac{\omega}{qv_\mathrm{F}} N(\varepsilon_\mathrm{F}) \tag{6.59}$$

が得られる。χ_0'' の虚部は ω の小さい領域で ω に比例するが、分母に q があることに注意してほしい。また、q と ω が小さいところでの実部は

$$\chi_0'(\boldsymbol{q},\omega)/2\mu_\mathrm{B}^2 \simeq N(\varepsilon_\mathrm{F})\left[1 - \frac{1}{3}\frac{q^2}{(2k_\mathrm{F})^2}\right] + O(\omega^2) \tag{6.60}$$

となる。これを代入すると、

$$\begin{aligned}&\mathrm{Im}\left[\chi^{+-}(\boldsymbol{q},\omega+i\delta)\right]\\&= [2\mu_\mathrm{B}^2 N(\varepsilon_\mathrm{F})]\\&\quad \times \frac{(\pi/2)(\omega/qv_\mathrm{F})}{(1-\bar{U}+(\bar{U}/3)[q^2/(2k_\mathrm{F})^2])^2 + [\bar{U}(\pi/2)(\omega/qv_\mathrm{F})]^2}\end{aligned} \tag{6.61}$$

を得る。ここで $\bar{U} \equiv UN(\varepsilon_\mathrm{F})$ である。この関数は q に比例した低い振動数

$$\omega = qv_\mathrm{F}\frac{2}{\pi}\left(\frac{1-\bar{U}}{\bar{U}} + \frac{q^2}{12k_\mathrm{F}^2}\right) \tag{6.62}$$

にピークを持つ。よって、$\bar{U} \sim 1$ のとき、$\mathrm{Im}[\chi^{+-}(\boldsymbol{q},\omega+i\delta)]$ は低エネルギーに鋭いピークをもつ (図 6.11)。このピークは有限の幅を持っているが、スピン励起モードのようなもので**パラマグノン**とよばれる。臨界点 $\bar{U}=1$ 近くの臨界揺らぎである。

6.6 量子臨界点

$T=0$ において系に圧力 p をかけることを想像してみよう。圧力を強めると、原子間の距離は減少し、その結果、電子は隣り合う原子間をとび移りやすくなるはずだから状態密度 $N(\varepsilon_\mathrm{F})$ は減少し、$\bar{U}=UN(\varepsilon_\mathrm{F})$ は減少すると想像される。圧力のある値

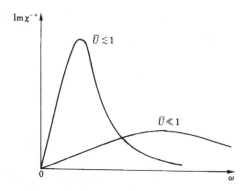

図 6.11: スピンの揺らぎのスペクトル

p_c を境にして、$p < p_c$ で $\bar{U} > 1$、$p > p_c$ で $\bar{U} < 1$ となっていると仮定しよう。p_c を強磁性の**量子臨界点**という。「量子」という言葉が付いているのは、$T = 0$ では揺らぎのうちの「熱的揺らぎ」は存在せず、「量子的揺らぎ」が物理を支配しているからである。前節の式 (6.61) から明らかなように、量子臨界点近くでは低エネルギーのスピン揺らぎが重要になる。

この節では量子臨界点近傍の低エネルギーのスピン揺らぎを、強磁性の量子臨界点だけでなく、反強磁性の量子臨界点の場合もあせて考える。前節の繰り返しになるが、出発点は式 (6.53) である。それによれば、RPA での動的帯磁率は

$$\chi^{+-}(\boldsymbol{q}, \omega + i\delta) = \frac{\chi_0^{+-}(\boldsymbol{q}, \omega + i\delta)}{1 - U\chi_0^{+-}(\boldsymbol{q}, \omega + i\delta)/2\mu_{\rm B}^2} \qquad (6.63)$$

である。式 (6.54) に示した $\chi_0^{+-}(\boldsymbol{q}, \omega + i\delta)$ の実部と虚部への分解

$$\chi_0^{+-}(\boldsymbol{q}, \omega + i\delta) = \chi_0'(\boldsymbol{q}, \omega) + i\chi_0''(\boldsymbol{q}, \omega) \qquad (6.64)$$

において、虚部 $\chi_0''(\boldsymbol{q}, \omega)$ は ω の奇関数、実部 $\chi_0''(\boldsymbol{q}, \omega)$ は ω の偶関数である。低エネルギーのスピン揺らぎを考えるため、ω の小さい領域での $\chi^{+-}(\boldsymbol{q}, \omega + i\delta)$ に注目する。ω の小さい領域

6.6. 量子臨界点

では、ω について展開すると、

$$\chi_0''(\bm{q},\omega) = \frac{2\mu_B^2}{N_A}\pi \sum_{\bm{k}} (f_{\bm{k}} - f_{\bm{k}+\bm{q}})\delta(\hbar\omega - \varepsilon_{\bm{k}+\bm{q}} + \varepsilon_{\bm{k}})$$

$$\simeq \frac{2\mu_B^2}{N_A}\pi \sum_{\bm{k}} \left(-\frac{\partial f_{\bm{k}}}{\partial \varepsilon_{\bm{k}}}\right)\hbar\omega\delta(\varepsilon_{\bm{k}+\bm{q}} - \varepsilon_{\bm{k}}) \quad (6.65)$$

と近似できる。右辺は、$T=0$ では、

$$\chi_0''(\bm{q},\omega)/2\mu_B^2 = \omega\pi\hbar N(\varepsilon_F)\langle\delta(\varepsilon_{\bm{k}+\bm{q}} - \varepsilon_{\bm{k}})\rangle_F \quad (6.66)$$

と表わせる。ここで $\langle\cdots\rangle_F$ はフェルミ面上での平均である。一方、実部 $\chi_0'(\bm{q},\omega)$ は、ω が小さいときは、

$$\chi_0'(\bm{q},\omega) \simeq \chi_0'(\bm{q},0) \quad (6.67)$$

と近似できる。

式 (6.67) と式 (6.66) を式 (6.63) に代入すると、

$$\chi^{+-}(\bm{q},\omega+i\delta) \simeq \frac{\chi_0'(\bm{q},0)}{1 - U\chi_0'(\bm{q},0)/2\mu_B^2 - i\omega/\gamma_{\bm{q}}} \quad (6.68)$$

ここで、$\gamma_{\bm{q}}^{-1} = UN(\varepsilon_F)\pi\hbar\langle\delta(\varepsilon_{\bm{k}+\bm{q}} - \varepsilon_{\bm{k}})\rangle_F$ である。上の式は

$$\frac{\chi^{+-}(\bm{q},\omega+i\delta)}{\chi^{+-}(\bm{q},0)} = \frac{1}{1 - i\omega/\Gamma_{\bm{q}}} \quad (6.69)$$

と表すことができる。

$$\Gamma_{\bm{q}} = \gamma_{\bm{q}}\frac{\chi_0^{+-}(\bm{q},0)}{\chi^{+-}(\bm{q},0)} \quad (6.70)$$

はスピンの揺らぎのエネルギー幅に対応する。

[1] 強磁性の量子臨界点

この場合は、$\bm{q}$ の小さいスピン揺らぎが重要になる。$\bm{q}$ の小さいところでは

$$\gamma_{\bm{q}} = a|\bm{q}| \quad (6.71)$$

$$\frac{\chi^{+-}(\bm{q},0)}{\chi_0^{+-}(\bm{q},0)} = \frac{1}{\kappa_0^2 + c^2 q^2} \quad (6.72)$$

のような q 依存性をもつ。a と c は正の係数で、κ_0^2 は臨界点からの近さを表わす。前節の議論では $\kappa_0^2 \propto 1 - UN(\varepsilon_F)$ であった。式 (6.71) と式 (6.72) より、$\Gamma_{\bm q}$ は

$$\Gamma_{\bm q} = a|{\bm q}|(\kappa_0^2 + c^2 q^2) \tag{6.73}$$

で与えられる。量子臨界点上（$\kappa_0^2 = 0$）では $\Gamma_{\bm q} \propto |{\bm q}|^3$ である。

[2] 反強磁性の量子臨界点

このときは、反強磁性の秩序ベクトル ${\bm Q}$ 近くのスピン揺らぎが重要になる。${\bm Q}$ から測った波数ベクトル ${\bm q}$ が小さいところでは

$$\gamma_{{\bm Q}+{\bm q}} = a' \tag{6.74}$$

$$\frac{\chi^{+-}({\bm Q}+{\bm q}, 0)}{\chi_0^{+-}({\bm Q}+{\bm q}, 0)} = \frac{1}{\kappa_Q^2 + c'^2 q^2} \tag{6.75}$$

のような q 依存性をもつ。a' と c' は正の係数で、κ_Q^2 は量子臨界点からの近さを表わし、量子臨界点は $\kappa_Q^2 = 0$ に対応する。式 (6.74) と式 (6.75) より、$\Gamma_{{\bm Q}+{\bm q}}$ は

$$\Gamma_{{\bm Q}+{\bm q}} = a'(\kappa_Q^2 + c'^2 q^2) \tag{6.76}$$

で与えられる。量子臨界点上（$\kappa_Q^2 = 0$）では $\Gamma_{{\bm Q}+{\bm q}} \propto |{\bm q}|^2$ である。強磁性の場合と比べて q 依存性が異なる。

量子臨界点の近くに位置している物質では、しばしば超伝導が見出される。これが量子臨界点が注目される一つの理由である [23]。

6.7 強い電子相関と金属強磁性

いままでは分子場近似（あるいは、それを時間依存性を入れて拡張した乱雑位相近似）に基づいた議論をした。分子場近似ではスピンの異なる電子間の相互作用を平均的にしか考慮していない。実際には式 (6.1) の U の効果として、スピン↑の電子と

6.7. 強い電子相関と金属強磁性

↓の電子とは互いに避け合う効果（いままでたびたび出てきた**電子相関効果**である）があり、それを考慮しなければならない。特に、U が大きいときには電子相関効果が重要になる。一般に電子相関効果は強磁性状態に比べて常磁性状態をより安定化し、結果として、分子場近似よりも強磁性状態を起こりにくくする。電子相関効果は電子間相互作用による波動関数の変化に起因する。本質的に一体近似を超えた効果なので取扱いは容易ではない。金属磁性理論のむずかしさはこの電子相関の取り扱いの困難さに由来している。

6.7.1 2電子問題

電子相関効果の意味を見るため、まず、最も簡単な2電子問題を考えてみよう [2,17,18]（バンドが完全に詰まった状態から2電子が欠けている2ホール状態も同様であって、その場合は2電子問題の解を適当に読み替えればよい）。モデルとしてハバード・モデル (6.1) を選ぶことにする。2電子状態にはスピンの三重項と一重項があるが、三重項ではスピンが平行であるから、パウリの原理により、同じ原子上に二つの電子がくることはないので U の効果はない。他方、一重項には U の効果が現れる。一重項の波動関数を

$$\Psi = \sum_{\boldsymbol{k}_1,\boldsymbol{k}_2} F(\boldsymbol{k}_1,\boldsymbol{k}_2) c^\dagger_{\boldsymbol{k}_1\uparrow} c^\dagger_{\boldsymbol{k}_2\downarrow} |0\rangle \tag{6.77}$$

とおこう（スピン一重項では F は $\boldsymbol{k}_1$ と $\boldsymbol{k}_2$ の入れ替えについて対称で、$F(\boldsymbol{k}_1,\boldsymbol{k}_2) = F(\boldsymbol{k}_2,\boldsymbol{k}_1)$ を満たさねばならない）。シュレーディンガー方程式 $(\mathcal{H} - E)\Psi = 0$ は、

$$(\varepsilon_{\boldsymbol{k}_1} + \varepsilon_{\boldsymbol{k}_2} - E)F(\boldsymbol{k}_1,\boldsymbol{k}_2) \\ + \frac{U}{N_A} \sum_{\boldsymbol{k}_3,\boldsymbol{k}_4} F(\boldsymbol{k}_3,\boldsymbol{k}_4) \hat{\delta}_{\boldsymbol{k}_1+\boldsymbol{k}_2,\boldsymbol{k}_3+\boldsymbol{k}_4} = 0 \tag{6.78}$$

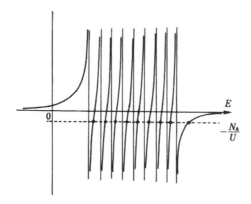

図 6.12: 2 電子問題の解

となる。ここで、$\hat{\delta}_{\boldsymbol{k},\boldsymbol{k}'}$ は逆格子ベクトルの分の任意性を許したデルタ関数で、式 (2.4) ですでに登場したものである。式 (6.78) から 2 電子の全波数ベクトル $\boldsymbol{k}_1+\boldsymbol{k}_2$ を $\boldsymbol{K}$ とおくと、$\boldsymbol{K}$ は保存していることがわかる。

式 (6.78) を $(\varepsilon_{\boldsymbol{k}_1}+\varepsilon_{\boldsymbol{k}_2}-E)$ で割り、$\hat{\delta}_{\boldsymbol{k}_1+\boldsymbol{k}_2,\boldsymbol{K}}$ を掛け、$\boldsymbol{k}_1$ と $\boldsymbol{k}_2$ について和をとると、

$$\sum_{\boldsymbol{k}_1,\boldsymbol{k}_2} F(\boldsymbol{k}_1,\boldsymbol{k}_2)\delta_{\boldsymbol{k}_1+\boldsymbol{k}_2,\boldsymbol{K}} \neq 0$$

である限り、

$$1+\frac{U}{N_{\mathrm{A}}}\sum_{\boldsymbol{k}_1,\boldsymbol{k}_2}\frac{\hat{\delta}_{\boldsymbol{k}_1+\boldsymbol{k}_2,\boldsymbol{K}}}{\varepsilon_{\boldsymbol{k}_1}+\varepsilon_{\boldsymbol{k}_2}-E}=0 \tag{6.79}$$

でなければならない。式 (6.79) が一重項のエネルギー準位が決める式である。これを解くには、

$$\sum_{\boldsymbol{k}_1,\boldsymbol{k}_2}\frac{\hat{\delta}_{\boldsymbol{k}_1+\boldsymbol{k}_2,\boldsymbol{K}}}{\varepsilon_{\boldsymbol{k}_1}+\varepsilon_{\boldsymbol{k}_2}-E}=-\frac{N_{\mathrm{A}}}{U} \tag{6.80}$$

と書き直して、図 6.12 のように系が有限で $\boldsymbol{k}$ が離散的な値をとる場合を考え、左辺を E の関数としてプロットし、右辺 $-N_{\mathrm{A}}/U$

6.7. 強い電子相関と金属強磁性

との交点を求める、という方法が便利である。これは式 (6.48) の解を求めたときと全く同じ手法である。

斥力 ($U > 0$) の場合には、解はバンド上端から分離した束縛状態一つと相互作用のないときのエネルギー $\varepsilon_{\boldsymbol{k}_1} + \varepsilon_{\boldsymbol{k}_2}$ から $1/N_A$ の比例する量だけずれた準位（連続準位）からなることが図 6.2 からわかる。束縛状態は同じ原子の上に ↑, ↓ 二つの電子がいる確率の高い状態である。次に基底状態を考える。$\varepsilon_{\boldsymbol{k}}$ の最低値を ε_1（$\boldsymbol{k} = 0$ が最小値を与えるのが普通である。しかし、$\boldsymbol{k} \neq 0$ が $\varepsilon_{\boldsymbol{k}}$ の最小値になることもありうる。その場合は $-\boldsymbol{k}$ も最小値を与えるから、ε_1 は必ず縮退している）、その次の準位を ε_2 とする。2電子状態は全波数ベクトル $\boldsymbol{K}$ によるが、例えば、$\boldsymbol{K} = 0$ のとき、基底状態のエネルギー E_g は、式 (6.80) より、$2\varepsilon_1 < E_g < 2\varepsilon_2$ である。さらに、$2\varepsilon_1$ と $2\varepsilon_2$ の縮重度をそれぞれ n_1、n_2 とすれば、

$$2\varepsilon_1 < E_g < 2(n_2\varepsilon_1 + n_1\varepsilon_2)/(n_2 + n_1) \tag{6.81}$$

が成り立っていることを示すことができる。というのは、$E = 2(n_2\varepsilon_1 + n_1\varepsilon_2)/(n_2 + n_1)$ を式 (6.80) に代入すると、左辺は正になるからである。よって、$n_1 \leq n_2$（これは通常の $\varepsilon_{\boldsymbol{k}}$ では期待されることである）ならば $E_g < \varepsilon_1 + \varepsilon_2$ である。$\boldsymbol{K} \neq 0$ ならば、スピン一重項のエネルギーは $\varepsilon_1 + \varepsilon_2$ よりも低くなることはないから、$\boldsymbol{K} = 0$ の方が常に低い。一方、スピン三重項のエネルギーは、ε_1 に縮退があれば $2\varepsilon_1$、縮退がなければ $\varepsilon_1 + \varepsilon_2$ である。したがって、2電子問題の解は、$\varepsilon_{\boldsymbol{k}}$ の最低準位が縮退していれば三重項、縮退していなければ一重項である。

図 6.12 の一般の連続準位を $E = \varepsilon_{\boldsymbol{k}_1} + \varepsilon_{\boldsymbol{k}_2} + \Delta E$ とおくと、式 (6.80) より

$$-\frac{2}{\Delta E} + \sum_{\boldsymbol{k}_3, \boldsymbol{k}_4}{}' \frac{\hat{\delta}_{\boldsymbol{k}_1+\boldsymbol{k}_2, \boldsymbol{k}_3+\boldsymbol{k}_4}}{\varepsilon_{\boldsymbol{k}_3} + \varepsilon_{\boldsymbol{k}_4} - \varepsilon_{\boldsymbol{k}_1} - \varepsilon_{\boldsymbol{k}_2}} = -\frac{N_A}{U} \tag{6.82}$$

となる。ここで $\sum'$ は分母がゼロになる項は和から除くことを意味する。また、第2項の分母では $1/N_A$ に比例する ΔE は落

した。式 (6.82) を解くと、

$$\Delta E = \frac{2}{N_A} \frac{U}{1 + UG(\bm{k}_1, \bm{k}_2)} \qquad (6.83)$$

$$G(\bm{k}_1, \bm{k}_2) = \frac{1}{N_A} {\sum_{\bm{k}_3, \bm{k}_4}}' \frac{\hat{\delta}_{\bm{k}_1+\bm{k}_2, \bm{k}_3+\bm{k}_4}}{\varepsilon_{\bm{k}_3} + \varepsilon_{\bm{k}_4} - \varepsilon_{\bm{k}_1} - \varepsilon_{\bm{k}_2}} \qquad (6.84)$$

となる。式 (6.83) の U に掛かる因子 $1/[1 + UG(\bm{k}_1, \bm{k}_2)]$ は相関効果を表し、物理的には、分母の相関効果は U による波動関数の変化に起因する運動エネルギーの増大を表している。式 (6.83) は分子場近似 (1 次摂動) の U が「有効相互作用」

$$U_{\text{eff}}(\bm{k}_1, \bm{k}_2) = \frac{U}{1 + UG(\bm{k}_1, \bm{k}_2)} \qquad (6.85)$$

でおき換えられることを意味している。$\bm{k}_1, \bm{k}_2$ がバンドの底付近のとき、G は正の値をとるはずで、その大きさはバンド幅 W の逆数程度になると予想される。いずれにせよ、U_{eff} は U に比べて小さくなる。特に、$U \to \infty$ では

$$U_{\text{eff}}(\bm{k}_1, \bm{k}_2) \to \frac{1}{G(\bm{k}_1, \bm{k}_2)} \qquad (6.86)$$

のように U に依存しない有限値 (W 程度の値) になる。

6.7.2 ニッケルの強磁性の金森理論

以上は 2 電子問題 (あるいは、2 ホール問題) であった。現実の磁性体では多数の電子が存在するので、前項の議論と現実の強磁性体の間には大きいギャップがある。しかし、Ni の場合は $3d$ 軌道に 1 原子あたり 0.6 個のホールがあり、$3d$ 軌道に収容しうる電子数は 10 個であるから、一つの軌道あたりのホール数は少ない。ホール濃度が低いときには二つのホール間の散乱が最も重要である。このことに着目して、金森 [18] は前項の議論をもとに、原子核内の核子 (比較的濃度が低いフェルミ粒子系という点で Ni との類似点がある) に対するブルックナー理論 [19] にならって Ni の強磁性について検討した。

6.7. 強い電子相関と金属強磁性

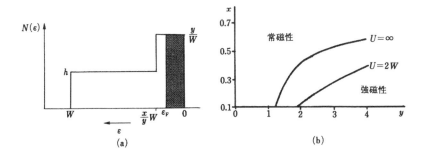

図 6.13: (a) ニッケルの状態密度のモデル [16]。$h = y(1-x)/[(y-x)W]$ で、$N(\varepsilon)$ は 0 から W まで積分すると 1 になっている。(b) 強磁性が出現する領域。

以下、Ni を念頭におき、ややまぎらわしいかもしれないが、電子の代りに「ホール」を用いて議論する。ホールの濃度は有限であるから式 (6.85) をそのまま使うわけにはいかない。まず、式 (6.84) の $G(\bm{k}_1, \bm{k}_2)$ の中間状態はフェルミ準位までの状態はホールがつまっていてブロックされるので除く。また、$\bm{k}_1$、$\bm{k}_2$ としてはフェルミ準位以下のホールについての平均が必要になるが、簡単のため、バンドの底 ($\bm{k} = 0$ とする) の値でおき換える (金森 [18] はこの点について検討し、あまり問題がないと結論している)。すると、$G(0,0)$ は

$$G(0,0) = \int_{\varepsilon_F}^{W} d\varepsilon \frac{N(\varepsilon)}{2\varepsilon} \tag{6.87}$$

と書ける。ここで、W はバンド幅、ε_F はフェルミ・エネルギー、$N(\varepsilon)$ は状態密度である。

$N(\varepsilon)$ として、図 6.1 を少し簡単化し、図 6.13(a) のモデルについて計算すると、

$$G(0,0) = \frac{y}{2W}\left(\log \frac{x}{n} + \frac{1-x}{y-x}\log \frac{y}{x}\right) \tag{6.88}$$

となる。ここで、x、y は図 6.13(a) の状態密度を特徴づけるパラメーター、n はホール濃度である。常磁性状態が不安定になっ

て、強磁性が起こる条件は

$$U_{\text{eff}} N(\varepsilon_\text{F}) = \frac{U N(\varepsilon_\text{F})}{1 + U G(0,0)} > 1 \tag{6.89}$$

である。この条件を x-y 面に示すと図 6.13(b) のようになる。ニッケルの 0.6 個のホールを一つのバンドあたりに換算して $n = 0.1$ をとると、$y = 1$ の場合 (シャープなピークのない四角い状態密度) には式 (6.89) の条件はどんな大きい U であっても満たされない。図 6.13(b) が示すように、y が大きく、x が小さいとき強磁性が出やすい。この特徴は Ni のバンドと合っている。

　金属強磁性への電子相関効果は、金森のほかに、ハバード [20] とグッツヴィラー [21] によって論じられ、定性的には同じような結論が得られている。また、これらの近似的理論と違って、より数学的に厳密に金属強磁性出現の条件を解明しようという研究もある。長岡の研究 [22] に始まる研究がそれである。

問　題

6.1 図 6.5 に示した $\chi_0(q)$ を具体的に求めよ。

6.2 6.3 節の議論にならって、強磁性体の自発磁化（z 方向）に平行に弱い振動磁場

$$\boldsymbol{H} = [0, 0, H_1 \cos(\boldsymbol{q} \cdot \boldsymbol{r} - \omega t)]$$

をかけたときの応答（縦方向の動的帯磁率）を求めよ。

6.3 6.7.1 項の 2 電子問題を 1 次元のモデル $\varepsilon_k = -2t \cos(ka)$ に対して具体的に解け。

6.4 金属強磁性体では磁性を担っている電子は動き回っている電子であるが、そのことはどのような実験から確認できるか。

参考文献

6.7. 強い電子相関と金属強磁性

[1] 金森順次郎:「磁性」(培風館, 1969 年).

[2] 芳田 奎:「磁性」(岩波書店, 1991 年).

[3] V. L. Moruzzi, J. F. Janak and A. R. Williams: *Calculated Electronic Properties of Metals* (Pergamon, 1978).

[4] 和光信也:「コンピューターで見る固体の中の電子」(講談社, 1992 年) [この本の改訂版は「改訂 固体の中の電子」(WSL, 2006 年)].

[5] 山下次郎:「固体電子論」(朝倉書店, 1972 年).

[6] D.D. Koelling, D. L. Johnson, S. Kirkpatrick and F. M. Mueller: Solid State Comm. **9**, 2039 (1971).

[7] T. Moriya: *Spin Fluctuations in Itinerant Electron Magnetism* (Springer, 1985).

[8] 守谷亨、金森順次郎（編）:「磁性理論の進歩」(裳華房, 1983 年).

[9] E. H. Lieb and F. Y. Wu: Phys. Rev. Lett. **20**, 1445 (1968).

[10] 総合報告としては、A. Georges *et al.*: Rev. Mod. Phys. **68**, 13 (1996); T. Pruschke, M. Jarrell and J. K. Freericks: Adv. Phys. **44**, 187 (1995); 倉本義夫、酒井治: 固体物理 **29**, 777 (1994); G. Kotliar and D. Vollhardt: Physics Today **57**, 53 (2004) がある。金属強磁性への応用例としては、M. Ulmke: Eur. Phys. J. B**1**, 301 (1998) がある。

[11] 芳田 奎:「磁性 II」(朝倉書店, 1972 年).

[12] W. M. Lomer: Proc. Phys. Soc. London **80**, 489 (1962); A. Shibatani *et al.*: Phys. Rev. **177**, 984 (1969).

[13] T. Ishiguro, K. Yamaji and G. Saito: *Organic Superconductors*, 2nd ed. (Springer, 1998); 長岡洋介ほか:岩波講座「現代の物理学」第 18 巻「局在・量子ホール効果・密度波」(岩波書店, 1993 年), p.157.

[14] K. Terakura *et al.*: J. Phys. F**12**, 1661 (1982); 金森順次郎ほか:岩波講座「現代の物理学」第 7 巻「固体—構造と物性」(岩波書店, 1994 年), p.109.

[15] T. Moriya: Prog. Theor. Phys. **33**, 157 (1965).

[16] S. Asano and J. Yamashita: Prog. Theor. Phys. **49**, 373 (1973).

[17] J. C. Slater, H. Statz and G. F. Koster: Phys. Rev. **91**, 1323 (1951).

[18] J. Kanamori: Prog. Theor. Phys. **30**, 275 (1963).

[19] K. A. Brueckner and C. A. Levinson: Phys. Rev. **97**, 1344 (1955); K. A. Brueckner and J. L. Gammel: Phys. Rev. **109**, 1023, 1040 (1958).

[20] J. Hubbard: Proc. Roy. Soc. London A**276**, 238 (1964); *ibid.* A**277**, 237 (1964); *ibid.* A**281**, 401 (1964).

[21] M. C. Gutzwiller: Phys. Rev. Lett. **10**, 159 (1963); Phys. Rev. **134**, A1726 (1965).

[22] Y. Nagaoka: Solid State Commun. **3**, 409 (1965); Phys. Rev. **147**, 392 (1966).

[23] 例えば T. Moriya and K. Ueda: Adv. Phys. **49**, 555 (2000) を参照。

付録A 線形応答と動的帯磁率

A.1 線形応答の一般論

線形応答の一般論は久保理論ともよばれ、固体中の電子を調べるときにしばしば用いられるので、それを簡単にまとめておこう[1]。

$\mathcal{H}$ で与えられる系に時間に依存する外場が摂動として加わる場合を想像してみよう。摂動ハミルトニアンを $\mathcal{H}'(t)$ とすると、両者の和の全ハミルトニアンは

$$\mathcal{H}_\mathrm{T} = \mathcal{H} + \mathcal{H}'(t) \tag{A.1}$$

で与えられる。摂動は $t = -\infty$ は 0 で、そこからゆるやかに導入されるとしよう。系は $t \to -\infty$ では摂動がないときの平衡状態にあるから、その密度行列 $\rho(t)$ は

$$\rho(t \to -\infty) = \rho_0 = \frac{e^{-\beta\mathcal{H}}}{\mathrm{Tr}[e^{-\beta\mathcal{H}}]} \tag{A.2}$$

を満たす。系の密度行列 $\rho(t)$ は摂動の影響を受け、ρ_0 からずれる。その変化分を $\Delta\rho(t)$ とする。

$$\rho(t) = \rho_0 + \Delta\rho(t) \tag{A.3}$$

$\Delta\rho(t)$ を決めるには、密度行列の時間変化が

$$i\hbar\frac{d\rho(t)}{dt} = [\mathcal{H}_\mathrm{T}, \rho(t)] \tag{A.4}$$

---

[1] R. Kubo: J. Phys. Soc. Jpn. **12**, 570 (1957).

に従うことに注意する。$[A, B] = AB - BA$ は交換子である。式 (A.1) を式 (A.4) に代入して、$\mathcal{H}'(t)$ の 1 次の効果に限ると

$$i\hbar \frac{d\Delta\rho(t)}{dt} = [\mathcal{H}, \Delta\rho(t)] + [\mathcal{H}'(t), \rho_0] \tag{A.5}$$

となる。これを解くために、$\Delta\rho(t)$ を

$$\Delta\rho(t) = e^{-i\mathcal{H}t/\hbar} \Delta\tilde{\rho}(t) e^{i\mathcal{H}t/\hbar} \tag{A.6}$$

とおいて、式 (A.5) に代入すると

$$i\hbar e^{-i\mathcal{H}t/\hbar} \frac{d\Delta\tilde{\rho}(t)}{dt} e^{i\mathcal{H}t/\hbar} = [\mathcal{H}'(t), \rho_0] \tag{A.7}$$

となる。左から $\exp(i\mathcal{H}t/\hbar)$ をかけ、右から $\exp(-i\mathcal{H}t/\hbar)$ をかけると、

$$i\hbar \frac{d\Delta\tilde{\rho}(t)}{dt} = e^{i\mathcal{H}t/\hbar} [\mathcal{H}'(t), \rho_0] e^{-i\mathcal{H}t/\hbar} \tag{A.8}$$

となる。左右両辺を $-\infty$ から t まで積分すると

$$\Delta\tilde{\rho}(t) = \frac{1}{i\hbar} \int_{-\infty}^{t} dt' e^{i\mathcal{H}t'/\hbar} [\mathcal{H}'(t'), \rho_0] e^{-i\mathcal{H}t'/\hbar} \tag{A.9}$$

が得られる。よって、$\Delta\rho(t)$ は、$\mathcal{H}'$ の 1 次の範囲で、

$$\Delta\rho(t) = \frac{1}{i\hbar} \int_{-\infty}^{t} dt' e^{-i\mathcal{H}(t-t')/\hbar} [\mathcal{H}'(t'), \rho_0] e^{i\mathcal{H}(t-t')/\hbar} \tag{A.10}$$

となる。

密度行列が求まったので、物理量 B の期待値の $\Delta\rho(t)$ による変化部分は

$$\begin{aligned}
\Delta B(t) &\equiv \text{Tr}[\Delta\rho(t) B] \\
&= \frac{1}{i\hbar} \int_{-\infty}^{t} dt' \text{Tr}\left\{ e^{-i\mathcal{H}(t-t')/\hbar} [\mathcal{H}'(t'), \rho_0] e^{i\mathcal{H}(t-t')/\hbar} B \right\}
\end{aligned} \tag{A.11}$$

と決まることになる。物理量 B のハイゼンベルク表示 $B(t) = e^{i\mathcal{H}t/\hbar}Be^{-i\mathcal{H}t/\hbar}$ を用いて式 (A.11) を書き直すと、

$$\Delta B(t) = \frac{1}{i\hbar}\int_{-\infty}^{t} dt' \mathrm{Tr}\Big\{[\mathcal{H}'(t'),\rho_0]B(t-t')\Big\}$$

$$= \frac{1}{i\hbar}\int_{-\infty}^{t} dt' \mathrm{Tr}\Big\{[B(t-t'),\mathcal{H}'(t')]\rho_0\Big\}$$

$$= \frac{1}{i\hbar}\int_{-\infty}^{t} dt' \langle[B(t-t'),\mathcal{H}'(t')]\rangle \tag{A.12}$$

と表すことができる。ここで、$\langle\cdots\rangle$ は ρ_0 についての平均である。

特に、$\mathcal{H}'$ が外部パラメーター $F(t)$ と物理量 A の積によって

$$\mathcal{H}'(t) = -AF(t) \tag{A.13}$$

で与えられるとき、式 (A.12) は

$$\Delta B(t) = \int_{-\infty}^{t} dt' \chi(t-t')F(t') \tag{A.14}$$

$$\chi(t-t') = \frac{i}{\hbar}\langle[B(t-t'),A]\rangle \tag{A.15}$$

で与えられる。系の応答を表す係数 $\chi(t-t')$ は無摂動系 $\mathcal{H}$ での相関関数によって表されている。時刻 t' での $F(t')$ の影響が、因果律によって、それより後の時刻 $t(>t')$ の $\Delta B(t)$ を決めていることがわかる。

A.2　動的帯磁率

線形応答理論の一つの応用として、6.4 節の回転磁場 (6.40) に対する電子系の応答の問題に適用してみよう。摂動ハミルトニアン $\mathcal{H}'(t)$ は式 (6.41) で与えられる。この摂動の下で 1 原子あたりの横磁気モーメント $-2\mu_\mathrm{B}S_{\boldsymbol{q}}^+/N_\mathrm{A}$ の期待値 $\Delta\mu_{\boldsymbol{q}}^+(t)$ を求めることにする。これは式 (A.12) から、

$$\Delta\mu_{\boldsymbol{q}}^+(t) = -\frac{2\mu_\mathrm{B}^2 H_1}{i\hbar N_\mathrm{A}}\int_{-\infty}^{t} dt' \langle[S_{\boldsymbol{q}}^+(t-t'),(S_{\boldsymbol{q}}^+)^\dagger]\rangle e^{-i\omega t'}e^{\delta t'}$$

$$= -\frac{2\mu_B^2 H_1}{i\hbar N_A} \int_0^\infty dt' \langle [S_{\boldsymbol{q}}^+(t'), (S_{\boldsymbol{q}}^+)^\dagger] \rangle e^{i\omega t' - \delta t'}$$
$$\times e^{-i\omega t + \delta t} \tag{A.16}$$

となる。右辺の $H_1 e^{-i\omega t + \delta t}$ にかかる係数は帯磁率に他ならない。よって、帯磁率は

$$\chi^{+-}(\boldsymbol{q}, \omega + i\delta)$$
$$= -\frac{2\mu_B^2}{i\hbar N_A} \int_0^\infty dt \langle [S_{\boldsymbol{q}}^+(t), (S_{\boldsymbol{q}}^+)^\dagger] \rangle e^{(i\omega - \delta)t} \tag{A.17}$$

である。これが波数ベクトル $\boldsymbol{q}$ で空間変化する回転磁場に対する動的帯磁率の一般的な表式である。

式 (A.17) は系のハミルトニアン $\mathcal{H}$ の固有状態 $|n\rangle$ と対応する固有値 E_n

$$\mathcal{H}|n\rangle = E_n|n\rangle$$

を使って書き表し、t についての積分を実行すると、

$$\chi^{+-}(\boldsymbol{q}, \omega + i\delta)$$
$$= \frac{2\mu_B^2}{N_A} \frac{1}{Z} \sum_{n,m} \frac{|\langle n|S_{\boldsymbol{q}}^+|m\rangle|^2}{E_n - E_m + \hbar(\omega + i\delta)} \left(e^{-\beta E_m} - e^{-\beta E_n} \right)$$
$$\tag{A.18}$$

と表すことができる。Z は分配関数 $\sum_n e^{-\beta E_n}$ である。$\chi^{+-}(\boldsymbol{q}, \omega + i\delta)$ の虚部は、(A.18) より、

$$\mathrm{Im}\left[\chi^{+-}(\boldsymbol{q}, \omega + i\delta)\right]$$
$$= \frac{2\mu_B^2}{N_A} \pi \left(1 - e^{-\beta \hbar \omega}\right) \frac{1}{Z} \sum_{n,m} e^{-\beta E_n} |\langle n|S_{\boldsymbol{q}}^+|m\rangle|^2$$
$$\times \delta(E_n - E_m + \hbar \omega) \tag{A.19}$$

で与えられる。

ここまでは一般論であり、ハミルトニアン $\mathcal{H}$ は相互作用する電子系のどんなハミルトニアンでもよい。$\mathcal{H}$ が相互作用のないハ

A.2. 動的帯磁率

ミルトニアン $\mathcal{H}_0$ の場合には式 (A.17) がどうなるかを具体的に求めてみよう。$\mathcal{H}_0$ が

$$\mathcal{H}_0 = \sum_{\bm{k}\sigma} \varepsilon_{\bm{k}\sigma} c^\dagger_{\bm{k}\sigma} c_{\bm{k}\sigma} \tag{A.20}$$

で与えられているとしよう。$S^+_{\bm{q}}$ の表式 (6.42) を式 (A.17) に代入すると、

$$\begin{aligned}\chi^{+-}_0&(\bm{q}, \omega + i\delta) \\ &= -\frac{2\mu_{\mathrm{B}}^2}{i\hbar N_{\mathrm{A}}} \int_0^\infty \mathrm{d}t \sum_{\bm{k}\bm{k}'} \langle [c^\dagger_{\bm{k}\uparrow} c_{\bm{k}+\bm{q}\downarrow}(t), c^\dagger_{\bm{k}'+\bm{q}\downarrow} c_{\bm{k}'\uparrow}] \rangle \\ &\quad \times e^{i(\omega t + i\delta)t}\end{aligned} \tag{A.21}$$

であるが、

$$c^\dagger_{\bm{k}\uparrow} c_{\bm{k}+\bm{q}\downarrow}(t) = e^{i(\varepsilon_{\bm{k}\uparrow} - \varepsilon_{\bm{k}+\bm{q}\downarrow})t/\hbar} c^\dagger_{\bm{k}\uparrow} c_{\bm{k}+\bm{q}\downarrow}$$

を代入して、t の積分を実行すると

$$\begin{aligned}\chi^{+-}_0&(\bm{q}, \omega + i\delta) \\ &= -2\mu_{\mathrm{B}}^2 \frac{1}{N_{\mathrm{A}}} \sum_{\bm{k}} \frac{1}{\hbar(\omega + i\delta) - \varepsilon_{\bm{k}+\bm{q}\downarrow} + \varepsilon_{\bm{k}\downarrow}} \\ &\quad \times \langle [c^\dagger_{\bm{k}\uparrow} c_{\bm{k}+\bm{q}\downarrow}, c^\dagger_{\bm{k}+\bm{q}\downarrow} c_{\bm{k}\uparrow}] \rangle\end{aligned} \tag{A.22}$$

となる。交換子は

$$\begin{aligned}\langle [c^\dagger_{\bm{k}\uparrow} c_{\bm{k}+\bm{q}\downarrow}, c^\dagger_{\bm{k}+\bm{q}\downarrow} c_{\bm{k}\uparrow}] \rangle &= \langle c^\dagger_{\bm{k}\uparrow} c_{\bm{k}\uparrow} - c^\dagger_{\bm{k}+\bm{q}\downarrow} c_{\bm{k}+\bm{q}\downarrow} \rangle \\ &= f_{\bm{k}\uparrow} - f_{\bm{k}+\bm{q}\downarrow}\end{aligned} \tag{A.23}$$

のようにフェルミ分布関数で表せる。これを式 (A.22) に代入して、

$$\chi^{+-}_0(\bm{q}, \omega + i\delta) = 2\mu_{\mathrm{B}}^2 \frac{1}{N_{\mathrm{A}}} \sum_{\bm{k}} \frac{f_{\bm{k}+\bm{q}\downarrow} - f_{\bm{k}\uparrow}}{\hbar(\omega + i\delta) - \varepsilon_{\bm{k}+\bm{q}\downarrow} + \varepsilon_{\bm{k}\downarrow}} \tag{A.24}$$

が得られる。

付録B　参考書

　本書の内容を補う意味で、本書で取りあげなかった固体電子の重要な問題が書かれている本、本書より一歩進んだ内容の本を以下に挙げる。著者は1名あるいは2名で書くのが望ましいという観点から選んでいる。なお、各章に関連した本は章末に挙げた。出版から時間が経っていて現在では手に入りにくくなっている本はリストから除いている。

[1] レベルとしては本書を超えないが、内容が相補的な本

1. N. W. Ashcroft and N. D. Mermin: *Solid State Physics* (Holt, Rinehart and Winston, 1976) 廉価版もある。
   　記述のレベルは本書よりも低い位であるが、考え方がよく書かれていて、優れた教科書である。
2. J. H. Hook and H. E. Hall: *Solid State Physics*, 2nd ed. (John Wiley and Sons, 1991) 日本語訳は、福山秀敏監訳, 松浦民房, 鈴村順三, 黒田義浩共訳「固体物理学入門（上, 下）」(丸善、2002)
   　基礎的な事柄を丁寧に説明している。
3. G. Grosso and G. P. Parravicini: *Solid State Physics* (Academic Press, 2000) 日本語訳は、安食博志訳「固体物理学（上, 中, 下）」(吉岡書店, 2004)
   　固体電子の非常に多くの問題を取りあげている新しい教科書。
4. M. P. Marder: *Condensed Matter Physics* (John Wiley and Sons, 2000)
   　百科事典のような厚い教科書で、他の本には書かれていないことが書かれていて役立つ。
5. 川畑有郷：「固体物理学」(朝倉書店, 2007)
   　本書で取りあげなかった電気伝導の問題について特に詳しい。

[2] 本書よりややレベルの高い参考書

1. W. A. Harrison: *Electronic Structure and the Properties of Solids – The Physics of the Chemical Bonds* (W. H. Freeman and Co., 1980) 日本語訳は, 小島忠宣, 小島和子, 山田栄三郎共訳「固体の電子構造と物性 – 化学結合の物理」(現代工学社, 1983)

    定評のある教科書で, 強く束縛された電子の近似を物質に具体的に適用するとき非常に役に立つ本である。

2. A. A. Abrikosov: *Fundamentals of the Theory of Metals* (North-Holland, 1988)

    金属のノーマル状態と超伝導状態に関する教科書。

3. 芳田奎:磁性（岩波書店, 1991)

    固体電子論の観点からの磁性の理論のがっちりした教科書。

4. 山田耕作:岩波講座「現代の物理学」第 16 巻「電子相関」(岩波書店, 1993).

    芳田奎の本の続編とみなせる。多体問題のグリーン関数法を積極的に用い、フェルミ流体論を展開する。

5. A. A. Abrikosov, L. P. Gorkov and I. E. Dzyloshinski: *Methods of Quantum Theory in Statisitical Physics*, revised English edition translated and edited by R. A. Silverman (Dover, 1975)

    グリーン関数法の技術と共に物理を学ぶことができる多体問題の古典的名著。ロシア語の原著は 1962 年に出版され、1989 年にロシアで「ランダウ賞」を受賞している。

6. 永長直人:「物性論における場の量子論」(岩波書店, 1995) および「電子相関における場の量子論」(岩波書店, 1998)

    多体問題のモダンな教科書である。

7. 斯波弘行:「電子相関の物理」(岩波書店, 2001)

    自分の本なので恥ずかしいが、本書より少し高度の専門書である。

8. 高田康民:「多体問題特論－第一原理からの多電子問題」(朝倉書店, 2009 年)

    第一原理のバンド計算に多体効果を入れることを目指した専門書。

9. 倉本義夫:「量子多体物理学」(朝倉書店, 2010)

    本書と同じような問題をカバーしているコンパクトでレベルが高い専門書である。

問題の略解

問題 1.1　低温比熱（単位体積あたり）の係数 γ は、式 (1.7) と式 (1.12) より、$\gamma = k_B^2(mk_F/3\hbar^2)$ で与えられる。これを 1 モルあたりに直すと、

$$\gamma = \frac{4\pi}{9}\left(\frac{9\pi}{4}\right)^{1/3} r_s^2 k_B^2 \frac{ma_B^2}{\hbar^2} N_0$$

である。ここで、a_B はボーア半径、N_0 はアヴォガドロ数である。金属カリウムの r_s の値 4.87 を代入すると、$\gamma = 1.67 \times 10^{-3}$ J/mol·K^2 となる。[実験値は上の値の約 1.2 倍である。この違いは電子と格子振動との相互作用によって γ が増強される効果によると考えられている。]

問題 1.2　2 次元の場合には $N(\varepsilon) = m/2\pi\hbar^2$ で状態密度は ε に依存しない一定値をとる。1 次元の場合には $N(\varepsilon) = (m/2\pi^2\hbar^2\varepsilon)^{1/2}$ で $\varepsilon^{-1/2}$ に比例する。

問題 1.3　式 (1.11) の導出は統計力学のどの教科書にも出ているので省略する。自由エネルギー F の低温展開はいろいろな計算の方法があるが、例えば、定積比熱 C_V のよく知られた関係式

$$C_V = -T\left(\frac{\partial^2 F}{\partial T^2}\right)_V$$

と比熱の低温展開 $C_V = \gamma T + \cdots$ より、

$$F = F(T=0) - \frac{1}{2}\gamma T^2 + \cdots$$

が得られる。$F(T=0)$ は基底エネルギーである。

問題 1.4　伝導電子が単位胞あたり 2 個のときのフェルミ波数は $\pi k_F^2 = (2\pi/a)^2$ (a は格子定数) から $k_F = 0.564 \times (2\pi/a)$、単位胞あたり 3 個のときのフェルミ波数は $\pi k_F^2 = 1.5 \times (2\pi/a)^2$ から $k_F = 0.691 \times (2\pi/a)$ である。k_F を半径とする円を描いて、1.3.2 項の議論を適用すればフェルミ面が得られる。

問題 1.5 2次元三角格子の基本並進ベクトルは

$$\boldsymbol{a}_1 = a(1,0), \qquad \boldsymbol{a}_2 = a\left(\frac{1}{2}, \frac{\sqrt{3}}{2}\right)$$

(a は最近接格子点までの距離) と選べる。これを用いて、電子のエネルギーは

$$\varepsilon_{\boldsymbol{k}} = -2t\left[\cos(k_x a) + 2\cos\left(\frac{1}{2}k_x a\right)\cos\left(\frac{\sqrt{3}}{2}k_y a\right)\right]$$

となる。逆格子の基本ベクトルは定義 (1.22) から

$$\boldsymbol{K}_1 = \frac{4\pi}{\sqrt{3}a}\left(\frac{\sqrt{3}}{2}, -\frac{1}{2}\right), \qquad \boldsymbol{K}_2 = \frac{4\pi}{\sqrt{3}a}(0,1)$$

である。これから正六角形のブリルアン・ゾーンが得られる。ブリルアン・ゾーン内での $\varepsilon_{\boldsymbol{k}}$ の振舞いを調べればよい。$t>0$ のとき、$\varepsilon_{\boldsymbol{k}}$ の最低点は Γ 点 (値は $-6t$)、最高点は正六角形の角の K 点 ($3t$) である。注目すべき一つ特徴は正六角形の辺の中点 (M 点) 同志を結ぶ線上で $\varepsilon_{\boldsymbol{k}}$ が同じ値 $2t$ をとることで、従って M 点は鞍点になっている。[等エネルギー線のようすは、例えば、E. Tosatti and P. W. Anderson: Solid State Comm. **14**, 773 (1974) に示されている。]

問題 2.1 全電子数が 2 であるので、スピン状態はスピン三重項 ($S=1$) とスピン一重項 ($S=0$) の二通りある。

(1) スピン三重項：基底関数 $c_{1\uparrow}^\dagger c_{2\uparrow}^\dagger|0\rangle$, $2^{-1/2}(c_{1\uparrow}^\dagger c_{2\downarrow}^\dagger + c_{1\downarrow}^\dagger c_{2\uparrow}^\dagger)|0\rangle$, $c_{1\downarrow}^\dagger c_{2\downarrow}^\dagger|0\rangle$ がそのままハミルトニアンの固有関数になっていて、エネルギー固有値は $E=0$ である。

(2) スピン一重項：基底関数として $\phi_1 = c_{1\uparrow}^\dagger c_{1\downarrow}^\dagger|0\rangle$, $\phi_2 = c_{2\uparrow}^\dagger c_{2\downarrow}^\dagger|0\rangle$, $\phi_3 = 2^{-1/2}(c_{1\uparrow}^\dagger c_{2\downarrow}^\dagger - c_{1\downarrow}^\dagger c_{2\uparrow}^\dagger)|0\rangle$ を選ぶと、ハミルトニアン行列は 3×3 の行列になるが、ϕ_1, ϕ_2 の代わりに一次結合

$$\phi_+ = \frac{1}{\sqrt{2}}(\phi_1 + \phi_2), \quad \phi_- = \frac{1}{\sqrt{2}}(\phi_1 - \phi_2)$$

を作ると、$\mathcal{H}\phi_- = 0$ は分離し、

$$\mathcal{H}\phi_+ = U\phi_+ + (-2t)\phi_3$$
$$\mathcal{H}\phi_3 = (-2t)\phi_+$$

から固有値

$$E_\pm = \frac{U}{2} \pm \sqrt{\left(\frac{U}{2}\right)^2 + (2t)^2}$$

が得られる．したがって最低エネルギーは常に一重項の方が三重項より低く，$E_- = (U/2) - \sqrt{(U/2)^2 + (2t)^2}$ で与えられる．特に，$U/t \gg 1$ では $E_- \simeq (-4t^2)/U$ となり，式 (2.8) と一致する．

問題 2.2 $\boldsymbol{S}_1, \boldsymbol{S}_2$ の大きさが $1/2$ のときには

$$(\boldsymbol{S}_1 \cdot \boldsymbol{S}_2)^2 = -\frac{1}{2}\boldsymbol{S}_1 \cdot \boldsymbol{S}_2 + \frac{3}{16}$$

が成り立つ．したがって，$(\boldsymbol{S}_1 \cdot \boldsymbol{S}_2)^n$ $(n \geq 2)$ は $\boldsymbol{S}_1 \cdot \boldsymbol{S}_2$ と定数の和で書けるから，$a + b\boldsymbol{S}_1 \cdot \boldsymbol{S}_2$ で十分である．

問題 3.1 $Y_{1m}(\Omega_k)$ $(m = 1, 0, -1)$ から

$$Y_{10}(\Omega_k) \propto \hat{k}_z$$
$$Y_{11}(\Omega_k) - Y_{1-1}(\Omega_k) \propto \hat{k}_x$$
$$Y_{11}(\Omega_k) + Y_{1-1}(\Omega_k) \propto \hat{k}_y$$

($\hat{k}_i$ $(i = x, y, z)$ は大きさ k_F のベクトルの各成分) が得られる．いま，Y_{10} に比例したフェルミ球の変形が起きたとしよう．このとき図のように ↑,↓ スピンの電子がずれるので，$k_z > 0$ 方向には ↑ 電子が多く流れ，$k_z < 0$ 方向には ↓ 電子が多く流れることになる．この変形では一様な磁化は $\int d\Omega_k Y_{1m}(\Omega) = 0$ より存在しないことに注意．

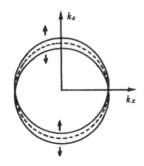

問題 3.2 $\{\varepsilon_{\boldsymbol{k}\uparrow}, \varepsilon_{\boldsymbol{k}\downarrow}\}$ が与えられたときの基底エネルギーを $E\{\varepsilon_{\boldsymbol{k}\uparrow}, \varepsilon_{\boldsymbol{k}\downarrow}\}$、

基底状態の規格化された波動関数を $\Psi\{\varepsilon_{\boldsymbol{k}\uparrow}, \varepsilon_{\boldsymbol{k}\downarrow}\}$ とすると、

$$E\{\varepsilon_{\boldsymbol{k}\uparrow}, \varepsilon_{\boldsymbol{k}\downarrow}\} = \langle \Psi\{\varepsilon_{\boldsymbol{k}\uparrow}, \varepsilon_{\boldsymbol{k}\downarrow}\}|\mathcal{H}|\Psi\{\varepsilon_{\boldsymbol{k}\uparrow}, \varepsilon_{\boldsymbol{k}\downarrow}\}\rangle$$

である。ここで $\mathcal{H}$ はハミルトニアン

$$\mathcal{H} = \sum_{\boldsymbol{k}}(\varepsilon_{\boldsymbol{k}\uparrow}n_{\boldsymbol{k}\uparrow} + \varepsilon_{\boldsymbol{k}\downarrow}n_{\boldsymbol{k}\downarrow}) + \mathcal{H}_{\mathrm{int}}$$

である。$\varepsilon_{\boldsymbol{k}\uparrow}$ について変分をとると、$\Psi\{\varepsilon_{\boldsymbol{k}\uparrow}, \varepsilon_{\boldsymbol{k}\downarrow}\}$ の $\varepsilon_{\boldsymbol{k}\uparrow}$ による変分からの寄与は $\Psi\{\varepsilon_{\boldsymbol{k}\uparrow}, \varepsilon_{\boldsymbol{k}\downarrow}\}$ の規格化条件からゼロになることを利用して、

$$\begin{aligned}\frac{\delta E\{\varepsilon_{\boldsymbol{k}\uparrow}, \varepsilon_{\boldsymbol{k}\downarrow}\}}{\delta\varepsilon_{\boldsymbol{k}\uparrow}} &= \langle \Psi\{\varepsilon_{\boldsymbol{k}\uparrow}, \varepsilon_{\boldsymbol{k}\downarrow}\}|\frac{\delta\mathcal{H}}{\delta\varepsilon_{\boldsymbol{k}\uparrow}}|\Psi\{\varepsilon_{\boldsymbol{k}\uparrow}, \varepsilon_{\boldsymbol{k}\downarrow}\}\rangle \\ &= \langle \Psi\{\varepsilon_{\boldsymbol{k}\uparrow}, \varepsilon_{\boldsymbol{k}\downarrow}\}|n_{\boldsymbol{k}\uparrow}|\Psi\{\varepsilon_{\boldsymbol{k}\uparrow}, \varepsilon_{\boldsymbol{k}\downarrow}\}\rangle \\ &\equiv \langle n_{\boldsymbol{k}\uparrow}\rangle\end{aligned}$$

が得られる。したがって、$\langle n_{\boldsymbol{k}\uparrow}\rangle$ の摂動展開の表式は 式 (3.44)〜(3.47) を $\varepsilon_{\boldsymbol{k}\uparrow}$ で変分すればよい。

問題 3.3 式 (3.60) で 電子が k_{F} 付近から $k \sim 3k_{\mathrm{F}}$ へ励起され、同時に、別の k_{F} 付近の電子が $-2k_{\mathrm{F}}$ 近くへ励起されるプロセスを調べると、$k = 3k_{\mathrm{F}}$ で $\partial^2 n^{(2)}(k)/\partial k^2$ に跳びがあることがわかる。[これから類推して、一般に、摂動の高次で $k = (2n+1)k_{\mathrm{F}}$ (n は整数) に特異性があることが予想できる。その特異性を特徴付ける指数は F. D. M. Haldane: J.Phys. **C14**, 2585 に記されている。]

問題 3.4 ボソン表示 (3.85) より、自由エネルギーは

$$F_{0b} = \frac{2}{\beta}\sum_{k}\log\left(1 - e^{-\beta v_{\mathrm{F}}|k|}\right)$$

ここで、2 は 2 種の独立なボソンがあるためである。k についての和を積分に直し、変数変換をして

$$F_{0b} = \frac{4}{\beta}\frac{L}{2\pi}\frac{1}{\beta v_{\mathrm{F}}}\int_0^\infty dx\log\left(1 - e^{-x}\right)$$

積分は $-\pi^2/6$ になる. それを代入して,

$$F_{0b} = -\frac{\pi L}{3v_{\mathrm{F}}}(k_{\mathrm{B}}T)^2$$

が得られる．フェルミオン表示の計算からも低温の温度に依存する項としては，ボソン表示と同じ項が得られる．

問題 3.5　省略

問題 4.1　不純物スピンのゼーマン・エネルギーを付け加えて 4.2 節の計算を行えばよい．不純物スピンをフリップさせるには有限のエネルギーを要するようになる．

問題 4.2　式 (4.36), (4.37) に対応する関係は

$$\frac{dJ_x}{dE_c} = -\frac{1}{\omega - E_c} J_y J_z N(\varepsilon_F)$$

dJ_y/dE_c, dJ_z/dE_c は上の式で $x \to y \to z \to x$ と循環的に添え字を付け換えればよい。無次元の量 $\tilde{J}_i = J_i N(\varepsilon_F)$ と $t = \log(E_c)$ を導入すると、上の微分方程式からは

$$\frac{d\tilde{J}_x^2}{dt} = \frac{d\tilde{J}_y^2}{dt} = \frac{d\tilde{J}_x^2}{dt} = \tilde{J}_x \tilde{J}_y \tilde{J}_z$$

が得られる。バンド幅の最初の $E_c = 1$ として $E_c \to 0$ と変えるとき、t は 0 から $-\infty$ と減少することに注意して、この微分方程式の解を求める問題に帰着する。まず、二つの積分

$$\tilde{J}_x^2 - \tilde{J}_{x0}^2 = \tilde{J}_y^2 - \tilde{J}_{y0}^2 = \tilde{J}_z^2 - \tilde{J}_{z0}^2$$

が得られる（$\tilde{J}_{i0}$ は $E_c = 1$ のときの無次元相互作用である）。残りは

$$g = \frac{1}{3}(\tilde{J}_x^2 + \tilde{J}_y^2 + \tilde{J}_z^2) - \frac{1}{3}(\tilde{J}_{x0}^2 + \tilde{J}_{y0}^2 + \tilde{J}_{z0}^2)$$

の微分方程式

$$\left(\frac{dg}{dt}\right)^2 = 4(g + J_{x0}^2)(g + J_{y0}^2)(g + J_{z0}^2)$$

を $g(0) = 0$ を初期条件として解けばよい。$g(-\infty)$ で有限値になるか、それとも、発散するか、ということは上の微分方程式から推論できる（実はこの微分方程式は楕円関数によって解ける。[H.Shiba: Prog.Theor.Phys. **43**, 601 (1970)] しかし、解の定性的な性質については楕円関数の知識は要らない）。結論は J_{x0}, J_{y0}, J_{z0} がすべて異なるときは $g(-\infty)$ は必ず発散する。

問題 4.3 省略

問題 5.1 電子のスピンによる磁化 M は

$$M = -\mu_B \sum_{\boldsymbol{k}} (c^\dagger_{\boldsymbol{k}\uparrow} c_{\boldsymbol{k}\uparrow} - c^\dagger_{\boldsymbol{k}\downarrow} c_{\boldsymbol{k}\downarrow})$$

で与えられるが、ボゴリュウボフ変換 (5.33) を代入すると

$$M = -\mu_B \sum_{\boldsymbol{k}} (\alpha^\dagger_{\boldsymbol{k}\uparrow} \alpha_{\boldsymbol{k}\uparrow} - \alpha^\dagger_{\boldsymbol{k}\downarrow} \alpha_{\boldsymbol{k}\downarrow})$$

である。すなわち、準粒子の数 $\alpha^\dagger_{\boldsymbol{k}\uparrow} \alpha_{\boldsymbol{k}\uparrow}, \alpha^\dagger_{\boldsymbol{k}\downarrow} \alpha_{\boldsymbol{k}\downarrow}$ で表される。磁場によるゼーマン・エネルギー $-MH$ が式 (5.37) に付け加わる。よって、準粒子のエネルギーは

$$E_{\boldsymbol{k}\sigma} = E_{\boldsymbol{k}} + \mu_B H$$

となる。磁化 M の熱平均値 $\langle M \rangle$ は

$$\langle M \rangle = -\mu_B \sum_{\boldsymbol{k}} [f(E_{\boldsymbol{k}\uparrow}) - f(E_{-\boldsymbol{k}\downarrow})]$$

$f(E_{\boldsymbol{k}\sigma}) = 1/\{\exp[\beta(E_{\boldsymbol{k}} + \sigma\mu_B H)] + 1\}$ を代入し、H について展開して

$$\chi = \langle M \rangle/H = 2\mu_B^2 \sum_{\boldsymbol{k}} \left(-\frac{\partial f(E_{\boldsymbol{k}})}{\partial E_{\boldsymbol{k}}} \right)$$

がえられる。この式はノーマル状態 ($\Delta \to 0$) では式 (1.16) を与える。超伝導体では $\uparrow, \downarrow$ が対を作っているので、磁化は準粒子を励起して初めて生ずる。これが χ の式にフェルミ分布関数が現れる理由である。したがって、$T \to 0$ で $\chi \to 0$ となる。[ここで計算した超伝導体のスピン帯磁率は K. Yosida: Phys. Rev. **110**, 769 (1958) によって初めて求められた。それ故、χ をノーマル状態での値 χ_n で割った量 $\chi/\chi_n = Y(T)$ は芳田関数と呼ばれる。]

問題 5.2 式 (5.142) の $L(\xi_{\boldsymbol{k}}, \xi_{\boldsymbol{k}+\boldsymbol{q}})$ で $\Delta \to 0$ の極限をとると

$$L(\xi_{\boldsymbol{k}}, \xi_{\boldsymbol{k}+\boldsymbol{q}}) = \frac{f(\xi_{\boldsymbol{k}+\boldsymbol{q}}) - f(\xi_{\boldsymbol{k}})}{\xi_{\boldsymbol{k}} - \xi_{\boldsymbol{k}+\boldsymbol{q}}}$$

である。これを代入し、$S_0(q)$ を q について展開すると

$$S_0(q) = \left(\frac{e\hbar}{m}\right)^2 \sum_k k^2(1-\cos^2\theta)\Big[-\frac{\partial f(\xi_k)}{\partial \xi_k}$$
$$-\frac{1}{2}\frac{\partial^2 f(\xi_k)}{\partial \xi_k^2}\frac{\hbar^2 q^2}{2m} - \frac{1}{6}\frac{\partial^3 f(\xi_k)}{\partial \xi_k^3}\frac{\hbar^4 k^2 q^2 \cos^2\theta}{m^2}\Big]$$

となる。右辺の積分を $T=0$ K について実行する。結果は次のようになる。

$$S_0(q) = \left(\frac{e}{m}\right)^2 \Big[nm - \frac{1}{6}\hbar^2 q^2 N(\varepsilon_F)\Big]$$

よって、式 (5.144), (5.145) が得られる。

問題 5.3 基底エネルギーの差は $\Delta E_g = -\frac{1}{2}N(\varepsilon_F)\Delta^2$ である。1 電子あたりにすると Δ^2/ε_F 程度で極めて小さな量である。

問題 5.4 電子数の揺らぎ $(\langle\Psi_g|\hat{N}^2|\Psi_g\rangle - \langle\Psi_g|\hat{N}|\Psi_g\rangle^2)^{1/2}$ は電子数の 1/2 乗に比例する．したがって，平均電子数に比べ無視できる。

問題 5.5 本文の中でいくつか挙げた。それ以外にもいろいろあるはずである。

問題 6.1 省略

問題 6.2 自発磁化の方向（縦方向）の動的帯磁率 $\chi_{zz}(\boldsymbol{q},\omega)$ は

$$\chi^{zz}(\boldsymbol{q},\omega+i\delta) = \frac{1}{4}\frac{\chi_{0\uparrow}(\boldsymbol{q},\omega+i\delta) + \chi_{0\downarrow}(\boldsymbol{q},\omega+i\delta) + 2(U/2\mu_B^2)\chi_{0\uparrow}(\boldsymbol{q},\omega+i\delta)\chi_{0\downarrow}(\boldsymbol{q},\omega+i\delta)}{1 - \left(U/2\mu_B^2\right)^2 \chi_{0\uparrow}(\boldsymbol{q},\omega+i\delta)\chi_{0\downarrow}(\boldsymbol{q},\omega+i\delta)}$$

ここで

$$\chi_{0\sigma}(\boldsymbol{q},\omega+i\delta) = \frac{2\mu_B^2}{N_A}\sum_{\boldsymbol{k}} \frac{f_{\boldsymbol{k}+\boldsymbol{q}\sigma} - f_{\boldsymbol{k}\sigma}}{\hbar(\omega+i\delta) - \varepsilon_{\boldsymbol{k}+\boldsymbol{q}\sigma} + \varepsilon_{\boldsymbol{k}\sigma}}$$

である。導出は 6.3 節の議論にならえばよい。[参考: T. Izuyama et al.: J. Phys. Soc. Jpn. **18**, 1025 (1963)]

問題 6.3 J.C.Slater et al.: Phys. Rev. **91**, 1323 (1951)、あるいは 芳田 奎：磁性（岩波書店、1991 年）を見よ。

問題 6.4 省略

索 引

あ

圧縮率 51
アルカリ金属 1, 7
アンダーソン・モデル 83, 100
位相のずれ 102, 103
1次元弾性体 73
1次元電子系 64
一重項対 135
1価金属 1
一体近似 8
異方的交換相互作用 93
異方的超伝導 154, 160, 169
ウィルソン比 111
ウムクラップ項 67
運動量分布 62, 77, 78
永久電流 124
APW法 26
液体ヘリウム3 57
s波超伝導 155
X線の吸収スペクトル ... 111, 118
X線の放出スペクトル 111
エネルギー・ギャップ 127, 140, 144
エントロピー・バランス 147
重い電子系 7
重いフェルミオン系 7

か

核スピン緩和率 160
金森理論 210
下部臨界磁場 126
完全反磁性 125
貴金属 1, 7
擬スピン表示 137
擬波動関数 22
擬ポテンシャル 22
逆格子 10
ギャップ方程式 140
キュリー温度 187
強磁性状態 185
強磁性寸前の金属 ... 178, 189, 201
強磁性体 178
共鳴散乱 101, 102, 107
局所フェルミ流体理論 106, 111
金属 27
金属磁性体 178
空格子近似 17
クーパー対 150
久保理論 215
KKR法 26
ゲージ変換 162
交換積分 38

格子振動との相互作用....131, 132
構造因子.........................9
後方散乱項......................67
コスタリッツ—サウレス転移...97
コヒーレンスの長さ......126, 150
個別励起......................198
近藤温度.......................99
近藤効果.......................93

さ

ザーネン・サワツキー・アレン.40
最強発散項....................118
三重項対......................135
散乱確率.......................87
磁束の量子化..................171
磁束量子......................171
磁場の侵入の長さ...125, 126, 130
周期的境界条件..............2, 13
終状態相互作用................113
集団励起......................199
自由電子モデル.................1
シュリーファー - ウルフ変換...87
準粒子....................48, 139
状態密度......3, 50, 157, 181, 183
上部臨界磁場..................126
ジョセフソン効果..............167
数値繰り込み群理論............99
SQUID........................173
スケーリング理論..............93
ストーナー励起................198
スピン演算子の非可換性.......89

スピン帯磁率..........5, 52, 108
スピンと電荷の分離............76
スピンの揺らぎ................135
スピン波......................199
スピン反転散乱................90
スピン密度演算子..............68
絶縁体........................27
遷移金属......................179
線形応答......................215
相関関数......................217
相互作用関数..............49, 61

た

第1種超伝導体................126
体心立方格子...................11
第2種超伝導体................126
多価金属.......................1
単位胞.....................9, 13
単純金属.......................1
中性フェルミ原子気体..........151
超音波吸収....................160
超伝導状態...............124, 126
超伝導転移温度...........128, 141
超伝導電子密度................165
超伝導量子干渉計..............173
直交化された平面波............20
強く束縛された電子の近似.23, 182
T行列.......88, 94, 100, 105, 107
抵抗極小現象...................81
d波超伝導...............155, 173
デバイ振動数..................137

索引

電荷移動型絶縁体 41
電荷感受率 108
電荷密度演算子 68
電子相関 9
電子相関効果 189, 207
電子対 135, 150
電子対のボース凝縮 150
電子の寿命 44
電子の遍歴性 111
同位元素効果 126, 142
銅酸化物高温超伝導体 ... 128, 173
動的帯磁率 196, 218
ド・ハース−ファン・アルフェン効果
　　　　　　　6
朝永・ラッティンジャー液体 ... 74
朝永・ラッティンジャー・モデル67

な
2電子問題 207
ネスティング 192
熱的揺らぎ 204
ノーマル状態 124, 126

は
π接合 169
ハイゼンベルク・モデル 37
ハバード・モデル 33, 183
パラマグノン 201
反強磁性体 178
バンド理論 26, 29
BCS波動関数 148, 174
BCS理論 123, 135

非局所帯磁率 190
非フェルミ流体 64, 111
フェルミ縮退温度 5
フェルミ端異常 119
フェルミ分布関数 4
フェルミ面 3, 7, 17
フェルミ面効果 119
フェルミ流体 43
フェルミ流体の安定性 56
フェルミ流体理論 49
ブラッグ反射 11, 15
フリーデルの和則 103
ブリルアン・ゾーン 11, 15
ブロッホ関数 12
ブロッホの定理 12
分子場近似 184
分子場近似の妥当性 189
平均場近似 138
ヘーベル・スリクター ピーク. 160
ボース凝縮 148
ボゴリューボフ変換 138
ボソン化理論 66

ま
マイスナー効果.125, 129, 130, 160
密度演算子 67
面心立方格子 11
モット絶縁体 31
モット・ハバード型絶縁体 41

や
有効質量 50, 54

有効ハミルトニアン 37, 87
芳田関数 228

ら

乱雑位相近似 196
ランダウ反磁性 165
量子サイン・ゴルドン・モデル . 73
量子的揺らぎ 204
量子臨界点 204
臨界磁場 125
ロンドン方程式 130

著者略歴
斯波 弘行（しば・ひろゆき）
1968 年　東京大学大学院理学系研究科博士課程修了
　　　　　大阪大学理学部助手
1973 年　東京大学物性研究所助教授
1984 年　同研究所教授
1989 年　東京工業大学理学部教授
2001 年　神戸大学理学部教授
東京工業大学および東京大学名誉教授

印　刷　藤原印刷
製　本　同

新版　固体の電子論　　　　　　　　　　　　　　© 斯波弘行　2019
2019 年 8 月 30 日　第 1 刷発行　　　　　　【本書の無断転載を禁ず】
2024 年 8 月 30 日　第 4 刷発行

著　者　斯波弘行
発行者　森北博巳
発行所　森北出版株式会社
　　　　東京都千代田区富士見 1-4-11（〒102-0071）
　　　　電話 03-3265-8341／FAX 03-3264-8709
　　　　https://www.morikita.co.jp/
　　　　日本書籍出版協会・自然科学書協会　会員
　　　　JCOPY ＜（一社）出版者著作権管理機構 委託出版物＞
落丁・乱丁本はお取替えいたします．
Printed in Japan ／ ISBN978-4-627-15661-6

MEMO